常微分方程简明教程

（第二版）

Ordinary Differential EQUATION

韩祥临　张海亮　欧阳成
蒋桂凤　张剑峰　宋　涛　主编

ZHEJIANG UNIVERSITY PRESS
浙江大学出版社
·杭州·

图书在版编目(CIP)数据

常微分方程简明教程 / 韩祥临等主编. —2 版. —杭州 : 浙江大学出版社, 2022.7
ISBN 978-7-308-22937-1

Ⅰ.①常… Ⅱ.①韩… Ⅲ.①常微分方程—高等学校—教材 Ⅳ.①O175.1

中国版本图书馆 CIP 数据核字(2022)第 151840 号

常微分方程简明教程(第二版)

韩祥临 张海亮 欧阳成 蒋桂凤 张剑峰 宋 涛 **主 编**

责任编辑 王元新
责任校对 阮海潮
封面设计 春天书装
出版发行 浙江大学出版社
(杭州市天目山路 148 号 邮政编码 310007)
(网址：http://www.zjupress.com)
排　　版 杭州星云光电图文制作有限公司
印　　刷 浙江嘉报设计印刷有限公司
开　　本 787mm×1092mm 1/16
印　　张 14.5
字　　数 310 千
版 印 次 2022 年 7 月第 2 版 2022 年 7 月第 1 次印刷
书　　号 ISBN 978-7-308-22937-1
定　　价 48.00 元

浙江大学出版社市场运营中心联系方式:0571－88925591;http://zjdxcbs.tmall.com

前　言

常微分方程学科已有三百多年的历史，它几乎是与牛顿(Newton，英国，1642—1727)的微积分同时产生的，并与实际应用有着密切的联系，是数学与现实世界沟通并从中汲取营养的主要渠道之一.常微分方程的这一现实性使它在现代数学中占有极其重要而又特殊的地位.作为本科数学专业的核心课程，它以数学分析、高等代数、解析几何和普通物理等课程为基础，是分析学的一个分支；同时，它又是学习泛函分析、偏微分方程、微分几何和非线性微分方程理论的基础，其重要性不言而喻.

随着我国高等教育的大众化进程和高等教育改革的推进，普通本科院校如何适应形势，倡导因材施教，编写更适合的教材已提到日程上来.浙江省五所高校中长期从事常微分方程教学和研究的几位老师，经常就该课程的教学进行研讨，强烈感受到应适应形势发展的要求，改革教材内容，编写适合普通高校使用的常微分方程教材.正是在这样的背景下，我们编写并完成了本书.

本书结合地方高校数学与应用数学专业和信息与计算学科专业的实际情况，以书末参考文献特别是文献[1]为依据，精简了部分定理、证明和习题，删除了一些比较困难的实际背景分析，增加了非线性方程解析法的内容，适当应用了数学软件，给出了非线性方程近似表达式的初步理论，力图在现有教学课时(48 课时)内既能完成教学内容，又能突出本课程的核心内容.课后习题分为 A、B 两类，前者意在巩固，后者重在提高.

全书共分 8 章.第 1 章为绪论，主要介绍微分方程的基本概念，并简单介绍微分方程发展的历史，使学生在了解微分方程基本概念的同时，也了解微分方程的来源和发展.第 2 章为一阶微分方程的初等积分法，主要讲述一阶微分方程的初等积分法并证明其解的存在唯一性定理，介绍了解的延拓定理、可微性定理和连续性定理.第 3 章为高阶线性微分方程，讲述高阶线性微分方程的基本定理和解法，重点介绍高阶线性微分方程的求解方法，特别是常系数线性微分方程的求解，以及高阶微分方程的幂级数解法和降阶.第 4 章为线性微分方程组，主要讨论线性方程组解的存在唯一性定理、线性方程组的一般理论和常系数线性方程组的解法.第 5 章为非线性方程的稳定性理论，主要介绍李雅普诺夫意义下稳定性的定义，按线性近似决定稳定性的方法，研究稳定性最富有成效的李雅普诺夫第二方法，最后介绍了平面自治系统的定性理论，给出系统奇点的分类，并分析奇点附近的轨线分布. 第 6 章为一阶偏微分方程，用常微分方程法讨论了一阶偏微分方程的求解. 首先介绍偏微分方程的基本概念，利用首次积分建立了常微分方程(组)和偏微分方程之间的联系；然后重点讨论了应用特征方程(一类常微分方程组)求解一阶线性和拟线性偏微分方程的方法，并考虑了其初值问题. 第 7 章为非线性方程的一种解析法，介绍了同伦分析法. 第 8 章为微分方程模型的数值方法，介绍了用 Python 语言求解微分方程的各种模型和算法. 书末附有参考答案和参考文献.

本书的第 1 章、第 2 章的 1 至 5 节由韩祥临教授执笔，第 2 章的第 6 节和第 3 章由张剑峰老师执笔，第 2 章的第 7 节和第 4 章由蒋桂凤老师执笔，第 5 章和第 6 章由张海亮教授执笔，第 7 章由欧阳成教授执笔，第 8 章由宋涛博士执笔. 上述各位作者都积极参与了书稿的修改，最后由韩祥临教授和欧阳成教授进行统稿. 本书适合地方高校数学与应用数学专业、数据科学与大数据技术专业和信息与计算学科专业作为教材或教学参考书. 带“*”的章节可根据实际情况选讲.

教材编写组所主持的“常微分方程”是 2020 年度浙江省线上线下混合式一流建设课程，本教材得到浙江省一流课程“常微分方程”建设项目的资助和湖州师范学院重点教材建设项目资助. 由于编者水平有限，难免有不当或错漏之处，请专家和同行不吝指正.

编者

2022 年 5 月

目　录

第1章　绪　论

本章主要介绍微分方程的基本概念，包括微分方程的定义、解的概念和几何解释，最后简单介绍微分方程发展的历史.

§1.1　微分方程的基本概念

在一个方程(组)中，如果含有未知函数的导数或偏导数，就称该方程(组)为**微分方程(组)**. 自变量只有一个的微分方程称为**常微分方程**，自变量有两个或多个的微分方程称为**偏微分方程**.

通常我们记常微分方程为

$$F(x,y,y',\cdots,y^{(n)})=0. \tag{1.1}$$

这里F是$x,y,y',\cdots,y^{(n)}$的已知函数，x是自变量，y是未知函数. 物理上常用t表示时间，故在微分方程的讨论中也用t代表自变量，而用$x,y,z,\cdots$或$x_1,x_2,\cdots,x_k$表示未知函数. 当然，也可以用其他记号来表示各个变量.

例如，下面的方程都是常微分方程：

$$\begin{aligned}
&\frac{\mathrm{d}y}{\mathrm{d}x}-y=0,\\
&yy'=2x-5,\\
&\left(\frac{\mathrm{d}y}{\mathrm{d}t}\right)^2+\frac{\mathrm{d}y}{\mathrm{d}t}=2t,\\
&\frac{\mathrm{d}^2y}{\mathrm{d}\theta^2}+2\theta-7=0.
\end{aligned} \tag{1.2}$$

式中：前两个方程是以x为自变量，后两个方程分别以t和θ为自变量.

未知函数的导数实际出现的最高阶数n称为微分方程的阶. 在式(1.2)中，前三个是一阶的，最后一个是二阶的. 因为本课程的教学内容是常微分方程，所以本教材有时把常微分方程简称为微分方程或方程.

在式(1.1)中，如果F关于$y,y',\cdots,y^{(n)}$都是一次的，则称式(1.1)是**线性常微分方程**，简称线性方程；否则称为**非线性方程**. 在式(1.2)中，第一个和最后一个是线性方程，分别称为一阶线性方程和二阶线性方程；中间两个就是非线性方程，都是一阶非线性方程.

下面通过一个例子来说明如何列方程.

例 1.1 已知曲线上任一点的切线介于两坐标轴的部分等于定长 l,试求曲线满足的方程.

解: 设曲线的方程为 $y = y(x)$,则在曲线上任一点(x,y)处的切线方程为

$$Y - y = y'(X - x).$$

又切线与 x 轴和 y 轴的交点分别为 $\left(x - \frac{y}{y'}, 0\right)$,$(0, y - xy')$,

所以,曲线满足的微分方程为

$$\left(x - \frac{y}{y'}\right)^2 + (y - xy')^2 = l^2.$$

上述方程的特点是含有未知函数的导数 y',所以称为微分方程.

§1.2 微分方程的解和几何解释

1.2.1 解与积分曲线

如果函数 $\varphi(x)$ 在某区间 $a < x < b$ 内有 n 阶连续导数,且 $y = \varphi(x)$ 满足方程(1.1),即

$$F(x, \varphi, \varphi', \cdots, \varphi^{(n)}) = 0$$

在区间 $a < x < b$ 内恒成立,则称函数 $y = \varphi(x)$ 为方程(1.1)的**解**,并称区间 $a < x < b$ 是解 $y = \varphi(x)$ 的定义区间.

如果函数关系式 $\Phi(x,y) = 0$ 决定的函数 $y = \varphi(x)$ 满足方程(1.1),则称 $\Phi(x,y) = 0$ 为方程(1.1)的隐式解,也称方程(1.1)的**积分**. 若求得了方程(1.1)的积分,就相当于求得了它的解.

解或积分在 x,y 平面上的几何表示是平面曲线,故称其为方程(1.1)的**积分曲线**. 例如 $y = \pm\sqrt{1 - x^2}$ 是方程 $y' = -\frac{x}{y}$ 的解,而 $x^2 + y^2 = 1$ 是该方程的积分. 这个解或积分在 x,y 平面上的图形是以原点为圆心的圆,这就是方程的积分曲线.

1.2.2 通解与特解

若方程(1.1)的解

$$y = \varphi(x, c_1, c_2, \cdots, c_n) \tag{1.3}$$

含有 n 个独立的任意常数 $c_1, c_2, \cdots, c_n$,则称式(1.3)为**方程的通解**. 所谓常数 $c_1, c_2, \cdots, c_n$ 是独立的,是指雅可比(C. G. Jacobi,德国,1804—1851)行列式

$$\frac{D(\varphi, \varphi', \cdots, \varphi^{(n-1)})}{D(c_1, c_2, \cdots, c_n)} = \begin{vmatrix} \frac{\partial \varphi}{\partial c_1} & \frac{\partial \varphi}{\partial c_2} & \cdots & \frac{\partial \varphi}{\partial c_n} \\ \frac{\partial \varphi'}{\partial c_1} & \frac{\partial \varphi'}{\partial c_2} & \cdots & \frac{\partial \varphi'}{\partial c_n} \\ \vdots & \vdots & & \vdots \\ \frac{\partial \varphi^{(n-1)}}{\partial c_1} & \frac{\partial \varphi^{(n-1)}}{\partial c_2} & \cdots & \frac{\partial \varphi^{(n-1)}}{\partial c_n} \end{vmatrix} \neq 0.$$

若方程(1.1)的解为隐函数形式 $\Phi(x,y,c_1,c_2,\cdots,c_n)=0$,则称之为**隐式通解(或称为通积分)**.若方程(1.1)的解 $y=\varphi(x)$(或 $\Phi(x,y)=0$)不含有任意常数,则称之为**特解(隐式特解)**.通解在 x,y 平面上的几何表示是曲线族,特解只是一条曲线.

例如,$y=ce^x$ 是方程(1.2)第一个方程的通解,而 $y=e^x$ 是其特解.显然,当通解中的任意常数确定之后,就变成特解了.

1.2.3　定解条件

为确定微分方程的一个特解,要给出这个解所必需的条件,称为**定解条件**.通常情况下,定解条件包括初值条件和边值条件.n 阶微分方程(1.1)的**初值条件**是指如下 n 个条件:当 $x=x_0$ 时,有

$$y=y_0,y'=y_1,\cdots,y^{(n-1)}=y_{n-1},$$

其中,$x_0,y_0,y_1,\cdots,y_{n-1}$ 为给定的常数.

若在不同的两点 a 和 b 处,刻画出 n 个附加条件,使得 n 阶微分方程(1.1)在 $a\leqslant x\leqslant b$ 上能唯一求解,则称这 n 个条件为 n 阶微分方程(1.1)的**边值条件**.本教材只研究初值条件.

1.2.4　方向场

方向场是对一阶微分方程的几何解释.一阶显式微分方程为 $\frac{dy}{dx}=f(x,y)$,其中 $f(x,y)$ 是定义在 x,y 平面上某区域 D 内的函数.我们知道,该方程的解 $y=\varphi(x)$ 是 x,y 平面上的曲线——积分曲线,在其上每点 (x,y) 处,积分曲线的切线斜率 $\frac{dy}{dx}$ 就是函数 $f(x,y)$ 在这一点的值.反之,如果曲线 $y=\varphi(x)$ 在其上每点 (x,y) 处的切线斜率 $\frac{d\varphi(x)}{dx}$ 恰好是函数 $f(x,y)$ 在这一点的值,那么,$y=\varphi(x)$ 就是方程 $\frac{dy}{dx}=f(x,y)$ 的解,曲线 $y=\varphi(x)$ 就是方程的积分曲线.

于是,为了得到方程的积分曲线,我们可以在区域 D 内的每一点 (x,y) 处,用 $f(x,y)$ 的值为斜率作直线段(有时还在与这些直线段垂直的一方画上箭头),方程 $\frac{dy}{dx}=f(x,y)$ 在域 D 内的每一点 (x,y) 处就确定了一个方向,我们就称方程 $\frac{dy}{dx}=f(x,y)$ 在 D 内确定了一个方向场.以这个方向场中的直线(或方向)为切线作出的曲线,就是积分曲线.

方向场中方向相同的曲线 $f(x,y)=k$(常数)称为**等倾斜线或等斜线**.实际遇到的形如 $\frac{dy}{dx}=f(x,y)$ 的方程,往往很难求出它的解的表达式.但是,我们可以利用取不同 k 值的等倾斜线来判别积分曲线的走向,近似地画出它的积分曲线,从而研究解的几何性状.

§1.3* 微分方程发展简史

1.3.1 常微分方程

常微分方程是由用微积分处理新问题而产生的，它主要经历了创立及解析理论阶段、定性理论阶段和深入发展阶段. 17 世纪，牛顿(I. Newton，英国，1642—1727) 和莱布尼兹(G. W. Leibniz，德国，1646—1716) 发明了微积分，同时也开创了对微分方程的研究领域. 最初，牛顿在他的著作《自然哲学的数学原理》(1687 年) 中，主要研究了微分方程在天文学中的应用，随后微积分在解决物理问题上逐步显示出了巨大的威力. 但是，随着物理学提出日益复杂的问题，人们需要更专门的技术，需要建立物理问题的数学模型，即建立反映该问题的微分方程.

1690 年，雅可比・伯努利(Jakob Bernouli，瑞士，1654—1705) 提出了等时问题和悬链线问题. 这是探求微分方程解的早期工作. 雅可比・伯努利自己解决了前者. 翌年，约翰・伯努利(Johann Bernouli，瑞士，1667—1748)、莱布尼兹和惠更斯(C. Huygens，荷兰，1629—1695) 独立地解决了后者.

有了微分方程，紧接着的问题就是解微分方程，并对所得的结果进行物理解释，从而预测物理过程的特定性质. 所以求解就成为微分方程研究的核心. 但求解的困难很大，一个看似很简单的微分方程也没有普遍适用的方法能使我们在所有的情况下得出它的解. 因此，最初人们把注意力放在某些特定类型的微分方程的一般解法上.

1691 年，莱布尼兹给出了变量分离法，他指出形如 $y\dfrac{\mathrm{d}x}{\mathrm{d}y} = f(x)\cdot g(x)$ 的方程，可写成$\dfrac{\mathrm{d}x}{f(x)} = \dfrac{g(y)\cdot \mathrm{d}y}{y}$，就能两边积分. 他还针对一阶齐次方程 $y' = f\left(\dfrac{y}{x}\right)$，令 $y = ux$ 代入，使其变量分离. 1694 年，他使用了常数变易法把一阶常微分方程 $y' + P(x)y = Q(x)$ 化成积分.

1695 年，雅可比・伯努利给出了著名的伯努利方程$\dfrac{\mathrm{d}y}{\mathrm{d}x} = P(x)y + Q(x)y^n$，$n \neq 0,1$. 莱布尼兹用变换 $z = y^{1-n}$，将其化为线性方程. 约翰和雅可比给出了各自的解法，其本质上都是变量分离法.

1734 年，欧拉(L. Euler，瑞士，1707—1783) 给出了恰当方程的定义. 他与克莱罗(A. C. Clairaut，法国，1713—1765) 各自找到了方程是恰当方程的条件，并发现：若方程是恰当的，则它是可积的. 那么对非恰当方程如何求解呢?1739 年，克莱罗提出了积分因子的概念，欧拉确定了可采用积分因子的方程类型. 这样，到 18 世纪 40 年代，一阶常微分方程的初等方法都已清楚了，与此相联系，通解与特解的问题也弄清楚了.

1734 年，克莱罗在他的著作中处理了现在以他的名字命名的方程 $y = xy' + f(y')$.

他给出了一个新的解，从而提出了奇解的问题. 奇解是不能通过给积分常数以一个确定的值由通解来求得的. 欧拉、拉普拉斯(P. S. Laplace，法国，1749—1827)、达朗贝尔(J. Alembert，法国，1717—1783)的工作都涉及奇解这个问题，然而只有拉格朗日(J. Lagrange，意大利，1736—1813)对奇解与通解的联系做了系统的研究，他给出了从通解消去常数项从而得到奇解的一般方法. 但在奇解理论中，有些特殊的困难他并没有认识到. 奇解的完整理论是19世纪发展起来的，其中，黎曼(G. Riemann，德国，1826—1866)做出了突出的贡献.

1728年，由于力学问题的推动，欧拉把一类二阶微分方程用变量替换成一阶微分方程组，这标志着系统研究二阶方程的开始. 此后，欧拉完整地解决了常系数线性齐次方程的求解问题和非齐次的n阶线性常微分方程的求解问题. 拉格朗日在1762至1765年间又对变系数齐次线性微分方程进行了研究.

在18世纪前半叶，常微分方程的研究重点是对初等函数施行有限次代数运算、变量代换和不定积分，从而把解表示出来；至18世纪下半叶，数学家们又讨论了求线性常微分方程解的常数变易法和无穷级数解法等；至18世纪末，常微分方程已发展成一个独立的数学分支.

19世纪，柯西(A. L. Cauchy，法国，1789—1857)、刘维尔(J. Liouville，法国，1809—1882)、维尔斯特拉斯(K. Weierstrass，德国，1815—1879)和皮卡(E. Picard，法国，1865—1941)对初值问题的存在唯一性理论做了一系列研究，建立了解的存在性的优势函数、逐次逼近等证明方法. 这些方法又可应用于高阶常微分方程和复数域中的微分方程组. 法国数学家庞加莱(H. Poincaré，1854—1912)和俄国的李雅普诺夫(Liapunov，1857—1918)共同奠定了稳定性的理论基础. 自群论引入常微分方程后，常微分方程的研究重点转向解析理论和定性理论. 19世纪末，法国数学家庞加莱连续发表了4篇文章，依赖几何拓扑直观地对定性理论进行了研究. 李雅普诺夫应用十分严密的分析法又进行了研究，从而奠定了微分方程定性理论的基础.

针对行星或卫星轨道的稳定性问题，周期解的重要性提到日程上来. 西格尔(L. Siegel，德国，1896—1981)创立了周期系统的线性齐次微分方程的数学理论. 在1877年的论文中，他对月球运动的诸微分方程求出了一个近似于实际观察到的运动的周期解，并证明了二阶微分方程有周期解.

20世纪，微分方程进入了广泛深入发展阶段. 随着大量的边缘学科的产生和发展，出现了不少新型的微分方程(组)，微分方程在无线电、飞机飞行、导弹飞行、化学反应等方面得到了广泛的应用，从而进一步促进了这一学科的发展，使之不断完善，对它的研究也从定性上升到定量阶段. 像动力系统、泛函微分方程、奇异摄动方程以及复数域上的定性理论等都是在传统微分方程的基础上发展起来的新分支.

1.3.2 偏微分方程

偏微分方程早在1734年就出现在欧拉的著作中，但只在解决物理问题中出现，真正从纯数学角度研究的偏微分方程是欧拉于1765年提出来的.1772—1779年,拉格朗日将一阶偏微分方程问题转化为联立常微分方程组问题.18世纪,除了拉格朗日的工作外,偏微分方程解的普遍方法还没有发展起来.19世纪,随着物理学所研究的现象在深度和广度上的扩展,偏微分方程的求解有了新的突破,迈出第一步的是傅里叶(J. Fourier,法国,1768—1830).1822年,他在《热的解析理论》中创立了偏微分方程的傅里叶级数解法.他还给出了傅里叶积分用初等函数及其积分表示的解.当然,这一荣誉要与柯西、泊松(S. D. Poisson,法国,1781—1840)共享.此后,英国数学家格林(Green,1793—1841)在位势方程、法国数学家拉梅(Lamé G. ,1795—1870)在热方程、黎曼等数学家在波动方程方面,又引入了新方法,取得了新成就.

19世纪创建了三个偏微分方程组,即黏性介质流体动力方程组、弹性介质方程组和电磁理论方程组,但都没有一般的解法.为了进一步研究线性微分方程,庞加莱和克莱因(F. Klein,德国,1849—1925)引进了自守函数,完整地解决了这类线性微分方程的解法问题.

1842年,柯西指出:任何阶数大于一的偏微分方程都可化为偏微分方程组,并证明了方程组的解的存在性.今天我们称这种方法为优势函数法.

二维狄利克雷(P. G. L. Dirichlet,德国,1805—1859)问题解的存在性是1870年德国数学家许瓦兹(L. Schwarz,1843—1921)给出的.后来,庞加莱和希尔伯特(D. Hilbert,德国,1862—1943)用不同的方法给出了这一问题的证明.但总的说来,至19世纪末,偏微分方程的解的存在性理论仍不成熟,这个领域的工作到20世纪才迅速铺开,德国数学家希尔伯特等撰写的《数学物理方法》是偏微分方程古典理论的系统总结.

伴随着泛函分析特别是广义函数论的发展,线性偏微分方程在20世纪50年代得到迅速发展,并有力地推动了非线性理论的发展.拟微分算子、傅里叶积分算子和微局部分析的使用,使线性理论获得重大突破,并得到广泛的应用,其中日本、美国、法国和苏联等国的贡献十分突出.

伴随着黏性流体与可压缩流体的研究,非线性偏微分方程于20世纪60年代有了新的发展.除了线性问题的促进外,计算技术的发展对非线性问题产生了重大影响.美国数学家杰西·道格拉斯(J. Douglas,1897—1965)、德国数学家西格尔(C. L. Siegel,1896—1981)、美籍华裔数学家丘成桐(1949—),英国数学家阿蒂亚(M. Atiyah,1929—2019),苏联数学家盖尔范德(И. М. Гельфанд,1913—2009)等都是这方面的杰出代表.

本章小结

常微分方程属于数学分析的一支,是微积分的后续课程,又是进一步学习本学科的近代内容及泛函分析、数学模型、生物数学、数理方程、微分方程数值解等后续课程的必不可少的基础;是一门有悠久历史又在不断发展的学科;是既有理论意义又有实际应用价值的学科;是一门需要其他学科(如数学分析、代数学、几何学、物理学等)的支持,同时又为其他学科服务的学科.从数学的角度看,常微分方程分为经典和现代两部分内容.经典部分以数学分析、高等代数等为主要工具，以求微分方程的解为主要目的；现代部分主要是用泛函分析、拓扑学等知识来研究解的性质. 常微分方程对先修课程(数学分析与高等代数等)及后续课程(微分方程数值解法、偏微分方程、微分几何、泛函分析等)起到承前启后的作用，是数学理论中不可缺少的一个环节，也是读者学习近代数学知识的基础，对培养学生分析问题和解决问题的能力有重要作用.

本章主要介绍了微分方程的基本概念，包括常微分方程、偏微分方程、方程的阶、线性方程和非线性方程等. 对于微分方程的解和几何解释，我们重点介绍了方程的解、通解、隐式解(通积分)、特解、定解条件和方向场. 上述基本概念读者要切实领会，以便为今后学习打好基础. 关于微分方程发展的历史，读者可以作为常识进行了解. 更详细的介绍可参考有关的专业书籍.

在本章的介绍过程中，我们更突出了数学本身的特色，舍弃了一些专业性较强的应用模型的介绍，目的是突出主题，让读者把注意力用在对数学概念的理解上，便于大家学习. 对数学模型和数学建模有兴趣的读者可参考本书第 7 章以及其他相关图书.

综合习题 1

(A)

1. 说明下列方程的阶，并指出方程是否是线性的：

(1) $\dfrac{\mathrm{d}y}{\mathrm{d}x}-xy=1$；　　(2) $y'=2x^2-5$；

(3) $\left(\dfrac{\mathrm{d}y}{\mathrm{d}t}\right)^2+\dfrac{\mathrm{d}y}{\mathrm{d}t}=t$；　　(4) $\dfrac{\mathrm{d}^2y}{\mathrm{d}\theta^2}+2\sin y-7=0$.

2. 验证下列函数是对应方程的解；若是解，请说明是否为通解：

(1) $y=c\mathrm{e}^x$，$\dfrac{\mathrm{d}y}{\mathrm{d}x}-y=0$；　　(2) $y=\mathrm{e}^{\int p(x)\mathrm{d}x}$，$\dfrac{\mathrm{d}y}{\mathrm{d}x}-p(x)y=0$；

(3) $y=\mathrm{e}^{kx}+\mathrm{e}^{-kx}$，$\dfrac{\mathrm{d}^2y}{\mathrm{d}x^2}-k^2y=0$；　　(4) $y=c\mathrm{e}^{kx}+\mathrm{e}^{-kx}$，$\dfrac{\mathrm{d}^2y}{\mathrm{d}x^2}-k^2y=0$.

(B)

3. 试求出方程 $\dfrac{\mathrm{d}y}{\mathrm{d}x}=\dfrac{2}{x^2-1}$ 过(0,1)的积分曲线.

4. 已知曲线的切线在纵轴上的截距等于切点的横坐标，试求曲线所满足的方程.

5. 试求曲线族 $y=cx+x^2$ 所满足的微分方程.

第 2 章　一阶微分方程的初等积分法

本章主要介绍一阶微分方程的初等积分法及其解的存在唯一性定理.一阶微分方程的显式方程是指形如$\frac{\mathrm{d}y}{\mathrm{d}x}=f(x,y)$或$p(x,y)\mathrm{d}x+q(x,y)\mathrm{d}y=0$的方程,其中$f(x,y)$,$p(x,y)$或$q(x,y)$是连续函数.一阶微分方程的隐式方程是指形如$F(x,y,y')=0$的方程.微分方程的初等积分法是指通过积分的方法,把微分方程的解用初等函数以及初等函数的有限次积分表示出来.

§2.1　变量分离方程与变量分离法

2.1.1　变量分离方程

形如

$$\frac{\mathrm{d}y}{\mathrm{d}x}=f(x)g(y) \tag{2.1}$$

的方程,称为**变量分离方程**,其中$f(x)$,$g(y)$分别是x,y的连续函数.

(1) 若存在常数y_0,使得$g(y_0)=0$,则直接验证可知$y=y_0$是方程(2.1)的解.

(2) 若$g(y)\neq 0$,设$y=y(x)$是方程的解,则方程(2.1)分离变量后可化为

$$\frac{\mathrm{d}y(x)}{g(y(x))}=f(x)\mathrm{d}x,$$

两边积分得到

$$\int\frac{\mathrm{d}y(x)}{g(y(x))}=\int f(x)\mathrm{d}x+c,c\text{ 为任意常数}. \tag{2.2}$$

即方程的解$y=y(x)$是关系式(2.2)的隐函数.

反之,若$y=y(x)$是由式(2.2)所确定的隐函数,则式(2.2)两边求导得

$$\frac{\mathrm{d}y(x)}{\mathrm{d}x}\frac{1}{g(y(x))}=f(x),$$

即

$$\frac{\mathrm{d}y(x)}{\mathrm{d}x}=f(x)g(y(x)).$$

所以$y=y(x)$是方程(2.1)的解.从而,式(2.2)是方程(2.1)的通积分.

注:1. 这里我们把积分常数c明确地写出来了,而$\int\frac{\mathrm{d}y(x)}{g(y(x))}$和$\int f(x)\mathrm{d}x$中不再有任

意常数，只把它们分别看作$\dfrac{1}{g(y)}$和 $f(x)$ 的某个确定的原函数.

2. c 是使通解有意义的任意常数，以后不再说明.

3. 若存在常数 y_0，使得 $g(y_0)=0$，则 $y=y_0$ 是方程(2.1)的解，它往往不含在通解中，在变量分离时不要漏掉，应补上.

4. 变量分离方程也以下列微分形式出现

$$f(x)g(y)\mathrm{d}x+p(x)q(y)\mathrm{d}y=0,$$

其中，$f(x)$，$g(y)$，$p(x)$，$q(y)$ 是 x 或 y 的连续函数. 对此，只需方程两边都除以 $g(y)p(x)$，并两边积分得到通积分

$$\int\frac{f(x)}{p(x)}\mathrm{d}x+\int\frac{q(y)}{g(y)}\mathrm{d}y=c.$$

另外，若存在 $x=x_0$ 或 $y=y_0$，使得 $p(x_0)=0$ 或 $g(y_0)=0$，则 $x=x_0$ 或 $y=y_0$ 也是方程的解.

例 2.1　求解方程

$$\frac{\mathrm{d}y}{\mathrm{d}x}=-\frac{x}{y}.$$

解：分离变量得到

$$x\mathrm{d}x=-y\mathrm{d}y,$$

两边积分得

$$\frac{1}{2}x^2=-\frac{1}{2}y^2+c_1.$$

即方程的通积分为

$$x^2+y^2=c,c=2c_1,c\text{ 是任意正的常数.}$$

注：1. c 与 c_1 的关系以后不必说明，不致混淆即可，我们统一记为 c.

2. $x^2+y^2=c$ 是方程的隐式解，若写成 $y=\pm\sqrt{c-x^2}$，则称为显式解.

3. 若要求满足初始条件 $y(0)=1$ 的特解，则将 $x=0$，$y=1$ 代入通积分得到 $c=1$，从而所求的特解为 $x^2+y^2=1$.

例 2.2　求解方程

$$(1+x)y\mathrm{d}x+(1-y)x\mathrm{d}y=0.$$

解：当 $xy\neq0$ 时，分离变量得

$$\frac{1+x}{x}\mathrm{d}x+\frac{1-y}{y}\mathrm{d}y=0.$$

两边积分得

$$x-y+\ln|xy|=c,c\text{ 为任意常数.}$$

另外，$x=0$ 或 $y=0$ 也是方程的解.

例 2.3　求方程

$$\frac{\mathrm{d}y}{\mathrm{d}x}=p(x)y$$

的通解，其中 $p(x)$ 是连续函数.

解：分离变量得

$$\frac{\mathrm{d}y}{y}=p(x)\mathrm{d}x,$$

两边积分得：

$$\ln|y|=\int p(x)\mathrm{d}x+c, c\text{ 是任意常数.}$$

由对数的定义

$$|y|=\mathrm{e}^{\int p(x)\mathrm{d}x+c},$$

即

$$y=\pm\mathrm{e}^{c}\cdot\mathrm{e}^{\int p(x)\mathrm{d}x},$$

于是，方程的通解为

$$y=c\mathrm{e}^{\int p(x)\mathrm{d}x}, \tag{2.3}$$

c 是不等于零的任意常数.

另外，$y=0$ 也是方程的解. 如果在式(2.3) 中允许 $c=0$，则 $y=0$ 也包含在式(2.3) 中，故原方程的通解为式(2.3)，其中 c 为任意常数.

2.1.2 可化为变量分离方程的类型

这一部分的主要思想是转化，即将其他方程转化为变量分离方程.

1. 齐次方程

形如

$$\frac{\mathrm{d}y}{\mathrm{d}x}=g\left(\frac{y}{x}\right) \tag{2.4}$$

的方程，称为**齐次方程**，其中 $g(u)$ 是 u 的连续函数.

为了求解式(2.4)，令 $\frac{y}{x}=u$，即 $y=xu$，从而 $\frac{\mathrm{d}y}{\mathrm{d}x}=u+x\frac{\mathrm{d}u}{\mathrm{d}x}$，代入原方程得

$$u+x\frac{\mathrm{d}u}{\mathrm{d}x}=g(u),$$

整理后得到变量分离方程

$$\frac{\mathrm{d}u}{\mathrm{d}x}=\frac{g(u)-u}{x}. \tag{2.5}$$

求得式(2.5) 的解后，代回原变量即得方程(2.4) 的解.

注：齐次方程也可定义为形如

$$p(x,y)\mathrm{d}x+q(x,y)\mathrm{d}y=0$$

的方程，其中 $p(tx,ty)=t^{m}p(x,y)$，$q(tx,ty)=t^{m}q(x,y)$，m 为正整数.

例 2.4 求解方程

$$x^{2}\frac{\mathrm{d}y}{\mathrm{d}x}=xy-y^{2}.$$

解：方程两边都除以 x^2 得到

$$\frac{\mathrm{d}y}{\mathrm{d}x}=\frac{xy-y^2}{x^2}.$$

令 $\frac{y}{x}=u$，即 $y=xu$，从而 $\frac{\mathrm{d}y}{\mathrm{d}x}=u+x\frac{\mathrm{d}u}{\mathrm{d}x}$，代入原方程得

$$u+x\frac{\mathrm{d}u}{\mathrm{d}x}=u-u^2,$$

整理后得到变量分离方程

$$\frac{\mathrm{d}u}{\mathrm{d}x}=-\frac{u^2}{x}.$$

解得

$$\frac{1}{u}=\ln|x|+c.$$

代回原变量的方程的通解

$$y=\frac{x}{\ln|x|+c}，c\text{ 为任意常数}.$$

另外，由 $u=0$ 得 $y=0$ 也是方程的解.

2. 可化为变量分离方程的另一类型

下面讨论形如

$$\frac{\mathrm{d}y}{\mathrm{d}x}=\frac{a_1x+b_1y+c_1}{a_2x+b_2y+c_2}$$

的方程，其中 a_1,b_1,c_1,a_2,b_2,c_2 为常数.

(1) 当 $c_1=c_2=0$ 时，$\frac{\mathrm{d}y}{\mathrm{d}x}=\dfrac{a_1+b_1\frac{y}{x}}{a_2+b_2\frac{y}{x}}=g\left(\frac{y}{x}\right)$，化为齐次方程.

(2) 当 $c_1^2+c_2^2\neq 0$ 且 $\begin{vmatrix}a_1 & b_1\\ a_2 & b_2\end{vmatrix}=0$ 时，可设 $\frac{a_1}{a_2}=\frac{b_1}{b_2}=k$，则方程变为

$$\frac{\mathrm{d}y}{\mathrm{d}x}=\frac{k(a_2x+b_2y)+c_1}{a_2x+b_2y+c_2}=f(a_2x+b_2y),$$

令 $a_2x+b_2y=u$，可将原方程化为如下变量分离方程

$$\frac{\mathrm{d}u}{\mathrm{d}x}=a_2+b_2f(u).$$

(3) 当 $c_1^2+c_2^2\neq 0$ 且 $\begin{vmatrix}a_1 & b_1\\ a_2 & b_2\end{vmatrix}\neq 0$ 时，设 $\begin{cases}a_1x+b_1y+c_1=0,\\ a_2x+b_2y+c_2=0\end{cases}$ 的解为 $x=\alpha,y=\beta$.

再令 $\begin{cases}X=x-\alpha,\\ Y=y-\beta,\end{cases}$ 则有 $\begin{cases}a_1X+b_1Y=0,\\ a_2X+b_2Y=0.\end{cases}$

从而原方程化为下列齐次方程

$$\frac{\mathrm{d}Y}{\mathrm{d}X}=\frac{a_1X+b_1Y}{a_2X+b_2Y}=g\left(\frac{Y}{X}\right).$$

注：上述求解方法也可用于更一般的方程。

$$\frac{dy}{dx}=f\left(\frac{a_1x+b_1y+c_1}{a_2x+b_2y+c_2}\right)$$，其中 $f(u)$ 为 u 的连续函数.

例 2.5 求解方程

$$\frac{dy}{dx}=\frac{x-y+1}{x+y-3}.$$

解:解方程组 $\begin{cases}x-y+1=0\\x+y-3=0\end{cases}$，得 $x=1,y=2$.

令 $X=x-1,Y=y-2$，并代入原方程得

$$\frac{dY}{dX}=\frac{X-Y}{X+Y}.$$

再令 $\frac{Y}{X}=u$，则有

$$\frac{1+u}{1-2u-u^2}du=\frac{dX}{X},$$

两边积分得

$$X^2(u^2+2u-1)=c(c\neq 0).$$

代回原变量，并整理得

$$y^2+2xy-x^2-6y-2x=c(c\neq 0).$$

另外，由 $1-2u-u^2=0$ 得 $y^2+2xy-x^2-6y-2x=0$ 也是方程的解.

故方程的通解为

$$y^2+2xy-x^2-6y-2x=c,$$

其中，c 为任意常数.

习题 2.1

(A)

1. 求解下列方程：

(1) $\frac{dy}{dx}-\frac{3}{2}y^{\frac{1}{3}}=0$；

(2) $y'=\frac{x^2}{y}$；

(3) $(x^2+1)(y^2-1)dx+xydy=0$；

(4) $(1+x)ydx+(1-y)xdy=0$；

(5) $\tan y dx-\cot x dy=0$；

(6) $\frac{dy}{dx}=e^{x-y}$.

2. 作适当变换，求解下列方程：

(1) $\frac{dy}{dx}=(x+y)^2$；

(2) $y(1+x^2y^2)dx=xdy$；

(3) $\frac{dy}{dx}=\frac{x+2y+1}{2x+4y-1}$；

(4) $(x^2+y^2+3)\frac{dy}{dx}=2x\left(2y-\frac{x^2}{y}\right)$；

(5) $\frac{dy}{dx}=2\left(\frac{y+2}{x+y-1}\right)^2$；

(6) $\frac{dy}{dx}=\frac{y^6-2x^2}{2xy^5+x^2y^2}$.

(B)

3. 试作适当变换,将方程 $x^2\dfrac{\mathrm{d}y}{\mathrm{d}x}=f(xy)$ 化为变量分离方程.

4. 试求可导函数 $y(x)$ 的表达式,其中该函数满足 $y(x)\int_0^x y(t)\mathrm{d}t=1(x\neq 0)$.

5. 已知函数 $y(x)$ 在 $x=0$ 点的导数 $y'(0)$ 存在,且满足 $y(s+t)=\dfrac{y(s)+y(t)}{1-y(s)y(t)}$,试求函数 $y(x)$ 的表达式.

§2.2　一阶线性方程与常数变易法

形如

$$\frac{\mathrm{d}y}{\mathrm{d}x}=p(x)y+q(x) \tag{2.6}$$

的方程称为**一阶线性方程**,其中 $p(x),q(x)$ 是所考虑区域上的连续函数.

我们称

$$\frac{\mathrm{d}y}{\mathrm{d}x}=p(x)y \tag{2.7}$$

为式(2.6) 对应的齐线性方程.

在求解方程之前,我们不加证明地给出**一阶线性方程的下列性质**,请读者自己完成:

(1) 式(2.6) 的两解之差必为式(2.7) 的解;式(2.7) 的两解之和仍为式(2.7) 的解.

(2) 若 $y=\bar{y}(x)$ 和 $y=y(x)$ 分别为式(2.6) 和式(2.7) 的解,则 $y=cy(x)+\bar{y}(x)$ 为式(2.6) 的通解,c 为任意常数.

(3) 式(2.6) 作线性变换 $y=a(x)z+b(x)$ ($a(x),b(x)$ 连续可微) 后,所得到的方程仍为一阶线性方程.

为求解式(2.6),两边同乘以 $\mathrm{e}^{-\int p(x)\mathrm{d}x}$ 得

$$\frac{\mathrm{d}}{\mathrm{d}x}\left(y\mathrm{e}^{-\int p(x)\mathrm{d}x}\right)=q(x)\mathrm{e}^{-\int p(x)\mathrm{d}x},$$

两边积分得到

$$y\mathrm{e}^{-\int p(x)\mathrm{d}x}=\int q(x)\mathrm{e}^{-\int p(x)\mathrm{d}x}\mathrm{d}x+c,$$

于是

$$y=\mathrm{e}^{\int p(x)\mathrm{d}x}\left(\int q(x)\mathrm{e}^{-\int p(x)\mathrm{d}x}\mathrm{d}x+c\right), \tag{2.8}$$

其中,c 为任意常数.

式(2.8) 就称为**一阶线性方程(2.6) 的求解公式**. 上述方法是在原方程两边同乘以一个不等于零的因子,使之成为可直接求积分的方程,这种方法称为**积分因子法**,该因子就

称为**积分因子**. 对此今后我们还会继续介绍和应用.

下面介绍**常数变易法**,即将常数变易为待定函数的方法. 在本章例 2.3 中,我们曾给出式(2.7)的解为

$$y = c\mathrm{e}^{\int p(x)\mathrm{d}x}. \tag{2.3}$$

考虑到式(2.7)是式(2.6)的特殊情况,为了求得式(2.6)的解,我们设想在式(2.3)中将常数 c 变易为 x 的函数 $c(x)$,即令

$$y = c(x)\mathrm{e}^{\int p(x)\mathrm{d}x}, \tag{2.9}$$

看看能否确定这样的 $c(x)$,使得式(2.9)为式(2.6)的解.

为此,式(2.9)两边求导得

$$\frac{\mathrm{d}y}{\mathrm{d}x} = c'(x)\mathrm{e}^{\int p(x)\mathrm{d}x} + c(x)p(x)\mathrm{e}^{\int p(x)\mathrm{d}x}, \tag{2.10}$$

将式(2.9)和式(2.10)代入式(2.6)得到

$$c'(x) = q(x)\mathrm{e}^{-\int p(x)\mathrm{d}x},$$

两边积分

$$c(x) = \int q(x)\mathrm{e}^{-\int p(x)\mathrm{d}x}\mathrm{d}x + c,$$

于是,方程的通解为

$$y = \mathrm{e}^{\int p(x)\mathrm{d}x}\left(\int q(x)\mathrm{e}^{-\int p(x)\mathrm{d}x}\mathrm{d}x + c\right),$$

其中,c 为任意常数.

例 2.6 求解方程 $xy' = 2y + 2x^4$.

解:

方法 1:方程可化为

$$y' = \frac{2y}{x} + 2x^3.$$

两边都乘以 $\mathrm{e}^{-\int \frac{2}{x}\mathrm{d}x}$ 得

$$y'\mathrm{e}^{-\int \frac{2}{x}\mathrm{d}x} = \frac{2y}{x}\mathrm{e}^{-\int \frac{2}{x}\mathrm{d}x} + 2x^3\mathrm{e}^{-\int \frac{2}{x}\mathrm{d}x},$$

积分得

$$y\mathrm{e}^{-\int \frac{2}{x}\mathrm{d}x} = \int 2x^3\mathrm{e}^{-\int \frac{2}{x}\mathrm{d}x}\mathrm{d}x + c,$$

即

$$y = \mathrm{e}^{\int \frac{2}{x}\mathrm{d}x}\left(\int 2x^3\mathrm{e}^{-\int \frac{2}{x}\mathrm{d}x}\mathrm{d}x + c\right) = cx^2 + x^4,$$

其中,c 为任意常数.

方法 2:方程可化为

$$y' = \frac{2y}{x} + 2x^3.$$

方程对应的齐线性方程的解为

$$y = cx^2.$$

设 $y = c(x)x^2$ 为原方程的解，代入原方程并整理得

$$c'(x) = 2x,$$

从而

$$c(x) = x^2 + c.$$

于是，方程的通解为

$$y = cx^2 + x^4,$$

其中，c 为任意常数.

方法 3：方程可化为

$$y' = \frac{2y}{x} + 2x^3.$$

由一阶线性方程的求解公式得

$$y = e^{\int \frac{2}{x}dx}\left(\int 2x^3 e^{-\int \frac{2}{x}dx}dx + c\right) = cx^2 + x^4,$$

其中，c 为任意常数.

例 2.7　求解方程 $y' = \dfrac{y}{2y\ln y + y - x}$.

解：方程可化为

$$\frac{dx}{dy} = -\frac{x}{y} + 2\ln y + 1.$$

这是以 x 为未知函数的一阶线性方程，由求解公式得

$$x = e^{-\int \frac{1}{y}dy}\left(\int (2\ln y + 1)e^{\int \frac{1}{y}dy}dy + c\right) = \frac{c}{y} + y\ln y,$$

其中，c 为任意常数.

注：在求解微分方程时，常常把 x，y 的地位看作是对等的.

例 2.8　求解方程 $\dfrac{dy}{dx} = p(x)y + q(x)y^n$，其中 $p(x)$，$q(x)$ 是所考虑区域上的连续函数，n 是常数，$n \neq 0, 1$.

解：该方程是伯努利家族解决的，因而称为**伯努利方程**.

显然当 $n > 0$ 时，$y = 0$ 是方程的解.

当 $y \neq 0$ 时，方程两边都除以 y^n，得

$$\frac{1}{y^n}\frac{dy}{dx} = \frac{p(x)}{y^{n-1}} + q(x),$$

令 $z = y^{1-n}$，则上述方程可化为一阶线性方程

$$\frac{dz}{dx} = (1-n)p(x)z + (1-n)q(x).$$

由一阶线性方程的求解公式得

$$z = e^{(1-n)\int p(x)dx}\left(\int (1-n)q(x)e^{-(1-n)\int p(x)dx}dx + c\right),$$

代回原变量,得方程的通解

$$\frac{1}{y^{n-1}} = e^{(1-n)\int p(x)dx}\left(\int (1-n)q(x)e^{-(1-n)\int p(x)dx}dx + c\right),$$

其中,c 为任意常数.

注:对具体的 $p(x)$,$q(x)$,可以按上述步骤求解,也可直接用上述公式求解.

例 2.9 解方程$\frac{dy}{dx} + 4y + y^2 = 0$.

解:方程可化为$\frac{dy}{dx} = -4y - y^2$,这是 $n=2$ 的伯努利方程.

$y=0$ 显然是方程的解. 当 $y \neq 0$ 时,两边都乘以 y^2 得$\frac{1}{y}\frac{dy}{dx} = -4\frac{1}{y} - 1$. 令 $z = y^{-1}$,则上述方程化为$\frac{dz}{dx} = 4z + 1$,由一阶线性方程求解公式得

$$z = e^{\int 4dx}\left(\int e^{-\int 4dx}dx + c\right) = ce^{4x} - \frac{1}{4},$$

于是,方程的通解为$\frac{1}{y} = ce^{4x} - \frac{1}{4}$,$c$ 为任意常数.

例 2.10 已知:$y = y_1(x)$ 是方程

$$\frac{dy}{dx} = p(x)y^2 + q(x)y + r(x) \tag{2.11}$$

的一个解,试求解这个方程,其中 $p(x)$,$q(x)$,$r(x)$ 是所考虑区域上的连续函数.

解:该方程是意大利数学家黎卡提(J. F. Riccati,1676—1754)解决的,称为**黎卡提方程**.

因为 $y = y_1(x)$ 是方程(2.11)的解,所以

$$\frac{dy_1}{dx} = p(x)y_1^2 + q(x)y_1 + r(x). \tag{2.12}$$

式(2.11)减去式(2.12)得

$$\begin{aligned}\frac{d(y-y_1)}{dx} &= p(x)(y^2 - y_1^2) + q(x)(y - y_1)\\ &= p(x)(y-y_1)^2 + [2p(x)y_1(x) + q(x)](y - y_1).\end{aligned}$$

令 $y - y_1 = z$,上式化为

$$\frac{dz}{dx} = p(x)z^2 + [2p(x)y_1(x) + q(x)]z. \tag{2.13}$$

式(2.13)是 $n=2$ 时的伯努利方程,解得

$$\frac{1}{z} = e^{-\int[2p(x)y_1(x)+q(x)]dx}\left(-\int p(x)e^{\int[2p(x)y_1(x)+q(x)]dx}dx + c\right).$$

代回原变量,得到方程的通解

$$\frac{1}{y-y_1} = e^{-\int[2p(x)y_1(x)+q(x)]dx}\left(-\int p(x)e^{\int[2p(x)y_1(x)+q(x)]dx}dx + c\right),$$

其中,c 为任意常数.

例 2.11　解方程$\frac{dy}{dx}-2xy+y^2=5-x^2$.

解:通过观察方程右端的形式,可设方程有特解 $\bar{y}=ax+b$,代入原方程得

$$a-2x(ax+b)+(ax+b)^2=5-x^2,$$

比较方程两端 x 同次幂的系数得

$$a+b^2=5,\ -2b+2ab=0,\ -2a+a^2=-1,$$

解得 $a=1,b=2$,即 $\bar{y}=x+2$.

令 $z=y-x-2$,则方程化为$\frac{dz}{dx}+4z+z^2=0$,这是 $n=2$ 时的伯努利方程,解得 $(ce^{4x}-1)z=4$,故原方程的通解为

$$(ce^{4x}-1)(y-x-2)=4,c\ 为任意常数.$$

另外,由 $z=0$ 得 $y-x-2=0$ 也是方程的解.

黎卡提方程通过函数的代换 $y=w(x)z$,消去一次项,可得到如下更简洁的形式

$$\frac{dz}{dx}=p(x)z^2+r(x).$$

19 世纪,法国著名数学家刘维尔(J. Liouville,1809—1882)给出结论:黎卡提方程 $y'=ay^2+bx^m(ab\neq 0)$ 当且仅当 $m=0,-2,\frac{-4k}{2k\pm 1}(k=1,2,\cdots)$ 时,才可以初等求解. 这就告诉我们,即使像 $y'=y^2+x,y'=y^2+x^2$ 这样简单的非线性方程也不能初等求解. 这就使数学家对微分方程的注意力从初等求解转向定性研究和数值求解上. 特别是在实际应用中,由于许多非线性方程不能通过代换化为线性方程,且大量的非线性方程难以求得精确解或者能求得精确解但难以应用,人们开始考虑哪些非线性方程可以用线性方程来近似. 比如,我们研究非线性方程$\frac{dy}{dx}=f(x,y)$ 在 $y=y_0$ 附近解的情况,可以考虑在包含 y_0 的某个区间取 $f(x,y)$ 的线性近似

$$f(x,y)\approx f(x,y_0)+f'_y(x,y_0)(y-y_0).$$

这样得到的方程

$$\frac{dy}{dx}=f(x,y_0)+f'_y(x,y_0)(y-y_0)$$

称为方程$\frac{dy}{dx}=f(x,y)$ 的线性化方程. 如果精确解和近似解的误差在允许的范围内,在 (x_0,y_0) 附近的小邻域内,可用线性化方程来刻画非线性方程. 详细的研究请读者参考微分方程中有关定性方法和数值方法的内容.

习题 2.2

(A)

1. 求解下列方程:

(1) $\frac{dy}{dx}=y+\sin x$;　　(2) $y'=3y+e^{2x}$;

(3) $(y\ln x-2)y\mathrm{d}x=x\mathrm{d}y$；

(4) $2xy\mathrm{d}y=(2y^2-x)\mathrm{d}x$；

(5) $y'\mathrm{e}^{-x}+y^2-2y\mathrm{e}^x=1-\mathrm{e}^{2x}$；

(6) $y'+y^2-2y\sin x=\cos x-\sin^2 x$.

2. 作适当变换，求解下列方程

(1) $x\dfrac{\mathrm{d}y}{\mathrm{d}x}=4y+x\sqrt{y}$；

(2) $\dfrac{\mathrm{d}y}{\mathrm{d}x}=\dfrac{\mathrm{e}^y+3x}{x^2}$；

(3) $\dfrac{\mathrm{d}y}{\mathrm{d}x}=\dfrac{1}{xy+x^3y^3}$；

(4) $y=\mathrm{e}^x+\int_0^x y(t)\mathrm{d}t$.

(B)

3. 已知：$y=y_1(x)$，$y=y_2(x)$ 是黎卡提方程(2.11)的两个解，

(1) 试证明方程的通解为 $\dfrac{y-y_1}{y-y_2}=c\mathrm{e}^{\int p(x)(y_1-y_2)\mathrm{d}x}$，$c$ 为任意常数.

(2) 若 $y=y_3(x)$ 也是该方程的解，证明方程的通解为 $\dfrac{y-y_1}{y-y_2}\Big/\dfrac{y_3-y_1}{y_3-y_2}=c$，$c$ 为任意常数.

4. 设函数 $y(x)$ 于 $-\infty<x<+\infty$ 上连续，$y'(0)$ 存在且满足

$$y(s+t)=y(s)y(t),$$

试确定此函数.

5. 已知方程 $\dfrac{\mathrm{d}y}{\mathrm{d}x}=ky+f(x)$，其中 k 是不等于零的常数，$f(x)$ 是以 ω 为周期的函数，试证明方程有且只有一个周期为 ω 的周期解，并求出这个周期解.

§2.3　恰当方程与积分因子法

考虑对称形式的一阶微分方程

$$M(x,y)\mathrm{d}x+N(x,y)\mathrm{d}y=0. \tag{2.14}$$

如果存在二元可微函数 $\varphi(x,y)$，使得它的全微分为

$$\mathrm{d}\varphi(x,y)=M(x,y)\mathrm{d}x+N(x,y)\mathrm{d}y,$$

即函数 $\varphi(x,y)$ 的偏导数为

$$\frac{\partial\varphi(x,y)}{\partial x}=M(x,y),\ \frac{\partial\varphi(x,y)}{\partial y}=N(x,y),$$

则称式(2.14)为**恰当方程**或**全微分方程**. 因此，当式(2.14)为恰当方程时，可将它写成

$$\mathrm{d}\varphi(x,y)=M(x,y)\mathrm{d}x+N(x,y)\mathrm{d}y.$$

容易证明式(2.14)的通积分为

$$\varphi(x,y)=c,$$

其中，c 为任意常数.

于是，我们就自然地提出如下问题：

(1) 如何判断方程(2.14)为恰当方程？

(2) 如果方程(2.14) 为恰当方程,如何求出原函数 $\varphi(x,y)$?

(3) 如果方程(2.14) 不是恰当方程,能否将它转化为一个与它相关的恰当方程?

下面的定理给出了上述问题1和问题2的解答.随后再给出问题3的一个并不完整的解答.

定理 2.1　设函数 $M(x,y)$ 和 $N(x,y)$ 是单连通区域

$$R:\alpha < x < \beta, \gamma < y < \delta$$

上的连续函数,且有一阶连续偏导数$\dfrac{\partial M}{\partial y}$和$\dfrac{\partial N}{\partial x}$,则方程(2.14) 是恰当方程的充要条件是恒等式

$$\frac{\partial M(x,y)}{\partial y} \equiv \frac{\partial N(x,y)}{\partial x} \tag{2.15}$$

在 R 内成立.而且当式(2.15) 成立时,方程的通积分为

$$\int_{x_0}^{x} M(x,y)\mathrm{d}x + \int_{y_0}^{y} N(x_0,y)\mathrm{d}y = c,$$

或

$$\int_{x_0}^{x} M(x,y_0)\mathrm{d}x + \int_{y_0}^{y} N(x,y)\mathrm{d}y = c,$$

其中,(x_0,y_0) 是 R 中的任意一点.

证明:先证必要性.假设方程(2.14) 是恰当方程,则存在函数 $\varphi(x,y)$,满足

$$\frac{\partial \varphi(x,y)}{\partial x} = M(x,y), \frac{\partial \varphi(x,y)}{\partial y} = N(x,y). \tag{2.16}$$

式(2.16) 两边分别对 y 和 x 求偏导数得到

$$\frac{\partial^2 \varphi(x,y)}{\partial x \partial y} = \frac{\partial M(x,y)}{\partial y}, \frac{\partial^2 \varphi(x,y)}{\partial y \partial x} = \frac{\partial N(x,y)}{\partial x}. \tag{2.17}$$

由$\dfrac{\partial M}{\partial y}$和$\dfrac{\partial N}{\partial x}$连续知,$\dfrac{\partial^2 \varphi(x,y)}{\partial x \partial y}$和$\dfrac{\partial^2 \varphi(x,y)}{\partial y \partial x}$连续,从而

$$\frac{\partial^2 \varphi(x,y)}{\partial x \partial y} = \frac{\partial^2 \varphi(x,y)}{\partial y \partial x},$$

即

$$\frac{\partial M(x,y)}{\partial y} \equiv \frac{\partial N(x,y)}{\partial x}.$$

再证充分性.假设 $M(x,y)$ 和 $N(x,y)$ 满足式(2.15),来构造函数 $\varphi(x,y)$,使之满足式(2.16).为此,我们取

$$\varphi(x,y) = \int_{x_0}^{x} M(x,y)\mathrm{d}x + \varphi(y), \tag{2.18}$$

其中,$\varphi(y)$ 是待定函数.下面来寻找 $\varphi(y)$,使函数(2.18) 满足式(2.16) 的第二式.式(2.18) 两边对 y 求导得到

$$\frac{\partial \varphi(x,y)}{\partial y} = \frac{\partial}{\partial y}\int_{x_0}^{x} M(x,y)\mathrm{d}x + \varphi'(y) = \int_{x_0}^{x} \frac{\partial}{\partial y}M(x,y)\mathrm{d}x + \varphi'(y).$$

由条件式(2.15),上式可化为

$$\frac{\partial\varphi(x,y)}{\partial y}=\int_{x_0}^{x}\frac{\partial}{\partial y}M(x,y)\mathrm{d}x+\varphi'(y)=\int_{x_0}^{x}\frac{\partial}{\partial x}N(x,y)\mathrm{d}x+\varphi'(y)$$
$$=N(x,y)-N(x_0,y)+\varphi'(y).$$

由此可见，为了使函数(2.18)满足式(2.16)的第二式，只需令

$$N(x_0,y)=\varphi'(y),$$

即只要取

$$\varphi(y)=\int_{y_0}^{y}N(x_0,y)\mathrm{d}y$$

即可.

这样，就找到了满足式(2.15)的函数

$$\varphi(x,y)=\int_{x_0}^{x}M(x,y)\mathrm{d}x+\int_{y_0}^{y}N(x_0,y)\mathrm{d}y.$$

同理，可得 $\varphi(x,y)$ 的另一形式为

$$\varphi(x,y)=\int_{x_0}^{x}M(x,y_0)\mathrm{d}x+\int_{y_0}^{y}N(x,y)\mathrm{d}y.$$

注：在 $\varphi(x,y)$ 的推导过程中，式(2.18)可取不定积分

$$\varphi(x,y)=\int M(x,y)\mathrm{d}x+\varphi(y),$$

则

$$\frac{\partial\varphi(x,y)}{\partial y}=\frac{\partial}{\partial y}\int M(x,y)\mathrm{d}x+\varphi'(y)=N(x,y),$$

即

$$\varphi'(y)=N(x,y)-\frac{\partial}{\partial y}\int M(x,y)\mathrm{d}x,$$

从而

$$\varphi(y)=\int\left[N(x,y)-\frac{\partial}{\partial y}\int M(x,y)\mathrm{d}x\right]\mathrm{d}y,$$

于是，方程的通积分公式可表示为

$$\int M(x,y)\mathrm{d}x+\int\left[N(x,y)-\frac{\partial}{\partial y}\int M(x,y)\mathrm{d}x\right]\mathrm{d}y=c.$$

例 2.12 求解方程

$$(2x\sin y+3x^2y)\mathrm{d}x+(x^3+x^2\cos y+y^2)\mathrm{d}y=0.$$

解：因为$\frac{\partial M(x,y)}{\partial y}=2x\cos x+3x^2=\frac{\partial N(x,y)}{\partial x}$，所以该方程是恰当方程.

方法 1：直接用公式. 取 $(x_0,y_0)=(0,0)$，由恰当方程的求解公式得到方程的通积分为

$$\int_0^x(2x\sin y+3x^2y)\mathrm{d}x+\int_0^y y^2\mathrm{d}y=c,$$

即

$$x^2\sin y+x^3y+\frac{1}{3}y^3=c,$$

其中，c 为任意常数.

方法 2:用推导公式的思想方法. 设所求的通积分为 $\varphi(x,y)=c$，则有

$$\frac{\partial\varphi(x,y)}{\partial x}=2x\sin y+3x^2y,\frac{\partial\varphi(x,y)}{\partial y}=x^3+x^2\cos y+y^2.$$

第一式两边对 x 积分得到

$$\varphi(x,y)=x^2\sin y+x^3y+\varphi(y).$$

将上式代入第二式就有

$$x^2\cos y+x^3+\varphi'(y)=x^3+x^2\cos y+y^2,$$

从而 $\varphi'(y)=y^2$，积分后取 $\varphi(y)=\frac{1}{3}y^3$. 所以方程的通积分为

$$x^2\sin y+x^3y+\frac{1}{3}y^3=c,$$

其中，c 为任意常数.

方法 3:凑微分法.

$$(2x\sin y+3x^2y)\mathrm{d}x+(x^3+x^2\cos y+y^2)\mathrm{d}y=(2x\sin y\mathrm{d}x+x^2\cos y\mathrm{d}y)+$$

$$(+3x^2y\mathrm{d}x+x^3\mathrm{d}y)+y^2\mathrm{d}y=\mathrm{d}(x^2\sin x)+\mathrm{d}(x^3y)+\mathrm{d}\left(\frac{1}{3}y^3\right),$$

直接积分得到

$$x^2\sin y+x^3y+\frac{1}{3}y^3=c,$$

其中，c 为任意常数.

注:凑微分法或称分项组合法是把已经构成全微分的项分出，再把剩下的项凑成全微分. 欲把这一方法用好，需记熟下列常用的全微分形式:

$$y\mathrm{d}x+x\mathrm{d}y=\mathrm{d}(xy),\qquad \frac{y\mathrm{d}x-x\mathrm{d}y}{y^2}=\mathrm{d}\left(\frac{x}{y}\right),$$

$$\frac{-y\mathrm{d}x+x\mathrm{d}y}{x^2}=\mathrm{d}\left(\frac{y}{x}\right),\qquad \frac{2xy\mathrm{d}y-y^2\mathrm{d}x}{x^2}=\mathrm{d}\left(\frac{y^2}{x}\right),$$

$$\frac{2xy\mathrm{d}x-x^2\mathrm{d}y}{y^2}=\mathrm{d}\left(\frac{x^2}{y}\right),\qquad \frac{2x^2y\mathrm{d}y-2xy^2\mathrm{d}x}{x^4}=\mathrm{d}\left(\frac{y^2}{x^2}\right),$$

$$\frac{y\mathrm{d}x-x\mathrm{d}y}{xy}=\mathrm{d}\left(\ln\left|\frac{x}{y}\right|\right),\qquad \frac{y\mathrm{d}x-x\mathrm{d}y}{x^2+y^2}=\mathrm{d}\left(\arctan\frac{x}{y}\right),$$

$$-\frac{x\mathrm{d}y+y\mathrm{d}x}{x^2y^2}=\mathrm{d}\left(\frac{1}{xy}\right),\qquad \frac{x\mathrm{d}y+y\mathrm{d}x}{2\sqrt{xy}}=\mathrm{d}(\sqrt{xy}),$$

$$-\frac{x\mathrm{d}y+y\mathrm{d}x}{2(xy)^{\frac{3}{2}}}=\mathrm{d}\left(\frac{1}{\sqrt{xy}}\right),\qquad \frac{y\mathrm{d}x-x\mathrm{d}y}{x^2-y^2}=\frac{1}{2}\mathrm{d}\left(\ln\left|\frac{x-y}{x+y}\right|\right),$$

$$\frac{x\mathrm{d}x+y\mathrm{d}y}{x^2+y^2}=\frac{1}{2}\mathrm{d}[\ln(x^2+y^2)].$$

下面来回答前面提出的问题 3，即如果方程(2.14)不满足恰当方程的充要条件，该如何处理?我们的答案是用积分因子. 前面在讨论线性方程时，我们曾给出积分因子的概

念.对方程(2.14)而言,就是存在连续可微函数 $\mu(x,y)\neq 0$,使得

$$\mu(x,y)M(x,y)\mathrm{d}x+\mu(x,y)N(x,y)\mathrm{d}y=0$$

为恰当方程,则称 $\mu(x,y)$ 为方程(2.14)的一个积分因子.显然,积分因子是不唯一的.由定理 2.1 知,$\mu(x,y)$ 满足

$$\frac{\partial(\mu M)}{\partial y}\equiv\frac{\partial(\mu N)}{\partial x},$$

即

$$N\frac{\partial\mu}{\partial x}-M\frac{\partial\mu}{\partial y}\equiv\left(\frac{\partial M}{\partial y}-\frac{\partial N}{\partial x}\right)\mu. \tag{2.19}$$

方程(2.19)比较难以求解,于是就寻求一些特殊的积分因子.我们给出下面的定理.

定理 2.2 方程(2.14)有只依赖于 x 的积分因子的充要条件是表达式

$$\frac{\dfrac{\partial M}{\partial y}-\dfrac{\partial N}{\partial x}}{N} \tag{2.20}$$

只与 x 有关.若记方程(2.20)为 $f(x)$,则 $\mu(x)=\mathrm{e}^{\int f(x)\mathrm{d}x}$ 是方程(2.14)的一个积分因子.

证明:假设方程(2.14)有只依赖于 x 的积分因子 $\mu(x)$,则由积分因子的充要条件方程(2.19)知,$\mu(x)$ 满足

$$\frac{1}{\mu}\frac{\mathrm{d}\mu}{\mathrm{d}x}\equiv\frac{\dfrac{\partial M}{\partial y}-\dfrac{\partial N}{\partial x}}{N}.$$

上式左端只与 x 有关,所以方程(2.20)只与 x 有关.

反之,假设方程(2.20)只与 x 有关,我们令

$$\frac{1}{\mu}\frac{\partial\mu}{\partial x}=f(x),$$

由此可得

$$\mu(x)=\mathrm{e}^{\int f(x)\mathrm{d}x}. \tag{2.21}$$

容易验证方程(2.21)是方程(2.14)的一个积分因子.

类似的,我们可得出如下平行的结果:方程(2.14)有只依赖于 y 的积分因子的充要条件是表达式

$$\frac{\dfrac{\partial M}{\partial y}-\dfrac{\partial N}{\partial x}}{-M} \tag{2.22}$$

只与 y 有关.若记方程(2.22)为 $g(y)$,则 $\mu(y)=\mathrm{e}^{\int g(y)\mathrm{d}y}$ 是方程(2.14)的一个积分因子.

例 2.13 求一阶线性方程(2.6)的积分因子.

解:方程(2.6)可化为

$$[p(x)y+q(x)]\mathrm{d}x-\mathrm{d}y=0,$$

这里 $M(x,y)=p(x)y+q(x)$,$N(x,y)=-1$,容易验证

$$\frac{\dfrac{\partial M}{\partial y}-\dfrac{\partial N}{\partial x}}{N}=-p(x),$$

因此由定理 2.2 可知,方程有只与 x 有关的积分因子 $\mu(x) = e^{-\int p(x)dx}$.

这就是我们在 2.2 节开始求一阶线性方程的通解公式时,两边都乘以 $e^{-\int p(x)dx}$ 的原因.

例 2.14　求解微分方程

$$(3x^3 + y)dx + (2x^2y - x)dy = 0.$$

解:因为

$$\frac{\frac{\partial M}{\partial y} - \frac{\partial N}{\partial x}}{N} = -\frac{2}{x},$$

所以方程有积分因子

$$\mu(x) = e^{-\int \frac{2}{x}dx},$$

取

$$\mu(x) = \frac{1}{x^2}.$$

方程两边同乘以 $\mu(x) = \frac{1}{x^2}$,得到恰当方程

$$3xdx + 2ydy + \frac{ydx - xdy}{x^2} = 0,$$

由此可得通积分

$$\frac{3}{2}x^2 + y^2 - \frac{y}{x} = c,$$

其中,c 为任意常数.

另外,$x = 0$ 也是方程的解.

例 2.15　求解微分方程

$$ydx + (y - x)dy = 0.$$

解:因为 $m = y, N = y - x, \dfrac{\frac{\partial M}{\partial y} - \frac{\partial N}{\partial y}}{-M} = -\dfrac{2}{y}$ 只与 y 有关,所以方程有只与 y 有关的积分因子

$$\mu(y) = e^{-\int \frac{2}{y}dx},$$

取

$$\mu(x) = \frac{1}{y^2},$$

方程两边同乘以 $\frac{1}{y^2}$ 得

$$\frac{1}{y}dx + \frac{y - x}{y^2}dy = 0,$$

解得

$$\frac{x}{y}+\ln|y|=c, c \text{ 为任意常数.}$$

另外，$y=0$ 也是方程的解.

习题 2.3

(A)

1. 求解下列方程：

(1)$(x^2+y)\mathrm{d}x=(2y-x)\mathrm{d}y$；

(2)$(y-2x^2)\mathrm{d}x=(4y-x)\mathrm{d}y$；

(3)$2xy\mathrm{d}x+(x^2+1)\mathrm{d}y=0$；

(4)$y\mathrm{d}x-(x+y^3)\mathrm{d}y=0$；

(5)$(y-1-xy)\mathrm{d}x+x\mathrm{d}y=0$.

2. 对于形如$(ax^ry^s+bx^ty^u)\mathrm{d}x+(cx^vy^w+bx^iy^j)\mathrm{d}y=0$ 的方程，其中 a,b,c,d 为常数，r,s,t,u,v,w,i,j 是非负整数，可探讨是否存在形如 $\mu(x,y)=x^py^q$ 的混合积分因子（先假设存在这种形式的积分因子，再看是否能确定 p,q）. 试求解下列方程：

(1)$(4xy+3y^4)\mathrm{d}x+(2x^2+5xy^3)\mathrm{d}y=0$；

(2)$x\mathrm{d}y+(y+x^2y^4)\mathrm{d}x=0$.

(B)

3. 若 $\mu(x,y)$ 为方程(2.14) 的一个积分因子，使得

$$\mu(x,y)M(x,y)\mathrm{d}x+\mu(x,y)N(x,y)\mathrm{d}y=\mathrm{d}\varphi,$$

试证 $\mu g(\varphi)$ 也是方程(2.14) 的一个积分因子，且满足

$$\mu(x,y)g(\varphi)M(x,y)\mathrm{d}x+\mu(x,y)g(\varphi)N(x,y)\mathrm{d}y=\mathrm{d}[g(\varphi)],$$

其中，$g(\cdot)$ 是任意可微的(非零) 函数.

4. 证明齐次方程 $p(x,y)\mathrm{d}x+q(x,y)\mathrm{d}y=0$ 有积分因子 $\mu(x,y)=\dfrac{1}{xp+yq}$，其中 $p(x,y),q(x,y)$ 均为 x,y 的多项式，$p(tx,ty)=t^mp(x,y),q(tx,ty)=t^mq(x,y)$，$m$ 为正整数.

5. 证明方程(2.14) 有形如 $\mu(\varphi(x,y))$ 的积分因子的充要条件是

$$\frac{\dfrac{\partial M}{\partial y}-\dfrac{\partial N}{\partial x}}{M\dfrac{\partial \varphi}{\partial y}-N\dfrac{\partial \varphi}{\partial x}}=f(\varphi(x,y)),$$

并写出这个积分因子. 应用上述结果写出有下列类型积分因子的充要条件：

(1)$\mu(x,y)=\mu(x\pm y)$；

(2)$\mu(x,y)=\mu(x^2+y^2)$；

(3)$\mu(x,y)=\mu(xy)$；

(4)$\mu(x,y)=\mu\left(\dfrac{x}{y}\right)$；

(5)$\mu(x,y)=\mu(x^\alpha y^\beta)$.

§2.4　一阶隐式方程与引入参数法

本节要讨论一阶隐方程，其一般形式可表示为

$$F(x,y,y')=0, \tag{2.23}$$

这类方程主要是难以从方程中解出 y'，或即使解出 y'，而其表达式也相当复杂. 通常我们要引进参数，即将 $p=y'$ 看成独立变量而考虑代数方程 $F(x,y,p)=0$，再通过变量替换的方法把方程(2.23) 化为导数已解出的显式方程类型，然后用前面给出的方法求解. 本节我们利用引进参数法求解几类特殊形式的隐式方程.

2.4.1　可解出未知函数 y(或自变量 x) 的方程

1. 讨论可以解出 y 的方程

$$y=f(x,y'), \tag{2.24}$$

这里假设函数 $f(x,y')$ 有连续的偏导数.

引进参数 $y'=p$，则方程(2.24) 变为

$$y=f(x,p), \tag{2.25}$$

将方程(2.25) 两边对 x 求导数，并以 $\frac{\mathrm{d}y}{\mathrm{d}x}=y'=p$ 代入，得到

$$p=\frac{\partial f}{\partial x}+\frac{\partial f}{\partial p}\frac{\mathrm{d}p}{\mathrm{d}x}. \tag{2.26}$$

方程(2.25) 是关于 x,p 的一阶微分方程，且导数 $\frac{\mathrm{d}p}{\mathrm{d}x}$ 可以解出，于是我们可按前面的方法求出它的解.

若已求得方程(2.26) 的通解为

$$p=\varphi(x,c),$$

将它代入方程(2.25)，得到

$$y=f(x,\varphi(x,c)),$$

这就得到方程(2.24) 的通解.

若求得方程(2.26) 的通解不是 $p=\varphi(x,c)$ 形式，而为隐式解形式

$$\Phi(x,p,c)=0,$$

则可得方程(2.24) 的参数形式的通解为

$$\begin{cases}\Phi(x,p,c)=0,\\ y=f(x,p),\end{cases}$$

其中，p 是参数；c 是任意常数.

例 2.16　求方程 $y=\left(\frac{\mathrm{d}y}{\mathrm{d}x}\right)^2-x\frac{\mathrm{d}y}{\mathrm{d}x}+\frac{x^2}{2}$ 的解.

解:令$\frac{\mathrm{d}y}{\mathrm{d}x}=p$,得到

$$y=p^2-xp+\frac{x^2}{2}, \tag{2.27}$$

两边对 x 求导数,得到

$$p=2p\frac{\mathrm{d}p}{\mathrm{d}x}-x\frac{\mathrm{d}p}{\mathrm{d}x}-p+x,$$

或

$$\left(\frac{\mathrm{d}p}{\mathrm{d}x}-1\right)(2p-x)=0.$$

从$\frac{\mathrm{d}p}{\mathrm{d}x}-1=0$解得

$$p=x+c, \tag{2.28}$$

并将它代入方程(2.27)得到方程的通解

$$y=\frac{x^2}{2}+cx+c^2. \tag{2.29}$$

又从 $2p-x=0$ 解得

$$p=\frac{x}{2},$$

以此代入方程(2.27)又得方程的一个解

$$y=\frac{x^2}{4}. \tag{2.30}$$

请读者注意,通解(2.29)不包含解(2.39),其图像如图 2-1 所示,由图可以看出,解(2.30)与通解(2.29)中的每一条积分曲线均相切,在几何中称曲线(2.30)为曲线族(2.29)的**包络**,在微分方程中,称此积分曲线(2.30)所对应的解为原微分方程的**奇解**.

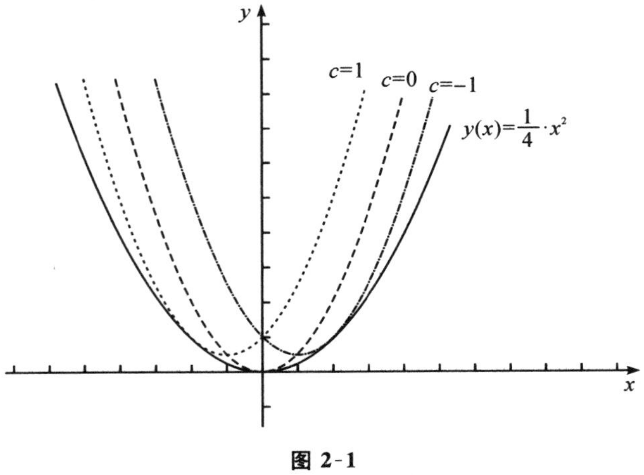

图 2-1

对方程(2.27)的求解过程中,若在求得(2.28)之后将 p 换成 y',再对 x 积分得到

$$y=\frac{1}{2}x^2+cx+c_1, \tag{2.31}$$

其中，c 和 c_1 是任意常数. 表达式(2.31) 中的函数并不都是原方程的解（有增解），其原因是 $p = y'$ 的同时，p 作为独立变量还要满足代数方程 $F(x,y,p) = 0$.

1734 年，法国数学家克莱罗建立了以他的名字命名的方程 —— 克莱罗方程：$y = xy' + f(y')$，其中 f 为连续函数，$f'' \neq 0$. 令 $y' = p$，则有

$$y = xp + f(p).$$

两边对 x 求导可得：

$$[x + f'(p)]\frac{\mathrm{d}p}{\mathrm{d}x} = 0.$$

由 $\frac{\mathrm{d}p}{\mathrm{d}x} = 0$ 可得 $p = c$，代入原方程得通解

$$y = cx + f(c), c \text{ 为任意常数}.$$

由 $x + f'(p) = 0$ 并与 $y = xp + f(p)$ 联立可得奇解

$$\begin{cases} x + f'(p) = 0, \\ y = -pf'(p) + f(p). \end{cases}$$

已经证明，克莱罗方程 $y = xy' + f(y')$ 恒有奇解 $\begin{cases} x + f'(p) = 0, \\ y = -pf'(p) + f(p). \end{cases}$

2. 自变量 x 可解出的方程

$$x = f(y, y'), \tag{2.32}$$

此方程的求解方法与方程(2.24) 的求解方法完全类似. 这里假设函数 $f(y,y')$ 有连续的偏导数.

引进参数 $y' = p$，则方程(2.32) 变为

$$x = f(y, p), \tag{2.33}$$

将方程(2.33) 两边对 y 求导数. 并以 $\frac{\mathrm{d}x}{\mathrm{d}y} = \frac{1}{y'} = \frac{1}{p}$ 代入，得到

$$\frac{1}{p} = \frac{\partial f}{\partial y} + \frac{\partial f}{\partial p}\frac{\mathrm{d}p}{\mathrm{d}y}. \tag{2.34}$$

方程(2.34) 是关于 y,p 的一阶显式微分方程，可按前面的方法求出它的解. 设求得通解为

$$\Phi(y, p, c) = 0,$$

则可得方程(2.32) 的参数形式的通解为

$$\begin{cases} x = f(y, p), \\ \Phi(y, p, c) = 0, \end{cases}$$

其中，p 是参数，c 是任意常数.

例 2.17　求方程 $\left(\frac{\mathrm{d}y}{\mathrm{d}x}\right)^3 + 2x\frac{\mathrm{d}y}{\mathrm{d}x} - y = 0$ 的解.

解：

方法 1：解出 y，并令 $\frac{\mathrm{d}y}{\mathrm{d}x} = p$，得到

$$y = p^3 + 2xp, \tag{2.35}$$

两边对 x 求导数，得到

$$p = 3p^2 \frac{\mathrm{d}p}{\mathrm{d}x} + 2x \frac{\mathrm{d}p}{\mathrm{d}x} + 2p,$$

整理得

$$\frac{\mathrm{d}p}{\mathrm{d}x} = -\frac{p}{3p^2 + 2x},$$

即

$$\frac{\mathrm{d}x}{\mathrm{d}p} = -\frac{3p^2 + 2x}{p} = -\frac{2x}{p} - 3p,$$

此为一阶线性方程，解得

$$x = \frac{1}{p^2}\left(-\frac{3}{4}p^4 + c\right),$$

将 x 代入方程(2.35)，即得

$$y = p^3 + \frac{2}{p}\left(-\frac{3}{4}p^4 + c\right),$$

因此，得到方程参数形式的通解

$$\begin{cases} x = \dfrac{c}{p^2} - \dfrac{3}{4}p^2, \\ y = \dfrac{2c}{p^2} - \dfrac{1}{2}p^3, \end{cases} \quad p \neq 0, p \text{ 是参数}, c \text{ 为任意常数}.$$

当 $p = 0$ 时，由方程(2.35) 直接推知 $y = 0$ 也是方程的解.

方法 2: 解出 x，并令 $\frac{\mathrm{d}y}{\mathrm{d}x} = p$，得到

$$x = \frac{y - p^3}{2p}, p \neq 0, \tag{2.36}$$

两边对 y 求导数，得到

$$\frac{1}{p} = \frac{p\left(1 - 3p^2 \dfrac{\mathrm{d}p}{\mathrm{d}y}\right) - (y - p^3)\dfrac{\mathrm{d}p}{\mathrm{d}y}}{2p^2},$$

或

$$p\mathrm{d}y + y\mathrm{d}p + 2p^3\mathrm{d}p = 0,$$

解得

$$2yp + p^4 = c,$$

因而

$$y = \frac{c - p^4}{2p},$$

代入方程(2.36)，求得

$$x = \frac{\dfrac{c - p^4}{2p} - p^3}{2p} = \frac{c - 3p^4}{4p^2}.$$

因此，方程参数形式的通解为

$$\begin{cases} x = \dfrac{c}{4p^2} - \dfrac{3}{4}p^2, \\ y = \dfrac{c}{2p^2} - \dfrac{1}{2}p^3, \end{cases} \quad p \neq 0, p\text{ 是参数}, c\text{ 为任意常数}.$$

此外，由 $p = 0$ 代入原方程得 $y = 0$ 也是方程的解.

注：两种解法分别给出了可解出 x 和可解出 y 的隐式方程的解法，虽然通解的形式不同，但它们是等价的.

2.4.2　不显含未知函数 y(或自变量 x) 的方程

1. 不显含 y 的方程

$$F(x, y') = 0. \tag{2.37}$$

引进参数 $y' = p$，从几何的观点看，$F(x, p) = 0$ 代表 Oxp 平面上的一条曲线. 假设这曲线可以表示为适当的参数形式

$$\begin{cases} x = \varphi(t), \\ p = \varphi(t), \end{cases} \tag{2.38}$$

其中，t 为参数. 由微分关系得

$$dy = p dx = \varphi(t) dx, dx = \varphi'(t) dt,$$

因此

$$dy = \varphi(t)\varphi'(t) dt,$$

两边积分得

$$y = \int \varphi(t)\varphi'(t) dt + c,$$

于是，得到方程(2.37) 的参数形式的通解为

$$\begin{cases} x = \varphi(t), \\ y = \displaystyle\int \varphi(t)\varphi'(t) dt + c, \end{cases}$$

其中，t 为参数，c 为任意常数.

例 2.18　求方程 $x^3 + y'^3 - 3xy' = 0$ 的解.

解：隐式方程中不显含 y. 令 $y' = p = tx$，则由方程得

$$x = \frac{3t}{1+t^3},$$

从而

$$p = \frac{3t^2}{1+t^3},$$

于是

$$dy = p dx = \frac{9(1-2t^3)t^2}{(1+t^3)^3} dt,$$

积分得

$$y=\int\frac{9(1-2t^3)t^2}{(1+t^3)^3}\mathrm{d}t=\frac{3}{2}\frac{1+4t^3}{(1+t^3)^3}+c.$$

因此,方程的通解可表示为

$$\begin{cases}x=\dfrac{3t}{1+t^3},\\ y=\dfrac{3}{2}\dfrac{1+4t^3}{(1+t^3)^3}+c,\end{cases}$$

其中,t 为参数,c 为任意常数.

2. 不显含 x 的方程

$$F(y,y')=0. \tag{2.39}$$

此方程的求解方法与方程(2.37)的求解方法完全类似.记 $p=y'$,引入参数 t,将方程表示为适当的参数形式

$$\begin{cases}y=\varphi(t),\\ p=\varphi(t),\end{cases}$$

由关系式 $\mathrm{d}y=p\mathrm{d}x$ 得 $\varphi'(t)\mathrm{d}t=\varphi(t)\mathrm{d}x$,由此得

$$\mathrm{d}x=\frac{\mathrm{d}y}{p}=\frac{\varphi'(t)}{\varphi(t)}\mathrm{d}t,$$

$$x=\int\frac{\varphi'(t)}{\varphi(t)}\mathrm{d}t+c.$$

于是得到方程(2.39)的参数形式的通解为

$$\begin{cases}x=\displaystyle\int\frac{\varphi'(t)}{\varphi(t)}\mathrm{d}t+c,\\ y=\varphi(t),\end{cases}$$

其中,t 为参数,c 为任意常数.

此外,不难验证,若 $F(y,0)=0$ 有根 $y=k$,则 $y=k$ 也是方程的解.

例 2.19 求方程 $y^2(1-y')=(2-y')^2$ 的解.

解:令 $2-y'=yt$,则与原微分方程消去 y' 后,有

$$y^2(yt-1)=y^2t^2,$$

由此得

$$y=\frac{1}{t}+t,$$

并且

$$p=y'=1-t^2.$$

又

$$\mathrm{d}x=\frac{\mathrm{d}y}{p}=-\frac{1}{t^2}\mathrm{d}t,$$

积分之,得到

$$x=\frac{1}{t}+c.$$

于是求得方程参数形式的通解为

$$\begin{cases}x=\dfrac{1}{t}+c,\\ y=\dfrac{1}{t}+t,\end{cases}$$

其中，t 为参数，c 为任意常数.

或消去参数得

$$y=x+\frac{1}{x-c}-c,$$

其次，c 为任意常数.

此外，当 $p=0$ 时原方程变为 $y^2=4$，于是 $y=\pm 2$ 也是原方程的解.

习题 2.4

(A)

1. 求解下列方程：

(1) $y=y'+\ln y'$；　(2) $y=y'^2\mathrm{e}^{y'}$；

(3) $\mathrm{e}^{y'}+y'-x=0$；　(4) $xy'^3=1+y'$.

(B)

2. 求解下列方程

(1) $y(1+y'^2)=2a$（a 为常数）；　(2) $y'^3-x^3(1-y')=0$；

(3) $x^2+y'^2=1$.

§2.5　一阶微分方程解存在唯一性定理与相关定理

前面介绍了能用初等解法求解的一阶微分方程的若干类型，给出了许多方程的解. 然而，这些方程的解是否存在我们还不知道，满足初始条件的解是否唯一我们也预先不知道，我们只是碰巧求出了，这种做法是有些盲目的. 同时，能用初等积分法求通解的一阶微分方程是有限的，大量的微分方程一般是不能用初等积分法求出它的通解的. 本节我们要从理论上来探讨一阶微分方程解的存在唯一性，给出解的存在唯一性定理，并对不能用初等方法求解的一阶微分方程给出解的近似计算方法.

2.5.1　解的存在唯一性定理

考虑一阶微分方程的初值问题

$$\frac{\mathrm{d}y}{\mathrm{d}x} = f(x,y), \tag{2.40}$$

$$y(x_0) = y_0, \tag{2.41}$$

其中，$f(x,y)$ 在矩形域 $R: x_0 - a \leqslant x \leqslant x_0 + a, y_0 - b \leqslant y \leqslant y_0 + b$ 上连续，$a > 0$，$b > 0$.

若存在常数 $L > 0$，使得不等式

$$|f(x,y_1) - f(x,y_2)| \leqslant L|y_1 - y_2|$$

对于所有$(x,y_1),(x,y_2) \in R$都成立，则称函数 $f(x,y)$ 在矩形域R上关于y满足**李普希茨**(Lipschitz，德国，1832—1903) 条件，其中 L 称为**李普希茨常数**.

定理 2.3　解的存在唯一性定理　如果方程(2.40) 的右端函数 $f(x,y)$ 在矩形域R上满足如下条件：

(ⅰ) 在R上连续；(ⅱ) 在R上关于y满足李普希茨条件，则初值问题式(2.40) 和式(2.41) 在区间 $|x-x_0| \leqslant h$ 上存在唯一的解，这里 $h = \min\left(a, \frac{b}{M}\right)$，$M = \max\limits_{(x,y)\in R} |f(x,y)|$.

下面分 5 个命题来证明定理 2.3. 为了表达简单起见，以下的证明只在区间 $x_0 \leqslant x \leqslant x_0 + h$ 上进行讨论，对于 $x_0 - h \leqslant x \leqslant x_0$ 的讨论完全一样.

命题 2.1　求初值问题，式(2.40) 和式(2.41) 的解 $y = \varphi(x)$，$x_0 \leqslant x \leqslant x_0 + h$ 等价于求积分方程

$$y = y_0 + \int_{x_0}^{x} f(s,y)\mathrm{d}s \tag{2.42}$$

在区间 $x_0 \leqslant x \leqslant x_0 + h$ 上的连续解.

证明：若 $y = \varphi(x)$ 是初值问题式(2.40) 和式(2.41) 的解，即有恒等式：

$$\varphi'(x) \equiv f(x,\varphi(x)),$$

且满足 $\varphi(x_0) = y_0$. 从 x_0 到 x 积分得到

$$\varphi(x) \equiv y_0 + \int_{x_0}^{x} f(s,\varphi(s))\mathrm{d}s, x_0 \leqslant x \leqslant x_0 + h, \tag{2.43}$$

即 $y = \varphi(x)$ 是积分方程(2.42) 的定义于 $x_0 \leqslant x \leqslant x_0 + h$ 上的连续解.

反之，如果 $y = \varphi(x)$ 是方程(2.42) 的连续解，即有恒等式(2.43). 两边对x求导得到

$$\varphi'(x) \equiv f(x,\varphi(x)),$$

把 $x = x_0$ 代入式(2.43)，得到

$$\varphi(x_0) = y_0,$$

因此 $y = \varphi(x)$ 是初值问题式(2.40) 和式(2.41) 定义于 $x_0 \leqslant x \leqslant x_0 + h$ 的解.

因此，我们只要证明积分方程(2.42) 的连续解在 $x_0 \leqslant x \leqslant x_0 + h$ 上存在且唯一，则就证明了解的存在唯一性定理.

下面用**皮卡**(E. Picard，法国，1856—1941) **逐步逼近法**来证明积分方程(2.42) 的连续解的存在性.

现在取 $\varphi_0(x) = y_0$，构造皮卡逐步逼近函数序列如下：

$$\begin{cases}\varphi_0(x)=y_0,\\ \varphi_n(x)=y_0+\int_{x_0}^{x}f(s,\varphi_{n-1}(s))\mathrm{d}s,x_0\leqslant x\leqslant x_0+h,(n=1,2,\cdots).\end{cases}\tag{2.44}$$

可以分三个命题予以证明：

命题 2.2　对于所有的 $n=1,2,\cdots$，式(2.44)中的函数 $\varphi_n(x)$ 在 $x_0\leqslant x\leqslant x_0+h$ 上有定义、连续且满足不等式 $|\varphi_n(x)-y_0|\leqslant b$.

证明：当 $n=1$ 时，$\varphi_1(x)=y_0+\int_{x_0}^{x}f(s,\varphi_0(s))\mathrm{d}s$. 显然 $\varphi_1(x)$ 在 $x_0\leqslant x\leqslant x_0+h$ 上有定义、连续且有不等式

$$|\varphi_1(x)-y_0|=\left|\int_{x_0}^{x}f(s,y_0)\mathrm{d}s\right|\leqslant\int_{x_0}^{x}|f(s,y_0)|\mathrm{d}s\leqslant M(x-x_0)\leqslant Mh\leqslant b.$$

假设当 $n=k$ 时命题 2 成立，即 $\varphi_k(x)$ 在 $x_0\leqslant x\leqslant x_0+h$ 上有定义、连续且满足不等式

$$|\varphi_k(x)-y_0|\leqslant b,$$

则当 $n=k+1$ 时，

$$\varphi_{k+1}(x)=y_0+\int_{x_0}^{x}f(s,\varphi_k(s))\mathrm{d}s.$$

由假设知道，$\varphi_{k+1}(x)$ 在 $x_0\leqslant x\leqslant x_0+h$ 上有定义、连续且有

$$|\varphi_{k+1}(x)-y_0|=\left|\int_{x_0}^{x}f(s,\varphi_k(s))\mathrm{d}s\right|\leqslant\int_{x_0}^{x}|f(s,\varphi_k(s))|\mathrm{d}s\leqslant M(x-x_0)\leqslant Mh\leqslant b.$$

即命题 2 当 $n=k+1$ 时也成立. 由数学归纳法知命题 2 对于所有的 n 都成立.

命题 2.3　函数序列 $\{\varphi_n(x)\}$ 在区间 $x_0\leqslant x\leqslant x_0+h$ 上是一致收敛的.

证明：考虑函数项级数

$$\varphi_0(x)+[\varphi_1(x)-\varphi_0(x)]+\cdots+[\varphi_n(x)-\varphi_{n-1}(x)]+\cdots\tag{2.45}$$

它的部分和是

$$S_{n+1}(x)=\varphi_0(x)+[\varphi_1(x)-\varphi_0(x)]+\cdots+[\varphi_n(x)-\varphi_{n-1}(x)]=\varphi_n(x).$$

因此，如果级数(2.45)一致收敛，则表明 $\lim\limits_{n\to+\infty}\varphi_n(x)$ 存在. 为了证明级数一致收敛，我们对级数各项的绝对值进行估计.

首先有

$$|\varphi_1(x)-\varphi_0(x)|\leqslant\int_{x_0}^{x}|f(s,\varphi_0(s))|\mathrm{d}s\leqslant M(x-x_0)$$

以及

$$|\varphi_2(x)-\varphi_1(x)|\leqslant L\int_{x_0}^{x}|\varphi_1(s)-\varphi_0(s)|\mathrm{d}s\leqslant L\int_{x_0}^{x}M(s-x_0)\mathrm{d}s=\frac{ML}{2!}(x-x_0)^2.$$

下面用数学归纳法证明不等式

$$|\varphi_{n+1}(x)-\varphi_n(x)|\leqslant\frac{ML^n}{(n+1)!}(x-x_0)^{n+1}\tag{2.46}$$

对任一自然数 n 都成立.

上面已经验证 $n=1$ 时命题成立.

假设对于某一正整数 n 有 $|\varphi_n(x)-\varphi_{n-1}(x)|\leqslant\frac{ML^{n-1}}{n!}(x-x_0)^n$，我们来证明不等式对于 $n+1$ 也成立. 事实上，

$$|\varphi_{n+1}(x)-\varphi_n(x)|\leqslant\int_{x_0}^{x}|f(s,\varphi_n(s))-f(s,\varphi_{n-1}(s))|\,\mathrm{d}s\leqslant$$

$$L\int_{x_0}^{x}|\varphi_n(s)-\varphi_{n-1}(s)|\,\mathrm{d}s\leqslant\frac{ML^n}{n!}\int_{x_0}^{x}(s-x_0)^n\mathrm{d}s=\frac{ML^n}{(n+1)!}(x-x_0)^{n+1}.$$

根据数学归纳法得知，对于所有的正整数 n，有如下的估计：

$$|\varphi_{n+1}(x)-\varphi_n(x)|\leqslant\frac{ML^n}{(n+1)!}(x-x_0)^{n+1},x_0\leqslant x\leqslant x_0+h$$

注意到级数(2.45)从第二项开始，每一项的绝对值都小于正项级数

$$Mh+\frac{ML}{2!}h^2+\cdots+\frac{ML^{n-1}}{n!}h^n+\cdots$$

的对应项. 而这个正项级数显然是收敛的. 由**维尔斯特拉斯判别法**知级数(2.45)在 $x_0\leqslant x\leqslant x_0+h$ 上一致收敛，因此序列 $\{\varphi_n(x)\}$ 也在 $x_0\leqslant x\leqslant x_0+h$ 上一致收敛. 命题证毕.

令 $\lim\limits_{n\to\infty}\varphi_n(x)=\varphi(x)$，由于 $\varphi_n(x)$ 在区间 $x_0\leqslant x\leqslant x_0+h$ 上连续，因而 $\varphi(x)$ 在 $x_0\leqslant x\leqslant x_0+h$ 上也是连续的.

命题 2.4 函数 $y=\varphi(x)$ 是积分方程(2.42)的定义于 $x_0\leqslant x\leqslant x_0+h$ 上的连续解.

证明：因为 $f(x,y)$ 在 R 上关于 y 满足李普希茨条件，因此在 $x_0\leqslant x\leqslant x_0+h$ 上有

$$|f(x,\varphi_n(x))-f(x,\varphi(x))|\leqslant L|\varphi_n(x)-\varphi(x)| \tag{2.47}$$

因为函数序列 $\{\varphi_n(x)\}$ 在区间 $x_0\leqslant x\leqslant x_0+h$ 上一致收敛于 $\varphi(x)$，由不等式(2.47)可知，函数序列 $\{f(x,\varphi_n(x))\}$ 在区间 $x_0\leqslant x\leqslant x_0+h$ 上一致收敛于 $f(x,\varphi(x))$. 根据一致收敛的函数序列可以积分号下取极限，得到

$$\begin{aligned}\lim_{n\to\infty}\varphi_n(x)&=y_0+\lim_{n\to\infty}\int_{x_0}^{x}f(s,\varphi_{n-1}(s))\mathrm{d}s\\&=y_0+\int_{x_0}^{x}\lim_{n\to\infty}f(s,\varphi_{n-1}(s))\mathrm{d}s=y_0+\int_{x_0}^{x}f(s,\varphi(s))\mathrm{d}s\end{aligned}$$

这就说明了在区间 $x_0\leqslant x\leqslant x_0+h$ 上，函数 $y=\varphi(x)$ 是积分方程(2.42)的连续解.

命题 2.5 设 $\psi(x)$ 是积分方程(2.42)的定义于 $x_0\leqslant x\leqslant x_0+h$ 上的另一个连续解，则 $\varphi(x)=\psi(x)(x_0\leqslant x\leqslant x_0+h)$.

证明：首先我们证明 $\psi(x)$ 也是序列 $\{\varphi_n(x)\}$ 的一致收敛极限函数.

因为

$$\psi(x)=y_0+\int_{x_0}^{x}f(s,\psi(s))\mathrm{d}s$$

且

$$\varphi_0(x)=y_0,$$

$$\varphi_n(x)=y_0+\int_{x_0}^{x}f(s,\varphi_{n-1}(s))\mathrm{d}s,n=1,2,\cdots$$

则有

$$|\varphi_0(x)-\psi(x)|\leqslant\int_{x_0}^{x}|f(s,\psi(s))|\mathrm{d}s\leqslant M(x-x_0)\leqslant Mh,$$

$$|\varphi_1(x)-\psi(x)|\leqslant\int_{x_0}^{x}|f(s,\varphi_0(s))-f(s,\psi(s))|\mathrm{d}s\leqslant L\int_{x_0}^{x}|\varphi_0(s)-\psi(s)|\mathrm{d}s$$

$$\leqslant ML\int_{x_0}^{x}(s-x_0)\mathrm{d}s=\frac{ML}{2!}(x-x_0)^2\leqslant\frac{ML}{2!}h^2.$$

假设

$$|\varphi_{n-1}(x)-\psi(x)|\leqslant\frac{ML^{n-1}}{n!}(x-x_0)^n\leqslant\frac{ML^{n-1}}{n!}h^n$$

成立，则有

$$|\varphi_n(x)-\psi(x)|\leqslant\int_{x_0}^{x}|f(s,\varphi_{n-1}(s))-f(s,\psi(s))|\mathrm{d}s\leqslant L\int_{x_0}^{x}|\varphi_{n-1}(s)-\psi(s)|\mathrm{d}s$$

$$\leqslant\frac{ML^n}{n!}\int_{x_0}^{x}(s-x_0)^n\mathrm{d}s=\frac{ML^n}{(n+1)!}(x-x_0)^{n+1}\leqslant\frac{ML^n}{(n+1)!}h^{n+1},$$

即

$$|\varphi_n(x)-\Psi(x)|\leqslant\frac{ML^n}{(n+1)!}h^{n+1}\tag{2.48}$$

上式右端是收敛级数 $\sum\limits_{n=0}^{\infty}\frac{ML^n}{(n+1)!}h^{n+1}$ 的公项，所以当 $n\to\infty$ 时 $\frac{ML^n}{(n+1)!}h^{n+1}\to 0$. 因此在区间 $x_0\leqslant x\leqslant x_0+h$ 上 $\{\varphi_n(x)\}$ 一致收敛于 $\psi(x)$. 根据极限的唯一性得

$$\psi(x)=\varphi(x),x_0\leqslant x\leqslant x_0+h.$$

因此积分方程(2.42) 在区间 $x_0\leqslant x\leqslant x_0+h$ 上的解是唯一的.

由于李普希茨条件比较难于检验，所以我们经常用下面的推论进行判断.

推论 2.1　假设方程(2.40) 的右端函数 $f(x,y)$ 及其偏导数 $f_y(x,y)$ 都在区域 R 上连续，则解的存在唯一性定理的结论仍成立.

证明：若在 R 上 $f_y(x,y)$ 存在且连续，则 $f_y(x,y)$ 在 R 上有界. 设在 R 上有 $|f_y(x,y)|\leqslant L$，则

$$|f(x,y_1)-f(x,y_2)|=\left|\frac{\partial f(x,y_2+\theta(y_1-y_2))}{\partial y}\right||y_1-y_2|\leqslant L|y_1-y_2|,$$

这里 $(x,y_1),(x,y_2)\in R,0<\theta<1$. 所以在 R 上 $f(x,y)$ 关于 y 满足李普希茨条件，解的存在唯一性定理的结论成立.

注：(1) 虽然应用推论来判断初值问题式(2.40) 和式(2.41) 的解的存在唯一性比较容易，但要注意的是，满足李普希茨条件的函数 $f(x,y)$ 不一定有偏导数存在. 例如，函数 $f(x,y)=|y|$ 就是这样的例子，它在任何区域都满足李普希茨条件，但它在 $y=0$ 处没有导数.

(2) 如果方程(2.40) 是线性的，即

$$\frac{\mathrm{d}y}{\mathrm{d}x}=P(x)y+Q(x),$$

其中，$P(x)$ 和 $Q(x)$ 在区间$[\alpha,\beta]$ 上连续，则显然满足解的存在唯一性定理的条件. 因此

线性方程对任一初值(x_0,y_0)，$x_0\in[\alpha,\beta]$所确定的解在整个区间$[\alpha,\beta]$上都有定义.

2.5.2 近似计算和误差估计

前面我们应用逐步逼近法证明了解的存在唯一性定理，这种方法也是求初值问题式(2.40)和式(2.41)近似解的一种方法，只要在估计式(2.48)中令$\psi(x)=\varphi(x)$，我们就得到了第n次近似解$y=\varphi_n(x)$与真正解$y=\varphi(x)$在区间$|x-x_0|\leqslant h$内的误差估计式

$$|\varphi_n(x)-\varphi(x)|\leqslant\frac{ML^n}{(n+1)!}h^{n+1}.\tag{2.49}$$

例 2.20 求初值问题

$$\begin{cases}\dfrac{\mathrm{d}y}{\mathrm{d}x}=x^2+y^2,\\ y(0)=0,\end{cases}\quad R:-1\leqslant x\leqslant 1,-1\leqslant y\leqslant 1$$

的解的存在区间，并求在此区间上与真正解的误差不超过 0.05 的近似解的表达式.

解：因为$f(x,y)=x^2+y^2$与$f_y(x,y)=2y$都在矩形域R上连续，

$$a=1,b=1,M=\max_{(x,y)\in R}|x^2+y^2|=2,$$

故

$$h=\min\left\{1,\frac{1}{2}\right\}=\frac{1}{2},$$

所以解的存在区间为$-\frac{1}{2}\leqslant x\leqslant\frac{1}{2}$. 由于

$$\max_{(x,y)\in R}|f_y(x,y)|=\max_{(x,y)\in R}|2y|=2,$$

可取李普希茨常数$L=2$，得$|\varphi_n(x)-\varphi(x)|\leqslant\dfrac{ML^n}{(n+1)!}h^{n+1}=\dfrac{1}{(n+1)!}<0.05$.

因为$\dfrac{1}{(3+1)!}=\dfrac{1}{24}<\dfrac{1}{20}=0.05$，所以取$n=3$即可. 我们可作出以下的近似表达式：

$$\varphi_0(x)=y_0=0,$$

$$\varphi_1(x)=y_0+\int_{x_0}^{x}[s^2+\varphi_0^2(s)]\mathrm{d}s=\frac{x^3}{3},$$

$$\varphi_2(x)=y_0+\int_{x_0}^{x}[s^2+\varphi_1^2(s)]\mathrm{d}s=\frac{x^3}{3}+\frac{x^7}{63},$$

$$\varphi_3(x)=y_0+\int_{x_0}^{x}[s^2+\varphi_2^2(s)]\mathrm{d}s=\frac{x^3}{3}+\frac{x^7}{63}+\frac{2x^{11}}{2079}+\frac{x^{15}}{59535},$$

函数$y=\varphi_3(x)$即为所求的近似解. 在区间$-\frac{1}{2}\leqslant x\leqslant\frac{1}{2}$上，它与真正解的误差不超过 0.05.

2.5.3 解的其他相关定理

在例 2.20 中，当定义域R为$-1\leqslant x\leqslant 1$，$-1\leqslant y\leqslant 1$时，我们得到解的存在区间

为$-\frac{1}{2}\leqslant x\leqslant\frac{1}{2}$. 若把定义域放大一些，我们希望解的存在区间也会大一些. 但事实却并非如此. 例如取定义域 R 为 $-2\leqslant x\leqslant 2$，$-1\leqslant y\leqslant 1$ 时，得到解的存在区间为 $-\frac{1}{5}\leqslant x\leqslant\frac{1}{5}$，反而比原来变小了. 这正与我们的意愿相违背，而且在实践中也要求解的存在区间尽可能大一些. 于是解的延拓的概念就自然产生了.

我们先给出**局部李普希兹条件**的概念：假设方程 $\frac{\mathrm{d}y}{\mathrm{d}x}=f(x,y)$ 右端的函数 $f(x,y)$ 对于区域 G 内的每一点 D，都有以其为中心的完全含于 G 内的闭矩形区域 R_D 存在，在 R_D 上 $f(x,y)$ 关于 y 满足李普希兹条件. 现在我们不加证明地给出下列定理.

定理 2.4　解的延拓定理　假设方程 $\frac{\mathrm{d}y}{\mathrm{d}x}=f(x,y)$ 右端的函数 $f(x,y)$ 在有界区域 G 中连续，且在 G 内关于 y 满足局部李普希兹条件，那么方程 $\frac{\mathrm{d}y}{\mathrm{d}x}=f(x,y)$ 过 G 内任何一点 (x_0,y_0) 的解 $y=\varphi(x)$ 可以延拓，直到点 $(x,\varphi(x))$ 任意接近区域 G 的边界. 以向 x 增大的一方延拓来说，如果 $y=\varphi(x)$ 可以延拓到区间 $x_0\leqslant x<d$ 上，那么当 $x\to d$ 时，$(x,\varphi(x))$ 趋于区域 G 的边界.

解的延拓定理告诉我们，只要满足定理的条件，那么解 $y=\varphi(x)$ 就可以延拓到 G 的边界. 特别是，若 $f(x,y)$ 在整个 xOy 平面上有定义、连续和有界，且关于 y 的一阶偏导数连续，则方程 $\frac{\mathrm{d}y}{\mathrm{d}x}=f(x,y)$ 的任一解都可以延拓到区间 $-\infty<x<+\infty$.

解的存在唯一性定理告诉我们，解由初值唯一确定. 那么，初值的变化对解有何影响呢？我们也不加证明地给出下列定理.

定理 2.5　解关于初值的对称性定理　假设方程 $\frac{\mathrm{d}y}{\mathrm{d}x}=f(x,y)$ 满足初始条件 $y(x_0)=y_0$ 的解是唯一的，并记为 $y=\varphi(x,x_0,y_0)$，则该解也可表示为 $y_0=\varphi(x_0,x,y)$，即在解 $y=\varphi(x,x_0,y_0)$ 中 (x,y) 与 (x_0,y_0) 对换后，仍是该方程满足初始条件的解.

定理 2.6　解关于初值的连续依赖定理　假设方程 $\frac{\mathrm{d}y}{\mathrm{d}x}=f(x,y)$ 右端的函数 $f(x,y)$ 在区域 G 中连续，且在 G 内关于 y 满足局部李普希兹条件，$(x_0,y_0)\in G$，满足初始条件 $y(x_0)=y_0$ 的解为 $y=\varphi(x,x_0,y_0)$，它在 $a\leqslant x\leqslant b$ 上有定义 $(a\leqslant x_0\leqslant b)$，那么方对任意给定的 $\varepsilon>0$，必能找到正数 $\delta=\delta(\varepsilon,a,b)$，使得当

$$(\bar{x}_0-x_0)^2+(\bar{y}_0-y_0)^2\leqslant\delta^2$$

时，方程 $\frac{\mathrm{d}y}{\mathrm{d}x}=f(x,y)$ 满足初始条件 $y(\bar{x}_0)=\bar{y}_0$ 的解 $y=\varphi(x,\bar{x}_0,\bar{y}_0)$ 在 $a\leqslant x\leqslant b$ 上有定义，并且

$$|\varphi(x,x_0,y_0)-\varphi(x,\bar{x}_0,\bar{y}_0)|<\varepsilon.$$

定理 2.7　解关于初值的连续性定理　假设方程 $\frac{\mathrm{d}y}{\mathrm{d}x}=f(x,y)$ 右端的函数 $f(x,y)$

在区域 G 中连续，且在 G 内关于 y 满足局部李普希兹条件，记其解为 $y=\varphi(x,x_0,y_0)$，则该解作为 x,x_0,y_0 的函数在它的存在范围内是连续的.

定理 2.8　解对初值的可微性定理　假设方程 $\frac{dy}{dx}=f(x,y)$ 右端的函数 $f(x,y)$ 以及 $\frac{\partial f}{\partial y}$ 都在区域 G 中连续，则方程 $\frac{dy}{dx}=f(x,y)$ 满足初始条件 $y(x_0)=y_0$ 的解 $y=\varphi(x,x_0,y_0)$，作为 x,x_0,y_0 的函数在它的存在范围内是连续可微的.

习题 2.5

(A)

1. 判断下列方程在怎样的区域上能保证其初值问题的解存在且唯一.

(1) $\frac{dy}{dx}=x^2+y^2$；　　(2) $\frac{dy}{dx}=\sqrt{|y|}$.

2. 利用逐步逼近法，求方程 $\frac{dy}{dx}=x^2-y$ 满足初始条件 $y(0)=0$ 的第三次近似解.

3. 利用逐步逼近法，求方程 $\frac{dy}{dx}=y^2-x^2$ 满足初始条件 $y(1)=0$ 的第二次近似解.

4. 求初值问题

$$\begin{cases}\frac{dy}{dx}=x^2+y^2,\\ y(-1)=0,\end{cases}\quad R:|x+1|\leqslant 1,\ |y|\leqslant 2$$

的解的存在区间，求第二次近似解，并给出在解的存在区间内该近似解的误差估计.

5. 设一阶线性方程 $\frac{dy}{dx}=p(x)y+q(x)$，$p(x)$ 与 $q(x)$ 在区间 $[\alpha,\beta]$ 上连续. 试证明：线性方程的任一解都在 $[\alpha,\beta]$ 上有定义.

(B)

6. 讨论方程 $\frac{dy}{dx}=4y^{\frac{3}{4}}$ 在怎样的区域中满足解的存在唯一性定理的条件，并求通过 $(0,0)$ 的一切解.

7. 试证明

(1) 在任一矩形域 $R_1: a\leqslant x\leqslant b, c\leqslant y\leqslant \mathrm{d}$ 上函数 $f(x,y)=xy^2$ 关于 y 满足李普希茨条件；

(2) 在任一条形域 $R_2: a\leqslant x\leqslant b, |y|<+\infty$ 上函数 $f(x,y)=xy^2$ 关于 y 不满足李普希茨条件.

8. 设连续函数 $f(x)$ 定义于 $-\infty<x<+\infty$，满足条件

$$|f(x_1)-f(x_2)|\leqslant N|x_1-x_2|,\ \forall x_1,x_2\in R,$$

其中，$0<N<1$，试利用逐步逼近法证明方程 $x=f(x)$ 存在唯一解.

9. 在条形区域

$$R: a \leqslant x \leqslant b,\ |y| < +\infty$$

上，假设方程 $\frac{\mathrm{d}y}{\mathrm{d}x} = f(x,y)$ 满足解的存在唯一性定理的条件. 对其中任意两个解 $y_1(x)$ 与 $y_2(x)$，都在 $x_0 \leqslant x \leqslant b$ 上有定义，且有 $y_1(x_0) < y_2(x_0)$. 试证明：在区间 $x_0 \leqslant x \leqslant b$ 上必有不等式

$$y_1(x) < y_2(x).$$

本章小结

本章主要介绍一阶微分方程的初等积分法和解的存在唯一性定理. 在求解方程时一方面要抓住变量分离方程、恰当方程和一阶线性方程；另一方面要机智灵活，根据方程的特点，作适当变换，将方程化为可求解的方程，如齐次方程、伯努利方程、黎卡提方程等. 同时要注意 x 与 y 的地位是等同的. 本章重点内容有：

1. 一阶显示方程 $\frac{\mathrm{d}y}{\mathrm{d}x} = f(x,y)$ 的初等解法

(1) 变量分离方程 $\frac{\mathrm{d}y}{\mathrm{d}x} = f(x)g(y)$，方程两边都除以 $g(y)$，再积分即得通解. 因此，该方程有积分因子 $\mu(y) = \frac{1}{g(y)}$. 满足 $g(y_0) = 0$ 的根 $y = y_0$ 也是方程的解.

(2) 齐次方程 $\frac{\mathrm{d}y}{\mathrm{d}x} = g\left(\frac{y}{x}\right)$ 或形如 $p(x,y)\mathrm{d}x + q(x,y)\mathrm{d}y = 0$ 的方程，其中 $p(tx,ty) = t^m p(x,y)$，$q(tx,ty) = t^m q(x,y)$，m 为正整数. 作变换 $u = \frac{y}{x}$，可化为变量分离方程，前者可化为 $\frac{\mathrm{d}u}{\mathrm{d}x} = \frac{g(u)-u}{x}$；后者有积分因子 $\mu(x,y) = \frac{1}{xp+yq}$.

(3) 分式线性方程是指 $\frac{\mathrm{d}y}{\mathrm{d}x} = \frac{a_1x+b_1y+c_1}{a_2x+b_2y+c_2}$，其中 a_1,b_1,c_1,a_2,b_2,c_2 为常数. 当 $c_1 = c_2 = 0$ 时，$\frac{\mathrm{d}y}{\mathrm{d}x} = \frac{a_1+b_1\frac{y}{x}}{a_2+b_2\frac{y}{x}} = g\left(\frac{y}{x}\right)$，化为齐次方程. 当 $c_1^2+c_2^2 \neq 0$ 且 $\begin{vmatrix} a_1 & b_1 \\ a_2 & b_2 \end{vmatrix} = 0$ 时，可设 $\frac{a_1}{a_2} = \frac{b_1}{b_2} = k$，则方程变为 $\frac{\mathrm{d}y}{\mathrm{d}x} = \frac{k(a_2x+b_2y)+c_1}{a_2x+b_2y+c_2} = f(a_2x+b_2y)$，令 $a_2x+b_2y = u$，可将原方程化为如下变量分离方程 $\frac{\mathrm{d}u}{\mathrm{d}x} = a_2+b_2f(u)$. 当 $c_1^2+c_2^2 \neq 0$ 且 $\begin{vmatrix} a_1 & b_1 \\ a_2 & b_2 \end{vmatrix} \neq 0$ 时，设 $\begin{cases} a_1x+b_1y+c_1 = 0, \\ a_2x+b_2y+c_2 = 0 \end{cases}$ 的解为 $x = \alpha, y = \beta$. 再令 $\begin{cases} X = x-\alpha, \\ Y = y-\beta, \end{cases}$ 则有 $\begin{cases} a_1X+b_1Y = 0, \\ a_2X+b_2Y = 0. \end{cases}$ 从而原方程化为下列齐次方程 $\frac{\mathrm{d}Y}{\mathrm{d}X} = \frac{a_1X+b_1Y}{a_2X+b_2Y} = g\left(\frac{Y}{X}\right)$.

对$\frac{\mathrm{d}y}{\mathrm{d}x}=f\left(\frac{a_1x+b_1y+c_1}{a_2x+b_2y+c_2}\right)$的方程可同样讨论.

(4) 一阶线性方程$\frac{\mathrm{d}y}{\mathrm{d}x}=p(x)y+q(x)$,其中$p(x),q(x)$是所考虑区域上的连续函数.它有积分因子$\mu(x)=\mathrm{e}^{\int p(x)\mathrm{d}x}$,用常数变易法可得通解为$y=\mathrm{e}^{\int p(x)\mathrm{d}x}\left(\int q(x)\mathrm{e}^{-\int p(x)\mathrm{d}x}\mathrm{d}x+c\right)$.常数变易法今后我们还要使用.一阶线性方程有下列性质:非齐次方程的两解之差必为齐次方程的解;非齐次方程的两解之和仍为非齐次方程的解;若$y=\bar{y}(x)$和$y=y(x)$分别为非齐次方程和齐次方程的解,则$y=cy(x)+\bar{y}(x)$为非齐次方程的通解,c为任意常数;一阶线性方程作线性变换$y=a(x)z+b(x)$($a(x),b(x)$连续可微)后,所得到的方程仍为一阶线性方程.

(5) 伯努利方程$\frac{\mathrm{d}y}{\mathrm{d}x}=p(x)y+q(x)y^n$,其中$p(x),q(x)$是所考虑区域上的连续函数,$n\neq 0,1$是常数.作变换$z=y^{1-n}$后,可化为一阶线性方程,同时不要忘记特解$y=0$.伯努利方程有积分因子$\mu(x,y)=y^{-n}\mathrm{e}^{\int(1-n)p(x)\mathrm{d}x}$.

(6) 黎卡提方程$\frac{\mathrm{d}y}{\mathrm{d}x}=p(x)y^2+q(x)y+r(x)$,其中$p(x),q(x),r(x)$是所考虑区域上的连续函数.若$y=y_1(x)$是它的一个解,则作变量代换$z=y(x)-y_1(x)$,可将方程化为伯努利方程.这里的关键是寻找特解$y=y_1(x)$.

(7) 恰当方程是满足$\frac{\partial M(x,y)}{\partial y}\equiv\frac{\partial N(x,y)}{\partial x}$的方程$M(x,y)\mathrm{d}x+N(x,y)\mathrm{d}y=0$.恰当方程可得通解$\int M(x,y)\mathrm{d}x+\int\left[N(x,y)-\frac{\partial}{\partial y}\int M(x,y)\mathrm{d}x\right]\mathrm{d}y=c$.当该条件不满足时,若存在连续可微函数$\mu(x,y)\neq 0$,使得$\mu(x,y)M(x,y)\mathrm{d}x+\mu(x,y)N(x,y)\mathrm{d}y=0$为恰当方程,则称$\mu(x,y)$为其一个积分因子.由于积分因子比较难求,我们只给出了只与x或y有关的积分因子的充要条件,以及一些特殊积分因子的求法.

2.一阶隐式方程$F(x,y,y')=0$

(1) 能解出y的方程$y=f(x,y')$,其中$f(x,y')$具有连续偏导数.其解法是令$y'=p$,两边对x求导,化为x,p的一阶显式方程.求解后得参数形式的解$x=\varphi(p,c),y=f(\varphi(p,c),p)$或$\varphi(x,p,c)=0,y=f(x,p)$.

应当注意克莱罗方程$y=xy'+f(y')$有通解$y=cx+f(c)$和奇解$x=-f'(p),y=-f'(p)p+f(p)$.而拉格朗日—达朗贝尔方程$y=xf(y')+\varphi(y')$,当$f(t)=t$时就是克莱罗方程,当$f(t)\neq t$时可按上述方法求解.

(2) 能解出x的方程$x=f(y,y')$,其中$f(y,y')$具有连续偏导数.其解法与(1)相同,只是两边对y求导.

(3) 不显含y的方程$F(x,y')=0$.其解法是适当引入参数$x=\varphi(t)$,代入方程并积分得到参数形式的解$x=\varphi(t),y=\int\varphi(t)\varphi'(t)\mathrm{d}t+c$.其难点在于适当引入参数.

(4) 不显含 x 的方程 $F(y,y')=0$. 其解法与(3) 基本相同，注意满足 $F(y_0,0)=0$ 的根 $y=y_0$ 也是方程的解.

3. 一阶微分方程解的存在唯一性定理

(1) 基本概念。要掌握李普希兹条件、局部李普希兹条件、解的延拓和奇解的概念，李普希兹常数经常用 $\dfrac{\partial f(x,y)}{\partial y}$ 连续来代替.

(2) 基本定理。对于解的存在唯一性定理告诉我们方程的解在什么条件下才是唯一的，要弄清定理的条件和结论以及定理中的相关参数的含义，切实掌握皮卡逐步逼近估计的思想方法、相关计算.

用皮卡逼近序列进行近似计算时，第 n 次近似解为

$$\varphi_0(x)=y_0,$$

$$\varphi_n(x)=y_0+\int_{x_0}^{x}f(\xi,\varphi_{n-1}(\xi))\mathrm{d}\xi,x_0\leqslant x\leqslant x_0+h.$$

第 n 次近似解的误差公式为 $|\varphi_n(x)-\varphi(x)|\leqslant\dfrac{ML^n}{(n+1)!}h^{n+1}$.

关于解的存在唯一性定理的研究很多，例如，除了上面介绍的皮卡逐步逼近法外，还有欧拉折线法、绍德尔(J. Schauder，法国，1899—1943) 不动点方法等. 除了解的存在唯一性定理，还有解的延拓定理、解对初值的连续性定理和可微性定理，有的教材还介绍了奇解的概念与求法，有兴趣的读者可以参考文献[1] 和[4].

综合习题 2

(A)

1. 求解下列方程：

(1) $\sqrt{1-y^2}\,\mathrm{d}x+y\sqrt{1-x^2}\,\mathrm{d}y=0$;

(2) $(x^2-1)\dfrac{\mathrm{d}y}{\mathrm{d}x}+2xy^2=0,y(0)=1$;

(3) $(1+e^{\frac{x}{y}})\mathrm{d}x+e^{\frac{x}{y}}\left(1-\dfrac{x}{y}\right)\mathrm{d}y=0$;

(4) $(2x^2+3y^2-7)x\mathrm{d}x-(3x^2+2y^2-8)y\mathrm{d}y=0$;

(5) $\dfrac{\mathrm{d}y}{\mathrm{d}x}=\dfrac{y}{2y\ln y+y-x}$;

(6) $(1+x^2)\sin 2y\dfrac{\mathrm{d}y}{\mathrm{d}x}+x\cos^2 y+2x\sqrt{1+x^2}=0$ 过 $(0,\pi)$ 的解；

(7) $x\cdot\ln x\cdot\sin y\cdot\dfrac{\mathrm{d}y}{\mathrm{d}x}+\cos y(1-x\cos y)=0$;

(8) $\dfrac{\mathrm{d}y}{\mathrm{d}x}=y^2-(1+x^2)y+2x$;

(9) $\frac{dy}{dx}=\frac{x-y+1}{x+y^2+3}$；

(10) $e^y dx - x(2xy+e^y)dy=0$；

(11) $x^2 y dx-(x^3+y^3)dy=0$；

(12) $\left(3x+\frac{6}{y}\right)dx+\left(\frac{x^2}{y}+\frac{3y}{x}\right)dy=0$；

(13) $ydx-(x^2+y^2+x)dy=0$；

(14) $y-(y')^5-(y')^3-y'-5=0$；

(15) $y'^2=ax^3$.

2. 已知$\frac{dy}{dx}+ay=f(x)$，$f(x)$ 在$[0,+\infty)$上连续，且当 $x\to+\infty$ 时，$f(x)\to b$，$a>0$.

(1) 求证方程的解 $y(x)$ 当 $x\to+\infty$ 时，都有 $y(x)\to\frac{b}{a}$；

(2) 若当 $x\to+\infty$ 时，$[y'(x)+y(x)]\to 0$，求证当 $x\to+\infty$ 时，$y(x)\to 0$.

(B)

3. 求满足下列关系的函数 $y(x)$：

$$\int_0^x y(t)dt+\int_0^x (x-t)[2ty(t)+ty^2(t)]dt=x.$$

4. 求函数 $y(x)=1+\frac{x^2}{2!}+\frac{x^4}{4!}+\frac{x^6}{6!}+\cdots+\frac{x^{2n}}{(2n)!}+\cdots(x\in R)$ 所满足的微分方程，并求级数$\sum_{n=0}^{\infty}\frac{1}{(2n)!}$的值.

5. 用两种以上方法解方程 $y^2(1-y'^2)=1$.

6. 设方程 $y''+p(x)y'+q(x)y=0$ 中的 $p(x)$ 和 $q(x)$ 都在$[a,b]$上连续，且 $q(x)<0$. 试证明：对方程的任一非零解 $y=y(x)$，函数 $f(x)=e^{\int_{x_0}^x p(t)dt}y(x)y'(x)$ 为单调递增，其中 $x_0\in[a,b]$.

第 3 章　高阶线性微分方程

与一阶方程相对应，我们把二阶和二阶以上的微分方程通称为高阶微分方程. 本章主要介绍高阶微分方程的基本定理和解法，重点介绍高阶线性方程的求解方法，特别是常系数线性方程的求解，这不仅是因为线性方程是研究非线性方程的基础，而且是因为它在实际中有广泛的应用. 另外，我们还介绍高阶方程的幂级数解法和降阶.

§3.1　线性微分方程的通解结构

3.1.1　基本概念

我们称如下 n 阶线性微分方程为 **n 阶非齐次线性微分方程**，简称非齐次线性微分方程

$$\frac{\mathrm{d}^n x}{\mathrm{d}t^n}+a_1(t)\frac{\mathrm{d}^{n-1}x}{\mathrm{d}t^{n-1}}+\cdots+a_{n-1}(t)\frac{\mathrm{d}x}{\mathrm{d}t}+a_n(t)x=f(t),\tag{3.1}$$

其中，$a_i(t)(i=1,2,\cdots,n)$ 及 $f(t)$ 都是区间 $a\leqslant t\leqslant b$ 上的连续函数.

如果 $f(t)\equiv 0$，则方程(3.1) 变为

$$\frac{\mathrm{d}^n x}{\mathrm{d}t^n}+a_1(t)\frac{\mathrm{d}^{n-1}x}{\mathrm{d}t^{n-1}}+\cdots+a_{n-1}(t)\frac{\mathrm{d}x}{\mathrm{d}t}+a_n(t)x=0,\tag{3.2}$$

我们称方程(3.2) 为 n 阶齐次线性微分方程，简称齐次线性微分方程，并且通常把方程(3.2) 叫做方程(3.1) 对应的 **n 阶齐次线性微分方程**.

作为讨论的基础，我们首先给出方程(3.1) 的解的存在唯一性定理.

定理 3.1　如果 $a_i(t)(i=1,2,\cdots,n)$ 及 $f(t)$ 都是区间 $a\leqslant t\leqslant b$ 上的连续函数，则对于任一 $t_0\in[a,b]$ 及任意的给定常数值 $x_0,x_0^{(1)},\cdots,x_0^{(n-1)}$，方程(3.1) 存在唯一解 $x=\varphi(t)$，定义于区间 $a\leqslant t\leqslant b$ 上，且满足初始条件

$$\varphi(t_0)=x_0,\frac{\mathrm{d}\varphi(t_0)}{\mathrm{d}t}=x_0^{(1)},\cdots,\frac{\mathrm{d}^{n-1}\varphi(t_0)}{\mathrm{d}t^{n-1}}=x_0^{(n-1)}.\tag{3.3}$$

定理 3.1 可由第 4 章线性微分方程组的有关定理直接得到，这里我们不予证明. 从定理 3.1 可以看出，初值条件唯一地确定了方程(3.1) 的解，而且这个解在所有 $a_i(t)(i=1,2,\cdots,n)$ 及 $f(t)$ 连续的整个区间 $a\leqslant t\leqslant b$ 上都有定义.

为简便起见，我们引入线性微分算子的概念. 若用 $L[x]$ 记方程(3.1) 的左端，即

$$L[x]=\frac{\mathrm{d}^n x}{\mathrm{d}t^n}+a_1(t)\frac{\mathrm{d}^{n-1}x}{\mathrm{d}t^{n-1}}+\cdots+a_{n-1}(t)\frac{\mathrm{d}x}{\mathrm{d}t}+a_n(t)x,$$

则称L为线性微分算子，它作用于x的结果等于这个函数及其1至n阶导数依次与$(n+1)$个已知连续函数$a_n(t),a_{n-1}(t),\cdots,a_1(t),1$的乘积之和.

由此，我们可将方程(3.1)和方程(3.2)分别表示为

$$L[x]=\frac{\mathrm{d}^n x}{\mathrm{d}t^n}+a_1(t)\frac{\mathrm{d}^{n-1}x}{\mathrm{d}t^{n-1}}+\cdots+a_{n-1}(t)\frac{\mathrm{d}x}{\mathrm{d}t}+a_n(t)x=f(t)\tag{3.1$'$}$$

与

$$L[x]=\frac{\mathrm{d}^n x}{\mathrm{d}t^n}+a_1(t)\frac{\mathrm{d}^{n-1}x}{\mathrm{d}t^{n-1}}+\cdots+a_{n-1}(t)\frac{\mathrm{d}x}{\mathrm{d}t}+a_n(t)x=0\tag{3.2$'$}$$

在本章中，我们对方程(3.1)与(3.1)$'$，以及方程(3.2)与(3.2)$'$不加区分，并统称为方程(3.1)和方程(3.2).

根据线性微分算子的定义和微分法则，不难得到线性微分算子L的以下性质：

(1)$L[cx]=cL[x]$，c为常数；

(2)$L[x_1+x_2]=L[x_1]+L[x_2]$.

由于性质(2)可用数学归纳法推广到任意有限个可微函数的和的情形，故L还有以下性质

(3)$L\left[\sum\limits_{i=1}^{n}c_ix_i\right]=\sum\limits_{i=1}^{n}c_iL[x_i]c_i$，$i=1,2,\cdots,n$为常数.

性质(3)表明算子L作用于n个可微函数的线性组合等价于L作用于n个可微函数后的线性组合，这正是我们称L为线性微分算子的原因.

3.1.2　齐次线性微分方程的解的性质与结构

首先讨论齐次线性微分方程(3.2)，根据性质(3)，容易得到齐次线性微分方程解的叠加原理.

定理3.2(叠加原理)　如果$x_1(t),x_2(t),\cdots,x_k(t)$是方程(3.2)的$k$个解，则它们的线性组合$c_1x_1(t)+c_2x_2(t)+\cdots+c_kx_k(t)$也是方程(3.2)的解，这里$c_1,c_2,\cdots,c_k$是任意常数.

特别地，当$k=n$时，即方程(3.2)有解

$$x=c_1x_1(t)+c_2x_2(t)+\cdots+c_nx_n(t),\tag{3.4}$$

它含有n个任意常数.那么在什么条件下，表达式(3.3)能够成为n阶齐次线性微分方程(3.2)的通解?为此，我们将引进函数的线性相关、线性无关以及伏朗斯基(Wronsky，荷兰，1776—1853)行列式等概念.

考虑定义在区间$a\leqslant t\leqslant b$上的函数$x_1(t),x_2(t),\cdots,x_k(t)$，如果存在不全为零的常数$c_1,c_2,\cdots,c_k$，使得恒等式

$$c_1x_1(t)+c_2x_2(t)+\cdots+c_kx_k(t)\equiv 0$$

对于所有$t\in[a,b]$都成立，则称这些函数在区间$a\leqslant t\leqslant b$上是**线性相关**的，否则称它们

在所给区间上是**线性无关**的.

例如函数 e^t 和 e^{2t} 在任何区间上都是线性无关的;而函数 $\cos t$ 与 $3\cos t$ 在任何区间上都是线性相关的. 特别地,对于区间 $a \leqslant t \leqslant b$ 上的两个连续函数 $x(t)$ 和 $y(t)$,利用反证法易知:如果在区间 $a \leqslant t \leqslant b$ 上有$\frac{x(t)}{y(t)} \neq$ 常数或$\frac{y(t)}{x(t)} \neq$ 常数,则 $x(t)$ 和 $y(t)$ 在区间 $a \leqslant t \leqslant b$ 上线性无关. 利用它来判别两个函数的相关性比较方便.

还有一个结论我们也经常用到,即函数 $1,t,t^2,\cdots,t^n$ 在任何区间上都是线性无关的. 因为恒等式

$$c_0 + c_1 t + c_2 t^2 + \cdots + c_n t^n \equiv 0 \tag{3.5}$$

仅当所有 $c_i = 0(i = 0,1,2,\cdots,n)$ 时才成立. 如果存在一个 $c_i \neq 0$,则方程(3.5) 的左端是一个不高于 n 次的多项式,它最多可有 n 个不同的根. 因此,它在所考虑的区间上不能有多于 n 个零点,更不可能恒等于零了.

由定义在区间 $a \leqslant t \leqslant b$ 上的 k 个$(k-1)$ 次可微函数 $x_1(t),x_2(t),\cdots,x_k(t)$,所作成的行列式

$$W[x_1(t),x_2(t),\cdots,x_k(t)] \equiv W(t) \equiv \begin{vmatrix} x_1(t) & x_2(t) & \cdots & x_k(t) \\ x'_1(t) & x'_2(t) & \cdots & x'_k(t) \\ \vdots & \vdots & & \vdots \\ x_1^{(k-1)}(t) & x_2^{(k-1)}(t) & \cdots & x_k^{(k-1)}(t) \end{vmatrix},$$

称为这组函数的**伏朗斯基行列式**.

定理 3.3　若函数 $x_1(t),x_2(t),\cdots,x_n(t)$ 在区间 $a \leqslant t' \leqslant b$ 上线性相关,则在$[a,b]$上它们的伏朗斯基行列式 $W(t) \equiv 0$.

证明:由已知函数 $x_1(t),x_2(t),\cdots,x_n(t)$ 在区间 $a \leqslant t' \leqslant b$ 上线性相关,则存在一组不全为零的常数 $c_1,c_2,\cdots,c_n$,使得

$$c_1 x_1(t) + c_2 x_2(t) + \cdots + c_n x_n(t) \equiv 0, a \leqslant t \leqslant b. \tag{3.6}$$

依次对 t 微分得到

$$\begin{cases} c_1 x'_1(t) + c_2 x'_2(t) + \cdots + c_n x'_n(t) = 0, \\ c_1 x''_1(t) + c_2 x''_2(t) + \cdots + c_n x''_n(t) = 0, \\ \qquad\vdots \\ c_1 x_1^{(n-1)}(t) + c_2 x_2^{(n-1)}(t) + \cdots + c_n x_n^{(n-1)}(t) = 0. \end{cases} \tag{3.7}$$

把式(3.6) 和式(3.7) 看成关于 $c_1,c_2,\cdots,c_n$ 的齐次线性代数方程组,它的系数行列式就是 $W[x_1(t),x_2(t),\cdots,x_k(t)]$. 于是由线性代数方程组的理论知道,此方程组有非零解的充分必要条件是它的系数行列式为零,即 $W(t) \equiv 0(a \leqslant t \leqslant b)$.

应当指出,定理 3.3 的逆定理一般不成立. 例如函数

$$x_1(t) = \begin{cases} t, -1 \leqslant t \leqslant 0 \\ 0, 0 \leqslant t \leqslant 1 \end{cases}, x_1(t) = \begin{cases} 0, -1 \leqslant t \leqslant 0 \\ t, 0 \leqslant t \leqslant 1 \end{cases}$$

在区间 $-1 \leqslant t \leqslant 1$ 上,有 $W[x_1(t),x_2(t)] \equiv 0$,但它们在此区间上却是线性无关的. 因

为,假设存在 c_1,c_2,使得下列恒等式成立

$$c_1x_1(t)+c_2x_2(t)\equiv 0,\ -1\leqslant t\leqslant 1, \tag{3.8}$$

则当 $-1\leqslant t<0$ 时,推出 $c_1=0$;而当 $0\leqslant t\leqslant 1$ 时又推出 $c_2=0$,即 $c_1=c_2=0$,故 $x_1(t)$,$x_2(t)$ 是线性无关的.

但是,如果 $x_1(t),x_2(t),\cdots,x_n(t)$ 是齐次线性微分方程(3.2)的解,那么就有下面的定理.

定理3.4 如果方程(3.2)的解 $x_1(t),x_2(t),\cdots,x_n(t)$ 在区间 $a\leqslant t\leqslant b$ 上线性无关,则 $W[x_1(t),x_2(t),\cdots,x_n(t)]$ 在这个区间上处处不为零,即 $W(t)\neq 0(a\leqslant t\leqslant b)$.

证明:用反证法.假设存在某个 $t_0(a\leqslant t_0\leqslant b)$ 使得 $W(t_0)=0$.考虑关于 $c_1,c_2,\cdots,c_n$ 的齐次线性代数方程组

$$\begin{cases}c_1x_1(t_0)+c_2x_2(t_0)+\cdots+c_nx_n(t_0)=0,\\ c_1x'_1(t_0)+c_2x'_2(t_0)+\cdots+c_nx'_n(t_0)=0,\\ \qquad\vdots\\ c_1x_1^{(n-1)}(t_0)+c_2x_2^{(n-1)}(t_0)+\cdots+c_nx_n^{(n-1)}(t_0)=0.\end{cases} \tag{3.9}$$

其系数行列式 $W(t_0)=0$,故方程组(3.9)有非零解,不妨仍记为 $c_1,c_2,\cdots,c_n$.现以这组常数构造函数

$$x(t)\equiv c_1x_1(t)+c_2x_2(t)+\cdots+c_nx_n(t),a\leqslant t\leqslant b,$$

根据叠加原理,$x(t)$ 是方程(3.2)的解.又由方程组(3.9)知,这个解 $x(t)$ 满足初始条件

$$x(t_0)=x'(t_0)=\cdots=x^{(n-1)}(t_0)=0, \tag{3.10}$$

但是 $x=0$ 显然也是方程(3.2)满足初始条件的方程(3.10)的解.由解的初值唯一性定理知,$x(t)\equiv 0(a\leqslant t\leqslant b)$,即

$$c_1x_1(t)+c_2x_2(t)+\cdots+c_nx_n(t)\equiv 0,a\leqslant t\leqslant b.$$

因为 $c_1,c_2,\cdots,c_n$ 不全为0,此就与 $x_1(t),x_2(t),\cdots,x_n(t)$ 线性无关的假设相矛盾.

根据定理3.3和定理3.4,可以得到如下推论.

推论3.1 由 n 阶齐次线性微分方程(3.2)的 n 个解所构成的伏朗斯基行列式,在方程的系数为连续的区间 $[a,b]$ 上或者恒等于零,或者处处不等于零.

推论3.2 n 阶齐次线性微分方程(3.2)的 n 个解线性相关(线性无关)的充分必要条件是在 $[a,b]$ 上的某一点 t_0 处,有 $W(t_0)=0(W(t_0)\neq 0)$.

根据定理3.1,方程(3.2)满足初始条件

$$\begin{cases}x_1(t_0)=1, & x'_1(t_0)=0, & \cdots, & x_1^{(n-1)}(t_0)=0,\\ x_2(t_0)=0, & x'_2(t_0)=1, & \cdots, & x_2^{(n-1)}(t_0)=0,\\ \quad\vdots & \quad\vdots & & \quad\vdots\\ x_n(t_0)=0, & x'_n(t_0)=0, & \cdots, & x_n^{(n-1)}(t_0)=1\end{cases}$$

的解 $x_1(t),x_2(t),\cdots,x_n(t)$ 一定存在,又因为 $W[x_1(t_0),x_2(t_0),\cdots,x_n(t_0)]\neq 0$,于是根据上述推论2,这 n 个解一定是线性无关的.由此即得下面的定理3.5.

定理3.5 n 阶齐次线性微分方程(3.2)一定存在 n 个线性无关的解.

定理 3.6(通解结构定理)　如果 $x_1(t), x_2(t), \cdots, x_n(t)$ 是方程(3.2)的 n 个线性无关的解,则方程(3.2)的通解可表示为

$$x = c_1x_1(t) + c_2x_2(t) + \cdots + c_nx_n(t), \tag{3.11}$$

其中,$c_1, c_2, \cdots, c_n$ 是任意常数.且通解(3.11)包括了方程(3.2)的所有解.

证明:由叠加原理知道通解(3.11)是方程(3.2)的解,它包含有 n 个常数.下面我们证明这些常数是独立的.事实上,因为

$$\begin{vmatrix} \dfrac{\partial x}{\partial c_1} & \dfrac{\partial x}{\partial c_2} & \cdots & \dfrac{\partial x}{\partial c_n} \\ \dfrac{\partial x'}{\partial c_1} & \dfrac{\partial x'}{\partial c_2} & \cdots & \dfrac{\partial x'}{\partial c_n} \\ \vdots & \vdots & & \vdots \\ \dfrac{\partial x^{(n-1)}}{\partial c_1} & \dfrac{\partial x^{(n-1)}}{\partial c_2} & \cdots & \dfrac{\partial x^{(n-1)}}{\partial c_n} \end{vmatrix} = W[x_1(t), x_2(t), \cdots, x_n(t)] \neq 0, (a \leqslant t \leqslant b),$$

所以这些常数是独立的,从而通解(3.11)是方程(3.2)的通解.

我们再证明它包括了方程的所有解.由定理3.1知,方程的解由初始条件唯一决定,因此只需证明:任意给定初值条件

$$x(t_0) = b_1, x'(t_0) = b_2, \cdots, x^{(n-1)}(t_0) = b_n, \tag{3.12}$$

能够确定通解(3.11)中的常数 $c_1, c_2, \cdots, c_n$ 的值,使得通解(3.11)满足方程(3.12).

考察如下关于 $c_1, c_2, \cdots, c_n$ 的线性代数方程组

$$\begin{cases} c_1x_1(t_0) + c_2x_2(t_0) + \cdots + c_nx_n(t_0) = b_1, \\ c_1x'_1(t_0) + c_2x'_2(t_0) + \cdots + c_nx'_n(t_0) = b_2, \\ \qquad\qquad \vdots \\ c_1x_1^{(n-1)}(t_0) + c_2x_2^{(n-1)}(t_0) + \cdots + c_nx_n^{(n-1)}(t_0) = b_n, \end{cases} \tag{3.13}$$

它的系数行列式为 $W(t_0)$,由定理3.3知,$W(t_0) \neq 0$.根据线性代数方程组的理论,方程组(3.13)有唯一解 $\tilde{c}_1, \tilde{c}_2, \cdots, \tilde{c}_n$.因此,只要通解(3.11)中常数为 $\tilde{c}_1, \tilde{c}_2, \cdots, \tilde{c}_n$,则它满足条件方程(3.12).从而定理获证.

推论 3.3　方程(3.2)的线性无关解的最大个数等于 n.

由此可得结论:n 阶齐次线性微分方程的所有解构成一个 n 维线性空间.方程(3.2)的一组 n 个线性无关解称为方程的一个**基本解组**.显然,基本解组是不唯一的.特别地,当 $W(t_0) = 1$ 时,我们称这个基本解组为**标准基本解组**.

3.1.3　非齐次线性微分方程与常数变易法

考虑 n 阶非齐次线性微分方程

$$\frac{\mathrm{d}^n x}{\mathrm{d}t^n} + a_1(t)\frac{\mathrm{d}^{n-1}x}{\mathrm{d}t^{n-1}} + \cdots + a_{n-1}(t)\frac{\mathrm{d}x}{\mathrm{d}t} + a_n(t)x = f(t), \tag{3.1}$$

易知方程(3.2)是它的特殊情形.直接验证容易得到下两个简单性质:

性质 3.1　如果 $\bar{x}(t)$ 是方程(3.1)的解,而 $x(t)$ 是方程(3.2)的解,则 $\bar{x}(t) + x(t)$ 也

是方程(3.1)的解.

性质 3.2 方程(3.1)的任意两个解之差必为方程(3.2)的解.

在此基础上,我们给出下面定理:

定理 3.7 设 $x_1(t),x_2(t),\cdots,x_n(t)$ 为方程(3.2)的基本解组,而$\bar{x}(t)$ 是方程(3.1)的某一解,则方程(3.1)的通解可表为

$$x = c_1x_1(t)+c_2x_2(t)+\cdots+c_nx_n(t)+\bar{x}(t), \tag{3.14}$$

其中,$c_1,c_2,\cdots,c_n$ 为任意常数.而且这个通解包括了方程(3.1)的所有解.

证明:根据性质 3.1 知式(3.14)是方程(3.1)的解,它包含有 n 个常数,与定理 3.6 的证明过程一样,不难证明这些常数是彼此独立的,因此,式(3.14)是方程(3.1)的通解.

再设$\tilde{x}(t)$ 是方程(3.1)的任一解,则由性质 3.2 知,$\tilde{x}(t)-\bar{x}(t)$ 是方程(3.2)的解.根据定理 3.6,必有一组确定的常数$\tilde{c}_1,\tilde{c}_2,\cdots,\tilde{c}_n$,使得

$$\tilde{x}(t)-\bar{x}(t)=\tilde{c}_1x_1(t)+\tilde{c}_2x_2(t)+\cdots+\tilde{c}_nx_n(t),$$

即

$$\tilde{x}(t)=\tilde{c}_1x_1(t)+\tilde{c}_2x_2(t)+\cdots+\tilde{c}_nx_n(t)+\bar{x}(t),$$

也就是说,方程(3.1)的任一解$\tilde{x}(t)$ 可以由式(3.14)表出,其中 $c_1,c_2,\cdots,c_n$ 为相应的确定常数.由于$\tilde{x}(t)$ 的任意性,这就证明了通解表达式(3.14)包括方程(3.1)的所有解.

由定理 3.7 可知,要解非齐次线性微分方程,只需要知道它的一个特解和对应的齐次线性微分方程的基本解组即可,但这个特解一般比较难求.受一阶线性方程的启发,我们可以利用常数变易法求得非齐次线性微分方程的解.

设 $x_1(t),x_2(t),\cdots,x_n(t)$ 是方程(3.2)的基本解组,因而

$$x=c_1x_1(t)+c_2x_2(t)+\cdots+c_nx_n(t) \tag{3.15}$$

为(3.2)的通解.把其中的任意常数 c_i 看作关于 t 的待定函数 $c_i(t)(i=1,2,\cdots,n)$,这时式(3.15)变为

$$x=c_1(t)x_1(t)+c_2(t)x_2(t)+\cdots+c_n(t)x_n(t). \tag{3.16}$$

将式(3.16)代入方程(3.1),就得到 $c_1(t),c_2(t),\cdots,c_n(t)$ 必须满足的一个方程,但待定函数有 n 个,即 $c_1(t),c_2(t),\cdots,c_n(t)$.为了确定它们,必须再找出 $n-1$ 个限制条件.在理论上,这些另加的条件可以任意给出,其法无穷,当然要以运算上简便为宜.为此,我们按下面的方法来给出这 $n-1$ 个条件.

等式(3.16)对 t 求导得

$$x'=c_1(t)x'_1(t)+c_2(t)x'_2(t)+\cdots+c_n(t)x'_n(t)+x_1(t)c'_1(t)+\\ x_2(t)c'_2(t)+\cdots+x_n(t)c'_n(t),$$

令

$$x_1(t)c'_1(t)+x_2(t)c'_2(t)+\cdots+x_n(t)c'_n(t)=0, \tag{3.17$_1$}$$

得到

$$x'=c_1(t)x'_1(t)+c_2(t)x'_2(t)+\cdots+c_n(t)x'_n(t). \tag{3.18$_1$}$$

式$(3.18)_1$ 对 t 求导,并令含有函数 $c'_i(t)$ 的部分等于零,我们又得到

$$x'_1(t)c'_1(t)+x'_2(t)c'_2(t)+\cdots+x'_n(t)c'_n(t)=0 \qquad (3.17)_2$$

和表达式

$$x''=c_1(t)x''_1(t)+c_2(t)x''_2(t)+\cdots+c_n(t)x''_n(t). \qquad (3.18)_2$$

重复上面的做法，可得到第 $n-1$ 个条件

$$x_1^{(n-2)}(t)c'_1(t)+x_2^{(n-2)}(t)c'_2(t)+\cdots+x_n^{(n-2)}(t)c'_n(t)=0 \qquad (3.17)_{n-1}$$

和表达式

$$x^{(n-1)}=c_1(t)x_1^{(n-1)}(t)+c_2(t)x_2^{(n-1)}(t)+\cdots+c_n(t)x_n^{(n-1)}(t). \qquad (3.18)_{n-1}$$

最后，式$(3.18)_{n-1}$ 对 t 求导得到

$$\begin{aligned}x^{(n)}=&c_1(t)x_1^{(n)}(t)+c_2(t)x_2^{(n)}(t)+\cdots+c_n(t)x_n^{(n)}(t)+\\&x_1^{(n-1)}(t)c'_1(t)+x_2^{(n-1)}(t)c'_2(t)+\cdots+x_n^{(n-1)}(t)c'_n(t).\end{aligned} \qquad (3.18)_n$$

现将式(3.16)，式$(3.18)_1$，式$(3.18)_2$，…，式$(3.18)_n$ 代入式(3.1)，并注意到 $x_1(t)$，$x_2(t)$，…，$x_n(t)$ 是式(3.2) 的解，得到

$$x_1^{(n-1)}(t)c'_1(t)+x_2^{(n-1)}(t)c'_2(t)+\cdots+x_n^{(n-1)}(t)c'_n(t)=f(t). \qquad (3.17)_n$$

于是我们得到了含 n 个未知数的函数 $c'_i(t)(i=1,2,\cdots,n)$ 的 n 个方程$(3.17)_1$，$(3.17)_2$，…，$(3.17)_n$，它们组成了一个线性代数方程组，其系数行列式恰好是 $W[x_1(t),x_2(t),\cdots,x_n(t)]$. 因为它不等于零，所以方程组的解可以唯一确定. 假设已经求得

$$c'_i(t)=\varphi_i(t),i=1,2,\cdots,n,$$

积分得

$$c_i(t)=\int\varphi_i(t)\mathrm{d}t+\gamma_i,i=1,2,\cdots,n,$$

这里 γ_i 是任意常数. 将 $c_i(t)(i=1,2,\cdots,n)$ 的表达式代入式(3.16) 即得方程(3.1) 的解

$$x=\sum_{i=1}^{n}\gamma_i x_i(t)+\sum_{i=1}^{n}x_i(t)\int\varphi_i(t)\mathrm{d}t.$$

显然，它是方程(3.1) 的解，并且是方程(3.1) 的通解. 如果只求方程的一个解，只需给定常量 $\gamma_i(i=1,2,\cdots,n)$ 的值即可. 例如，当取 $\gamma_i=0(i=1,2,\cdots,n)$ 时，即得到方程(3.1) 的一个特解 $x=\sum\limits_{i=1}^{n}x_i(t)\int\varphi_i(t)\mathrm{d}t$.

由此可以看到，如果已知对应的齐次线性微分方程的基本解组，那么非齐次线性微分方程的任一解可由求积得到. 因此，对于线性微分方程来说，最关键的是求出齐次线性微分方程的基本解组.

例 3.1　求方程

$$x''-\frac{4}{t}x'+\frac{6}{t^2}x=t^2-1$$

的通解，已知它的对应齐次线性微分方程的基本解组为 t^2,t^3.

解：应用常数变易法，令

$$x=c_1(t)t^2+c_2(t)t^3,$$

将它代入方程，则可得关于 $c'_1(t)$ 和 $c'_2(t)$ 的方程组

$$\begin{cases} t^2c'_1(t)+t^3c'_2(t)=0, \\ 2tc'_1(t)+3t^2c'_2(t)=t^2-1, \end{cases}$$

解得

$$\begin{cases} c'_1(t)=\dfrac{1}{t}-t, \\ c'_2(t)=1-\dfrac{1}{t^2}, \end{cases}$$

由此

$$c_1(t)=\ln|t|-\frac{t^2}{2}+\gamma_1, c_2(t)=t+\frac{1}{t}+\gamma_2.$$

于是原方程的通解为

$$x=\gamma_1\cos t+\gamma_2\sin t+t^2\ln|t|-\frac{t^4}{2},$$

其中,γ_1,γ_2 为任意常数.

习题 3.1

(A)

1. 设 $x_1(t),x_2(t)$ 分别是非齐次线性微分方程

$$\frac{\mathrm{d}^nx}{\mathrm{d}t^n}+a_1(t)\frac{\mathrm{d}^{n-1}x}{\mathrm{d}t^{n-1}}+\cdots+a_{n-1}(t)\frac{\mathrm{d}x}{\mathrm{d}t}+a_n(t)x=f_1(t),$$

$$\frac{\mathrm{d}^nx}{\mathrm{d}t^n}+a_1(t)\frac{\mathrm{d}^{n-1}x}{\mathrm{d}t^{n-1}}+\cdots+a_{n-1}(t)\frac{\mathrm{d}x}{\mathrm{d}t}+a_n(t)x=f_2(t)$$

的解,则 $x_1(t)+x_2(t)$ 是方程

$$\frac{\mathrm{d}^nx}{\mathrm{d}t^n}+a_1(t)\frac{\mathrm{d}^{n-1}x}{\mathrm{d}t^{n-1}}+\cdots+a_{n-1}(t)\frac{\mathrm{d}x}{\mathrm{d}t}+a_n(t)x=f_1(t)+f_2(t)$$

的解,并直接给出 $f(t)=\sum\limits_{i=1}^{n}f_i(t)$ 时的相关结论。

2. 已知 x_1,x_2 是对应齐次线性微分方程的基本解组,求下列方程对应的非齐次线性微分方程的通解:

(1)$x''-x=1,x_1=\mathrm{e}^t,x_2=\mathrm{e}^{-t}$;

(2)$x''+\dfrac{t}{1-t}x'-\dfrac{1}{1-t}x=t-1,x_1=t,x_2=e^t$;

(3)$t^2x''-tx'+x=6t+34t^2,x_1=t,x_2=t\ln t$;

(B)

3. 设 $x_i(t)(i=1,2,\cdots,n)$ 是齐次线性微分方程(3.2)的任意 n 个解,它们所构成的伏朗斯基行列式记为 $W(t)$. 试证明 $W(t)$ 满足一阶线性微分方程

$$W'+a_1(t)W=0,$$

因而有 $W(t)=W(t_0)\mathrm{e}^{-\int_{t_0}^{t}a_1(s)\mathrm{d}s}t_0, t\in(a,b)$.

4. 试证 n 阶非齐次线性微分方程(3.1) 存在且最多存在 $n+1$ 个线性无关解.

5. 设 $x(t)$ 是方程 $x''(t)+a_1(t)x'(t)+a_2(t)x(t)=0$ 的非零解,其中 $a_1(t),a_2(t)$ 是连续的. 试证当 $x(t_0)=0$ 时,$x'(t_0)\neq 0, t,t_0\in[a,b]$.

§3.2　常系数齐次线性微分方程

由 §3.1 可以看到,求 n 阶线性微分方程

$$L[x]=\frac{\mathrm{d}^n x}{\mathrm{d}t^n}+a_1(t)\frac{\mathrm{d}^{n-1}x}{\mathrm{d}t^{n-1}}+\cdots+a_{n-1}(t)\frac{\mathrm{d}x}{\mathrm{d}t}+a_n(t)x=f(t) \tag{3.1}$$

的通解,关键是求出对应的齐次线性微分方程的 n 个线性无关解,但即使 $n=2$,也没有通用的解法. 于是人们就自然转向研究方程(3.1) 的特殊类型的求解. 当方程(3.1) 中未知函数及其各阶导数的系数都是常数时,我们称之为 **n 阶常系数线性微分方程**,即方程

$$L[x]\equiv\frac{\mathrm{d}^n x}{\mathrm{d}t^n}+a_1\frac{\mathrm{d}^{n-1}x}{\mathrm{d}t^{n-1}}+\cdots+a_{n-1}\frac{\mathrm{d}x}{\mathrm{d}t}+a_n x=f(t) \tag{3.19}$$

其中,$a_1,a_2,\cdots,a_n$ 为常数. 如果 $f(t)=0$,即方程

$$L[x]\equiv\frac{\mathrm{d}^n x}{\mathrm{d}t^n}+a_1\frac{\mathrm{d}^{n-1}x}{\mathrm{d}t^{n-1}}+\cdots+a_{n-1}\frac{\mathrm{d}x}{\mathrm{d}t}+a_n x=0 \tag{3.20}$$

称为 **n 阶常系数齐次线性微分方程**. 而将 $f(t)\neq 0$ 的方程(3.19) 称为 **n 阶常系数非齐次线性微分方程**. 本节介绍 n 阶常系数线性齐次微分方程及可以化为这一类型的方程. 下一节讲述 n 阶常系数线性非齐次微分方程.

3.2.1　n 阶常系数齐次线性微分方程

现在我们讨论 n 阶常系数齐次线性微分方程

$$L[x]\equiv\frac{\mathrm{d}^n x}{\mathrm{d}t^n}+a_1\frac{\mathrm{d}^{n-1}x}{\mathrm{d}t^{n-1}}+\cdots+a_{n-1}\frac{\mathrm{d}x}{\mathrm{d}t}+a_n x=0,$$

其中,$a_1,a_2,\cdots,a_n$ 为常数. 按照 §3.1 的一般理论,为了求方程(3.19) 的通解,只需求出它的基本解组. 下面介绍求方程(3.19) 的基本解组的**欧拉待定指数函数法(又称为特征根法)**.

对一阶常系数齐次线性微分方程

$$\frac{\mathrm{d}x}{\mathrm{d}t}+ax=0,$$

我们知道它有形如 $x=\mathrm{e}^{-at}$ 的解,且它的通解是 $x=c\mathrm{e}^{-at}$. 这启示我们对方程(3.20) 也去试求指数函数形式的解

$$x=\mathrm{e}^{\lambda t}, \tag{3.21}$$

其中,λ 是待定常数,可以是实的也可以是复的. 因为

$$L[e^{\lambda t}] \equiv \frac{d^n e^{\lambda t}}{dt^n} + a_1 \frac{d^{n-1} e^{\lambda t}}{dt^{n-1}} + \cdots + a_{n-1} \frac{de^{\lambda t}}{dt} + a_n e^{\lambda t}$$

$$= (\lambda^n + a_1\lambda^{n-1} + \cdots + a_{n-1}\lambda + a_n)e^{\lambda t} \equiv F(\lambda)e^{\lambda t},$$

其中，$F(\lambda) \equiv \lambda^n + a_1\lambda^{n-1} + \cdots + a_{n-1}\lambda + a_n$ 是 λ 的 n 次多项式. 易知，方程(3.21)为方程(3.20)的解的充要条件是 λ 为代数方程

$$F(\lambda) \equiv \lambda^n + a_1\lambda^{n-1} + \cdots + a_{n-1}\lambda + a_n = 0 \tag{3.22}$$

的根. 方程(3.22)将起着预示方程(3.20)的解的特性的作用，于是我们就称它为方程(3.20)的**特征方程**，它的根就称为**特征根**. 下面根据特征根的不同情况分别进行讨论.

(1) 特征根是单根的情形

设 $\lambda_1, \lambda_2, \cdots, \lambda_n$ 是特征方程(3.22)的 n 个彼此不相等的根，则如下是方程(3.20)的 n 个解：

$$e^{\lambda_1 t}, e^{\lambda_2 t}, \cdots, e^{\lambda_n t}. \tag{3.23}$$

我们指出这 n 个解在区间 $a \leqslant t \leqslant b$ 上线性无关，从而构成方程的一个基本解组. 事实上，因为

$$W(t) = \begin{vmatrix} e^{\lambda_1 t} & e^{\lambda_2 t} & \cdots & e^{\lambda_n t} \\ \lambda_1 e^{\lambda_1 t} & \lambda_2 e^{\lambda_2 t} & \cdots & \lambda_n e^{\lambda_n t} \\ \vdots & \vdots & & \vdots \\ \lambda_1^{n-1} e^{\lambda_1 t} & \lambda_2^{n-1} e^{\lambda_2 t} & \cdots & \lambda_n^{n-1} e^{\lambda_n t} \end{vmatrix}$$

$$= e^{(\lambda_1+\lambda_2+\cdots+\lambda_n)t} \begin{vmatrix} 1 & 1 & \cdots & 1 \\ \lambda_1 & \lambda_2 & \cdots & \lambda_n \\ \vdots & \vdots & & \vdots \\ \lambda_1^{n-1} & \lambda_2^{n-1} & \cdots & \lambda_n^{n-1} \end{vmatrix},$$

而最后一个行列式是著名的范德蒙德(Vandermonde，法国，1735—1796)行列式，它等于 $\prod\limits_{1 \leqslant j \leqslant i \leqslant n} (\lambda_i - \lambda_j)$. 由于假设 $\lambda_i \neq \lambda_j$(当 $i \neq j$)，故此行列式不等于零，从而 $W(t) \neq 0$，于是解组(3.23)线性无关.

如果 $\lambda_i (i = 1, 2, \cdots, n)$ 均为实数，则解(3.23)是方程(3.20)的 n 个线性无关的实值解，则方程(3.20)的通解可表示为

$$x = c_1 e^{\lambda_1 t} + c_2 e^{\lambda_2 t} + \cdots + c_n e^{\lambda_n t},$$

其中，$c_1, c_2, \cdots, c_n$ 为任意常数.

如果特征方程有复根，因方程的系数是实常数，则复根将成对共轭地出现. 可设 $\lambda_1 = \alpha + i\beta$ 是一特征根，则 $\lambda_2 = \alpha - i\beta$ 也是特征根，相应地方程(3.20)有两个复值解

$$e^{(\alpha+i\beta)t} = e^{\alpha t}(\cos\beta t + i\sin\beta t),$$

$$e^{(\alpha-i\beta)t} = e^{\alpha t}(\cos\beta t - i\sin\beta t).$$

根据定理 3.8，它们的实部和虚部也是方程的解. 于是，对应于特征方程的一对共轭复根 $\lambda = \alpha \pm i\beta$，我们可求得方程(3.20)的两个线性无关的实值解

$$e^{\alpha t}\cos\beta t, e^{\alpha t}\sin\beta t.$$

(2) 特征根有重根的情形

假设 $\lambda = \lambda_1$ 为特征方程的 k 重根，则有

$$F(\lambda_1) = F'(\lambda_1) = \cdots = F^{(k-1)}(\lambda_1) = 0, F^{(k)}(\lambda_1) \neq 0.$$

① 先设 $\lambda_1 = 0$，即特征方程有因子 λ^k，于是

$$a_n = a_{n-1} = \cdots = a_{n-k+1} = 0,$$

也就是特征方程的形状为

$$\lambda^n + a_1\lambda^{n-1} + \cdots + a_{n-k}\lambda^k = 0.$$

而对应的方程(3.20) 变为

$$\frac{\mathrm{d}^n x}{\mathrm{d}t^n} + a_1 \frac{\mathrm{d}^{n-1} x}{\mathrm{d}t^{n-1}} + \cdots + a_{n-k} \frac{\mathrm{d}^k x}{\mathrm{d}t^k} = 0,$$

易见它有 k 个解 $1, t, t^2, \cdots, t^{k-1}$，而且它们是线性无关的. 这样一来，特征方程的 k 重零根就对应于方程(3.20) 的 k 个线性无关解 $1, t, t^2, \cdots, t^{k-1}$.

② 如果这个 k 重根 $\lambda_1 \neq 0$，我们作变量变换 $x = y\mathrm{e}^{\lambda_1 t}$，注意到

$$x^{(m)} = (y\mathrm{e}^{\lambda_1 t})^{(m)} = \mathrm{e}^{\lambda_1 t}\left[y^{(m)} + m\lambda_1 y^{(m-1)} + \frac{m(m-1)}{2!}\lambda_1^2 y^{(m-2)} + \cdots + \lambda_1^m y\right],$$

可得

$$L[y\mathrm{e}^{\lambda_1 t}] = \left(\frac{\mathrm{d}^n y}{\mathrm{d}t^n} + b_1 \frac{\mathrm{d}^{n-1} y}{\mathrm{d}t^{n-1}} + \cdots + b_n y\right)\mathrm{e}^{\lambda_1 t} = L_1[y]\mathrm{e}^{\lambda_1 t}.$$

于是方程(3.19) 化为

$$L_1[y] \equiv \frac{\mathrm{d}^n y}{\mathrm{d}t^n} + b_1 \frac{\mathrm{d}^{n-1} y}{\mathrm{d}t^{n-1}} + \cdots + b_{n-1} \frac{\mathrm{d}y}{\mathrm{d}t} + b_n y = 0, \tag{3.24}$$

其中，$b_1, b_2, \cdots, b_n$ 仍为常数，而相应的特征方程为

$$G(\mu) \equiv \mu^n + b_1\mu^{n-1} + \cdots + b_{n-1}\mu + b_n = 0. \tag{3.25}$$

直接计算易得

$$F(\mu + \lambda_1)\mathrm{e}^{(\mu+\lambda_1)t} = L[\mathrm{e}^{(\mu+\lambda_1)t}] = L_1[\mathrm{e}^{\mu t}]\mathrm{e}^{\lambda_1 t} = G(\mu)\mathrm{e}^{(\mu+\lambda_1)t},$$

因此

$$F(\mu + \lambda_1) = G(\mu),$$

从而

$$F^{(j)}(\mu + \lambda_1) = G^{(j)}(\mu), j = 1, 2, \cdots, k.$$

可见方程(3.22) 的根 $\lambda = \lambda_1$，对应于方程(3.25) 的根 $\mu = \mu_1 = 0$，而且重根相同. 这样，问题就化为前面情形 ① 了.

我们知道，方程(3.25) 的 k_1 重根 $\mu_1 = 0$ 对应于方程(3.24) 的 k_1 个解 $y = 1, t, t^2, \cdots, t^{k_1-1}$. 对应于特征方程(3.22) 的 k_1 重根 λ_1，方程(3.20) 有 k_1 个解

$$\mathrm{e}^{\lambda_1 t}, t\mathrm{e}^{\lambda_1 t}, t^2\mathrm{e}^{\lambda_1 t}, \cdots, t^{k_1-1}\mathrm{e}^{\lambda_1 t}. \tag{3.26}$$

同样，假设特征方程(3.22) 的其他根 $\lambda_2, \lambda_3, \cdots, \lambda_m$ 的重数依次为 $k_2, k_3, \cdots, k_m$；$k_i \geqslant 1$(单根 λ_j 相当于 $k_j = 1$)，而且 $k_1 + k_2 + \cdots + k_m = n$，$\lambda_j \neq \lambda_i$(当 $i \neq j$)，则方程(3.20) 对应地有解

$$\begin{cases} e^{\lambda_2 t}, te^{\lambda_2 t}, t^2 e^{\lambda_2 t}, \cdots, t^{k_2-1} e^{\lambda_2 t} \\ \vdots \\ e^{\lambda_m t}, te^{\lambda_m t}, t^2 e^{\lambda_m t}, \cdots, t^{k_m-1} e^{\lambda_m t} \end{cases} \tag{3.27}$$

可以证明解(3.26)和解(3.27)这 n 个解构成方程(3.19)的一个基本解组(参见文献[1]至[3]).

对于特征方程有复重根的情况,譬如假设 $\lambda = \alpha + i\beta$ 是 k 重特征根,则 $\bar{\lambda} = \alpha - i\beta$ 也是 k 重特征根,仿(1)一样处理,我们将得到方程(3.20)的 $2k$ 个线性无关的实值解

$$e^{\alpha t}\cos\beta t, te^{\alpha t}\cos\beta t, t^2 e^{\alpha t}\cos\beta t, \cdots, t^{k-1} e^{\alpha t}\cos\beta t,$$

$$e^{\alpha t}\sin\beta t, te^{\alpha t}\sin\beta t, t^2 e^{\alpha t}\sin\beta t, \cdots, t^{k-1} e^{\alpha t}\sin\beta t.$$

例 3.2 求方程 $\frac{d^3x}{dt^3} + 2\frac{d^2x}{dt^2} - \frac{dx}{dt} - 2x = 0$ 的通解.

解:原方程的特征方程为

$$\lambda^3 + 2\lambda^2 - \lambda - 2 = 0$$

故特征根为:$\lambda_1 = 1, \lambda_2 = -1, \lambda_3 = -2$.由于均是单实根,故方程的通解为

$$x = c_1 e^t + c_2 e^{-t} + c_3 e^{-2t},$$

其中,c_1, c_2, c_3 是任意常数.

例 3.3 求解方程 $\frac{d^3x}{dt^3} + \frac{d^2x}{dt^2} - 2x = 0$.

解:特征方程 $\lambda^3 + \lambda^2 - 2 = 0$ 有根 $\lambda_1 = 1, \lambda_{2,3} = -1 \pm i$,因此,通解为

$$x = c_1 e^t + e^{-t}(c_2 \cos t + c_3 \sin t),$$

其中,c_1, c_2, c_3 为任意常数.

例 3.4 求方程 $\frac{d^3x}{dt^3} + \frac{dx}{dt} = 0$ 的通解.

解:特征方程 $\lambda^3 + \lambda = 0$,即 $\lambda_1 = -1, \lambda_2 = \lambda_3 = 0$ 是二重根,因此方程的通解具有形状

$$x = c_1 + c_2 t + c_3 e^{-t},$$

其中,c_1, c_2, c_3 为任意常数.

例 3.5 求解方程 $\frac{d^4x}{dt^4} + 4\frac{d^2x}{dt^2} + 4x = 0$.

解:特征方程为 $\lambda^4 + 4\lambda^2 + 4 = 0$,或 $(\lambda^2 + 2)^2 = 0$,即特征根 $\lambda = \pm i\sqrt{2}$ 是重根.因此,方程有 4 个实值解

$$\cos t\sqrt{2}, t\cos t\sqrt{2}, \sin t\sqrt{2}, t\sin t\sqrt{2},$$

故通解为

$$x = (c_1 + c_2 t)\cos t\sqrt{2} + (c_3 + c_4 t)\sin t\sqrt{2},$$

其中,c_1, c_2, c_3, c_4 为任意常数.

3.2.2 欧拉方程

前面我们求解的都是常系数线性方程,对于变系数的方程我们还没有一般的方法.

但对某些特殊的方程可以求解.如**欧拉方程**,即形如

$$x^n \frac{d^n y}{dx^n} + a_1 x^{n-1} \frac{d^{n-1} y}{dx^{n-1}} + \cdots + a_{n-1} x \frac{dy}{dx} + a_n y = 0 \tag{3.28}$$

的方程,这里 $a_1, a_2, \cdots, a_n$ 为常数.此方程可以通过变量变换化为常系数齐次线性微分方程.事实上,引进自变量的变换

$$x = e^t, t = \ln x,$$

就可达到目的(这里设 $x > 0$,若 $x < 0$,令 $x = -e^t$ 即可,今后为确定起见,认定 $x > 0$,但最后结果应以 $t = \ln|x|$ 代回).直接计算得到

$$\frac{dy}{dx} = \frac{dy}{dt} \cdot \frac{dt}{dx} = e^{-t} \frac{dy}{dt},$$

$$\frac{d^2 y}{dx^2} = e^{-t} \frac{d}{dt}\left(e^{-t} \frac{dy}{dt}\right) = e^{-2t}\left(\frac{d^2 y}{dt^2} - \frac{dy}{dt}\right).$$

用数学归纳法不难证明:对一切自然数 k 均有关系式

$$\frac{d^k y}{dx^k} = e^{-kt}\left(\frac{d^k y}{dt^k} + \beta_1 \frac{d^{k-1} y}{dt^{k-1}} + \cdots + \beta_{k-1} \frac{dy}{dt}\right),$$

其中,$\beta_1, \beta_2, \cdots, \beta_{k-1}$ 都是常数.于是

$$x^k \frac{d^k y}{dx^k} = \frac{d^k y}{dt^k} + \beta_1 \frac{d^{k-1} y}{dt^{k-1}} + \cdots + \beta_{k-1} \frac{dy}{dt}.$$

将上述关系式代入方程(3.28),即可得到常系数齐次线性微分方程

$$\frac{d^n y}{dt^n} + b_1 \frac{d^{n-1} y}{dt^{n-1}} + \cdots + b_{n-1} \frac{dy}{dt} + b_n y = 0, \tag{3.29}$$

其中,$b_1, b_2, \cdots, b_n$ 是常数.因而可用上述讨论的方法求出(3.29)的通解,再代回原来的变量(注意:$t = \ln|x|$)就可求出方程(3.28)的通解.

由上述推演过程我们知道,方程(3.29)有形如 $y = e^{\lambda t}$ 的解,从而方程(3.28)有形如 $y = x^{\lambda}$ 的解,因此可以直接求欧拉方程的形如 $y = x^K$ 的解.以 $y = x^K$ 代入方程(3.28)并约去因子 x^K,就得到确定 K 的代数方程

$$K(K-1)\cdots(K-n+1) + a_1 K(K-1)\cdots(K-n+2) + \cdots + a_n = 0, \tag{3.30}$$

可以证明这正是(3.30)的特征方程.因此,方程(3.30)的 m 重实根 $K = K_0$,对应于方程(3.28)的 m 个解

$$x^{K_0}, x^{K_0}\ln|x|, x^{K_0}\ln^2|x|, \cdots, x^{K_0}\ln^{m-1}|x|,$$

而方程(3.30)的 m 重复根 $K = \alpha + i\beta$,对应于方程(3.28)的 $2m$ 个实值解

$$x^{\alpha}\cos(\beta\ln|x|), \cdots, x^{\alpha}\ln|x|\cos(\beta\ln|x|), \cdots, x^{\alpha}\ln^{m-1}|x|\cos(\beta\ln|x|),$$

$$x^{\alpha}\sin(\beta\ln|x|), \cdots, x^{\alpha}\ln|x|\sin(\beta\ln|x|), \cdots, x^{\alpha}\ln^{m-1}|x|\cos(\beta\ln|x|).$$

例 3.6　求解方程 $x^2 \frac{d^2 y}{dx^2} - 3x\frac{dy}{dx} + 4y = 0$.

解:寻找方程的形式解 $y = x^K$,得到确定 K 的方程 $K(K-1) - 3K + 4 = 0$,或 $(K-2)^2 = 0$,$K_1 = K_2 = 2$.因此,方程的通解为

$$y = (c_1 + c_2\ln|x|)x^2,$$

其中，c_1,c_2 是任意常数.

例 3.7 求解方程 $x^2\dfrac{d^2y}{dx^2}-3x\dfrac{dy}{dx}+5y=0$

解：设 $y=x^K$，得到 K 应满足的方程 $K(K-1)-3K+5=0$ 或 $K^2-4K+5=0$，因此，$K_{1,2}=2\pm i$，而方程的通解为

$$y=x^2[c_1\cos(\ln|x|)+c_2\sin(\ln|x|)],$$

其中，c_1,c_2 是任意常数.

习题 3.2

(A)

1. 求下列方程的通解：

(1) $x''+5x'+6x=0$；

(2) $x''+2x'+10x=0$；

(3) $x'''-3ax''+3a^2x'-a^3x=0$；

(4) $x^{(5)}-4x'''=0$；

(5) $x^{(4)}+4x''+4x=0$.

2. 求下列方程满足初值条件的解：

(1) $x''+3x'+2x=0, x(0)=1, x'(0)=-2$；

(2) $t^2x''+tx'-x=0$.

(B)

3. 求解下列方程：

(1) $x''-2x'+2x=0, x(\pi)=-2, x'(\pi)=-3$；

(2) $t^2x''-4tx'+6x=t$.

4. 试讨论当 p,q 为何值时，方程 $y''+py'+qy=0$ 的解在 $[1,+\infty)$ 上有界.

§3.3 常系数非齐次线性微分方程

下面讨论常系数非齐次线性微分方程

$$L[x]\equiv\frac{d^nx}{dt^n}+a_1\frac{d^{n-1}x}{dt^{n-1}}+\cdots+a_{n-1}\frac{dx}{dt}+a_nx=f(t) \tag{3.19}$$

的求解问题，其中 $a_1,a_2,\cdots,a_n$ 是常数，$f(t)(\neq 0)$ 为连续函数.

前面我们给出了常数变易法，求得方程(3.19)的解. 但是，正如大家所看到的，通过上述步骤求解往往是比较烦琐的，而且必须经过积分运算. 对于常系数非齐次线性微分方程，人们还常用微分算子法、比较系数法和拉普拉斯变换法来求解. 它们的特点是不需要通过积分而用代数方法即可求得非齐次线性微分方程的特解，即将求解微分方程的问题转化为某一个代数问题来处理，因而比较简便. 下面介绍比较系数法和拉普拉斯变换

法,有关微分算子法可参见相关的书籍(见文献[3-5]).

3.3.1　比较系数法

类型 I　$f(t)=(b_0t^m+b_1t^{m-1}+\cdots+b_{m-1}t+b_m)\mathrm{e}^{\lambda t}$,其中 λ 及 $b_i(i=0,1,\cdots,m)$ 为实常数.

此时,方程(3.19)有形如

$$\widetilde{x}=t^k(B_0t^m+B_1t^{m-1}+\cdots+B_{m-1}t+B_m)\mathrm{e}^{\lambda t} \tag{3.31}$$

的特解,其中 k 为特征方程 $F(\lambda)=0$ 的根 λ 的重数(单根相当于 $k=1$;当 λ 不是特征根时,取 $k=0$),而 $B_0,B_1,\cdots,B_m$ 是待定常数,可以通过比较系数来确定.

(1) 如果 $\lambda=0$,则此时

$$f(t)=b_0t^m+b_1t^{m-1}+\cdots+b_m.$$

现在再分两种情形讨论.

① 在 $\lambda=0$ 不是特征根的情形,即 $F(0)\neq 0$,因而 $a_n\neq 0$,这时取 $k=0$,以 $\widetilde{x}=B_0t^m+B_1t^{m-1}+\cdots+B_m$ 代入方程(3.19),并比较 t 的同次幂的系数,得到常数 $B_0,B_1,\cdots,B_m$ 满足的方程

$$\begin{cases}B_0a_n=b_0,\\ B_1a_n+mB_0a_{n-1}=b_1,\\ B_2a_n+(m-1)B_1a_{n-1}+m(m-1)B_0a_{n-2}=b_2,\\ \quad\vdots\\ B_ma_n+\cdots=b_m,\end{cases} \tag{3.32}$$

注意到 $a_n\neq 0$,这些待定常数 $B_0,B_1,\cdots,B_m$ 可以从方程组(3.31)唯一地逐个确定出来.

② 在 $\lambda=0$ 是 k 重特征根的情形,即 $F(0)=F'(0)=\cdots=F^{(k-1)}(0)=0$,而 $F^{(k)}(0)\neq 0$,也就是 $a_n=a_{n-1}=\cdots=a_{n-k+1}=0,a_{n-k}\neq 0$.这时相应地,方程(3.20)化为

$$\frac{\mathrm{d}^nx}{\mathrm{d}t^n}+a_1\frac{\mathrm{d}^{n-1}x}{\mathrm{d}t^{n-1}}+\cdots+a_{n-k}\frac{\mathrm{d}^kx}{\mathrm{d}t^k}=f(t). \tag{3.33}$$

令 $\dfrac{\mathrm{d}^kx}{\mathrm{d}t^k}=z$,则方程(3.33)化为

$$\frac{\mathrm{d}^{n-k}z}{\mathrm{d}t^{n-k}}+a_1\frac{\mathrm{d}^{n-k-1}z}{\mathrm{d}t^{n-k-1}}+\cdots+a_{n-k}z=f(t), \tag{3.34}$$

对方程(3.34)来说,由于 $a_{n-k}\neq 0$,$\lambda=0$ 已不是它的特征根.因此,它有形如

$$\widetilde{z}=\widetilde{B}_0t^m+\widetilde{B}_1t^{m-1}+\cdots+\widetilde{B}_m$$

的特解,从而方程(3.34)有特解 $\widetilde{z}$ 满足

$$\frac{\mathrm{d}^k\widetilde{x}}{\mathrm{d}t^k}=\widetilde{z}=\widetilde{B}_0t^m+\widetilde{B}_1t^{m-1}+\cdots+\widetilde{B}_m.$$

这表明 $\widetilde{x}$ 是 t 的 $m+k$ 次多项式,其中 t 的幂次 $\leqslant k-1$ 的项带有任意常数.但因我们只需要知道一个特解就够了.我们特别地取这些任意常数均为零,于是得到方程(3.33)[或方程(3.19)]的一个特解

$$\widetilde{x}=t^k(\gamma_0t^m+\gamma_1t^{m-1}+\cdots+\gamma_m),$$

这里 $\gamma_0,\gamma_1,\cdots,\gamma_m$ 是确定的常数.

(2) 如果 $\lambda\neq 0$,作变量变换 $x=y\mathrm{e}^{\lambda t}$,将方程(3.19) 化为

$$\frac{\mathrm{d}^n y}{\mathrm{d}t^n}+A_1\frac{\mathrm{d}^{n-1}y}{\mathrm{d}t^{n-1}}+\cdots+A_{n-1}\frac{\mathrm{d}y}{\mathrm{d}t}+A_n y=b_0t^m+\cdots+b_m, \tag{3.35}$$

其中,$A_1,A_2,\cdots,A_n$ 都是常数. 而且特征方程(3.22) 的根 λ 对应于方程(3.35) 的特征方程的零根,并且重数也相同. 因此,就有如下的结论:

在 λ 不是特征方程(3.22) 的根的情形,方程(3.35) 有特解 $\tilde{y}=B_0t^m+B_1t^{m-1}+\cdots+B_m$,从而方程(3.32) 有特解 $\tilde{x}=(B_0t^m+B_1t^{m-1}+\cdots+B_m)\mathrm{e}^{\lambda t}$;

在 λ 是特征方程(3.22) 的 k 重根的情形,方程(3.35) 有特解

$$\tilde{y}=t^k(B_0t^m+B_1t^{m-1}+\cdots+B_m),$$

从而方程(3.19) 有特解

$$\tilde{x}=t^k(B_0t^m+B_1t^{m-1}+\cdots+B_m)e^{\lambda t}.$$

例 3.8 求方程 $\frac{\mathrm{d}^2x}{\mathrm{d}t^2}+x=t^2+t$ 的通解.

解:先求对应的齐次线性微分方程

$$\frac{\mathrm{d}^2x}{\mathrm{d}t^2}+x=0$$

的通解. 这里特征方程 $\lambda^2+1=0$,特征根为 $\lambda_{1,2}=\pm\mathrm{i}$. 因此,通解为

$$x=c_1\cos t+c_2\sin t,$$

其中,c_1,c_2 为任意常数.

因 $\lambda=0$ 不是特征根,故原方程存在形如 $\tilde{x}=A+Bt+Ct^2$ 的特解,其中 A,B,C 为待定常数. 为了确定系数,将 $\tilde{x}=A+Bt+Ct^2$ 代入原方程,得到

$$At^2+Bt+(2A+C)=t^2+t,$$

比较系数得

$$A=1,\quad B=1,\quad 2A+C=0,$$

由此得 $A=B=1,C=-2$,从而特解为 $\tilde{x}=t^2+t-2$,因此,原方程的通解为

$$x=c_1\cos t+c_2\sin t+t^2+t-2.$$

例 3.9 求方程 $\frac{\mathrm{d}^2x}{\mathrm{d}t^2}-5\frac{\mathrm{d}x}{\mathrm{d}t}+6x=2e^{2t}$ 的通解.

解:先求对应的齐次线性微分方程

$$\frac{\mathrm{d}^2x}{\mathrm{d}t^2}-5\frac{\mathrm{d}x}{\mathrm{d}t}+6x=0$$

的通解. 其特征方程为 $\lambda^2-5t+6=0$,特征根为 $\lambda_1=2,\lambda_2=3$. 因此,通解为

$$x=c_1\mathrm{e}^{2t}+c_2\mathrm{e}^{3t}(c_1,c_2\text{ 为任意常数}).$$

因为 $\lambda=2$ 刚好是特征方程的单根,故有特解形如 $\tilde{x}=At\mathrm{e}^{2t}$,将它代入原方程得 $-Ae^{2t}=2e^{2t}$,从而 $A=-2$,于是特解为 $\tilde{x}=-2t\mathrm{e}^{2t}$,而原方程的通解为

$$x=c_1\mathrm{e}^{2t}+c_2\mathrm{e}^{3t}-2t\mathrm{e}^{2t}(c_1,c_2\text{ 为任意常数}).$$

例 3.10　求方程$\frac{d^2x}{dt^2}-2\frac{dx}{dt}-3x=e^{-t}(t-5)$的通解.

解:对应的齐次线性微分方程

$$\frac{d^2x}{dt^2}-2\frac{dx}{dt}-3x=0$$

的通解.其特征方程为$\lambda^2-2\lambda-3=0$,特征根为$\lambda_1=-1,\lambda_2=3$.因此,通解为

$$x=c_1e^{-t}+c_2e^{3t}(c_1,c_2\text{ 为任意常数}).$$

因为$\lambda=-1$刚好是特征方程的单根,故原方程有形如

$$\tilde{x}=t(At+B)e^{-t}$$

的特解,将它代入原方程得

$$-8At+2A-4B=t-5,$$

比较系数得

$$-8A=1,\quad 2A-4B=-5,$$

解得$A=-\frac{1}{8},B=\frac{19}{16}$.于是特解为$\tilde{x}=t\left(-\frac{1}{8}t+\frac{19}{16}\right)e^{-t}$,而原方程的通解为

$$x=c_1e^{-t}+c_2e^{3t}+t\left(-\frac{1}{8}t+\frac{19}{16}\right)e^{-t},c_1,c_2\text{ 为任意常数}.$$

类型 Ⅱ　$f(t)=[A(t)\cos\beta t+B(t)\sin\beta t]e^{\alpha t}$,其中$\alpha,\beta$为常数,而$A(t),B(t)$是带实系数的$t$的多项式,其中一个的次数为$m$,而另一个的次数不超过$m$.

我们有如下结论:方程(3.19)有形如

$$\tilde{x}=t^k[P(t)\cos\beta t+Q(t)\sin\beta t]e^{\alpha t}\tag{3.36}$$

的特解,这里k为特征方程$F(t)=0$的根$\alpha+i\beta$的重数,而$P(t),Q(t)$均为待定的带实系数的次数不高于m的t的多项式,可以通过比较系数的方法来确定.

由类型 Ⅰ 的讨论过程易见,当λ不是实数,而是复数时,有关结论仍然正确.现将$f(t)$表示为指数形式

$$f(t)=\frac{A(t)-iB(t)}{2}e^{(\alpha+i\beta)t}+\frac{A(t)+iB(t)}{2}e^{(\alpha-i\beta)t}.$$

根据非齐次线性微分方程的叠加原理(见习题 3.1 第 1 题),方程

$$L[x]=f_1(t)\equiv\frac{A(t)+iB(t)}{2}e^{(\alpha-i\beta)t}$$

与

$$L[x]=f_2(t)\equiv\frac{A(t)-iB(t)}{2}e^{(\alpha+i\beta)t}$$

的解之和必为方程(3.19)的解.

注意到$\overline{f_1(t)}=f_2(t)$,因此,若x为$L[x]=f_1(t)$的解,则$\bar{x}$必为$L[x]=f_2(t)$的解.因此,直接利用类型 Ⅰ 的结果,可知方程(3.19)有形如下列形式的解

$$\tilde{x}=t^kD(t)e^{(\alpha-i\beta)t}+t^k\overline{D(t)}e^{(\alpha+i\beta)t}=t^k[P(t)\cos\beta t+Q(t)\sin\beta t]e^{\alpha t},$$

其中,$D(t)$为t的m次多项式,而$P(t)=2\mathrm{Re}\{D(t)\},Q(t)=2\mathrm{Im}\{D(t)\}$.

显然，$P(t)$，$Q(t)$ 为实系数 t 的多项式，其次数不高于 m. 从而上述结论成立.

注：正确写出特解形式是待定系数法的关键问题，在此类型的求解过程中应把 $P(t)$，$Q(t)$ 均假设为 m 次完全多项式来实际演算.

例 3.11 求方程 $\frac{d^2x}{dt^2}-2\frac{dx}{dt}+x=\cos t$ 的通解.

解：特征方程 $\lambda^2-2\lambda+1=0$ 有重根 $\lambda_1=\lambda_2=1$，因此，对应的齐次线性微分方程的通解为

$$x=(c_1+c_2t)e^t,$$

其中，c_1，c_2 是任意常数. 现求非齐次线性微分方程的一个特解. 因为 $\pm i$ 不是特征根，我们求形如 $\tilde{x}=A\cos t+B\sin t$ 的特解，将它代入原方程并化简得到

$$-2B\cos t+2A\sin t=\cos t,$$

比较同类项系数得 $A=0$，$B=\frac{1}{2}$，从而 $\tilde{x}=-\frac{1}{2}\sin t$，因此原方程的通解为

$$x=(c_1+c_2t)e^t-\frac{1}{2}\sin t.$$

注：类型 Ⅱ 的特殊情形

$$f(t)=A(t)e^{\alpha t}\cos\beta t \text{ 或 } f(t)=B(t)e^{\alpha t}\sin\beta t$$

可用另一更简便的方法 —— **复数法**求解. 下面用例子具体说明解题过程.

例 3.12 用复数法解例 3.3.

解：由例 3.3 已知对应的齐次线性微分方程的通解为

$$x=(c_1+c_2t)e^t.$$

为求非齐次线性微分方程的一个特解，我们先求方程

$$\frac{d^2x}{dt^2}-2\frac{dx}{dt}+x=e^{it}.$$

的特解. 这属于类型 Ⅰ，而 i 不是特征根，故可设特解为 $\bar{x}=Ae^{it}$，将它代入方程并消去因子 e^{it} 得 $-2iA=1$，即 $A=\frac{i}{2}$，因而新方程的一个特解为 $\bar{x}=\frac{i}{2}e^{it}=\frac{i}{2}\cos t-\frac{1}{2}\sin t$，分出它的实部 $\mathrm{Re}\{\bar{x}\}=-\frac{1}{2}\sin t$，根据定理 9 这就是原方程的特解，于是原方程的通解为

$$x=(c_1+c_2t)e^t-\frac{1}{2}\sin t.$$

与例 3.9 所得结果相同.

例 3.13 求方程 $\frac{d^2x}{dt^2}-2\frac{dx}{dt}+x=8t+\cos t$ 的通解.

解：特征方程 $\lambda^2-2\lambda+1=0$ 有重根 $\lambda_1=\lambda_2=1$，因此，对应的齐次线性微分方程的通解为

$$x=(c_1+c_2t)e^t.$$

为求非齐次线性微分方程的一个特解，相当于求下面两个非齐次线性微分方程的特解之和：

$$\frac{d^2x}{dt^2}-2\frac{dx}{dt}+x=8t,$$

$$\frac{d^2x}{dt^2}-2\frac{dx}{dt}+x=\cos t,$$

前面一个方程属于类型 Ⅰ,容易求得一个特解 $x_1=8t+16$,而由例 3-7 可得后面方程的一个特解 $x_2=-\frac{1}{2}\sin t$,从而原方程的一个特解为

$$x=x_1+x_2=8t+16-\frac{1}{2}\sin t$$

而通解为

$$x=(c_1+c_2t)e^t+8t+16-\frac{1}{2}\sin t.$$

3.3.2* 拉普拉斯变换法

常系数线性微分方程(组)可以应用拉普拉斯变换法进行求解,而且往往比较简便.

由积分

$$F(s)=\int_0^{+\infty}e^{-st}f(t)dt$$

所定义的确定于复平面($\mathrm{Re}s>\sigma$)上的复变数 s 的函数 $F(s)$,称为函数 $f(t)$ 的**拉普拉斯变换**,其中 $f(t)$ 于 $t\geqslant 0$ 有定义,且满足不等式

$$|f(t)|<Me^{\sigma t},$$

这里 M,σ 为某两个正常数.我们称 $f(t)$ 为**原函数**,而 $F(s)$ 称为**像函数**.

拉普拉斯变换法主要是借助于拉普拉斯变换把常系数线性微分方程(组)转换成复数 s 的代数方程(组)的解.方法十分简单方便,为工程技术工作者所普遍采用.当然,方法本身也有一定的局限性,它要求所考察的微分方程的右端函数必须是原函数,否则方法就不适用了.

关于拉普拉斯变换的一般概念及基本性质,请参阅有关书籍(如文献[3-7]),这里只列出部分常用函数的拉普拉斯变换简表(见表 3.1),供学习时使用参考.而且只简单地介绍拉普拉斯变换在解常系数线性微分方程中的应用.

设给定微分方程

$$\frac{d^nx}{dt^n}+a_1\frac{d^{n-1}x}{dt^{n-1}}+\cdots+a_nx=f(t)$$

及初始条件

$$x(0)=x_0,x'(0)=x_0',\cdots,x^{(n-1)}(0)=x_0\,(n-1),$$

其中,$a_1,a_2,\cdots,a_n$ 是常数,而 $f(t)$ 连续且满足原函数的条件.

如果 $x(t)$ 是方程(3.19)的任意解,则 $x(t)$ 及其各阶导数 $x^{(k)}(t)(k=1,2,\cdots,n)$ 均是原函数.记

$$F(S)=\varphi[f(t)]\equiv\int_o^{+\infty}e^{-st}f(t)dt,$$

$$X(s)=\varphi[x(t)]\equiv\int_0^{+\infty}e^{-st}x(t)dt.$$

那么,按原函数微分性质有

$$[x'(t)]=sX(s)-x_0,$$

$$\cdots\cdots$$

$$[x^{(n)}(t)]=s^nX(s)-s^{n-1}x_0-s^{n-2}x_0{}'-\cdots-x_0\ (n-1),$$

于是,对方程(3.19)两端施行拉普拉斯变换,并利用线性性质就得到

$$s^nX(s)-s^{n-1}x_0-s^{n-2}x_0{}'-\cdots-sx_0\ (n-2)-x_0\ (n-1)+a_1[s^{n-1}X(s)-s^{n-2}x_0-s^{n-3}x_0{}'-\cdots-x_0\ (n-2)]+\cdots+a_{n-1}[sX(s)-x_0]+a_nX(s)=F(s),$$

即

$$(s^n+a_1s^{n-1}+\cdots+a_{n-1}s+a_n)X(s)=F(s)+(s^{n-1}+a_1s^{n-2}+\cdots+a_{n-1})x_0+(s^{n-2}+a_1s^{n-3}+\cdots+a_{n-2})x_0{}'+\cdots+x_0\ (n-1),$$

表 3.1　拉普拉斯变换表

序号	原函数 $f(t)$	像函数 $F(s)=\int_0^{+\infty}e^{-st}f(t)dt$	$F(s)$ 的定义域
1	1	$\frac{1}{s}$	$\mathrm{Re}s>0$
2	t	$\frac{1}{s^2}$	$\mathrm{Re}s>0$
3	t^n	$\frac{n!}{s^{n+1}}$	$\mathrm{Re}s>0$
3	e^{zt}	$\frac{1}{s-z}$	$\mathrm{Re}s>\mathrm{Re}z$
5	te^{zt}	$\frac{1}{(s-z)^2}$	$\mathrm{Re}s>\mathrm{Re}z$
6	t^ne^{zt}	$\frac{n!}{(s-z)^{n+1}}$	$\mathrm{Re}s>\mathrm{Re}z$
7	$\sin\omega t$	$\frac{\omega}{s^2+\omega^2}$	$\mathrm{Re}s>0$
8	$\cos\omega t$	$\frac{s}{s^2+\omega^2}$	$\mathrm{Re}s>0$
9	$\mathrm{sh}\omega t$	$\frac{\omega}{s^2-\omega^2}$	$\mathrm{Re}s>\|\omega\|$
10	$\mathrm{ch}\omega t$	$\frac{s}{s^2-\omega^2}$	$\mathrm{Re}s<\|\omega\|$
11	$t\sin\omega t$	$\frac{2s\omega}{(s^2+\omega^2)^2}$	$\mathrm{Re}s>0$
12	$t\cos\omega t$	$\frac{s^2-\omega^2}{(s^2+\omega^2)^2}$	$\mathrm{Re}s>0$
13	$e^{\lambda t}\sin\omega t$	$\frac{\omega}{(s-\lambda)^2+\omega^2}$	$\mathrm{Re}s>\lambda$
13	$e^{\lambda t}\sin\omega t$	$\frac{s-\lambda}{(s-\lambda)^2+\omega^2}$	$\mathrm{Re}s>\lambda$
15	$te^{\lambda t}\sin\omega t$	$\frac{2\omega(s-\lambda)}{[(s-\lambda)^2+\omega^2]^2}$	$\mathrm{Re}s>\lambda$
16	$te^{\lambda t}\cos\omega t$	$\frac{(s-\lambda)^2-\omega^2}{[(s-\lambda)^2+\omega^2]^2}$	$\mathrm{Re}s>\lambda$

或

$$A(s)X(s) = F(s) + B(s),$$

其中，$A(s)$，$B(s)$ 和 $F(s)$ 都是已知多项式，由此

$$X(s) = \frac{F(s) + B(s)}{A(s)},$$

这就是方程(3.19)满足所给初始条件的解 $x(t)$ 的像函数. 而 $x(t)$ 可直接查拉普拉斯变换表或由反变换公式计算求得. 下面举几个用这种方法解方程的例子.

例 3.14　求方程 $x'' + 2x' + x = 1$ 满足初始条件 $x(0) = x'(0) = 0$ 的解.

解：对方程两端施行拉普拉斯变换，得到方程的解像函数所应满足的方程

$$s^2X(s) - sx(0) - x'(0) + 2[sX(s) - x(0)] + X(s) = \frac{1}{s},$$

由此，并注意到 $x(0) = x'(0) = 0$，得

$$X(s) = \frac{1}{s(s+1)^2} = \frac{1}{s} - \frac{1}{s+1} - \frac{1}{(s+1)^2}.$$

直接查拉普拉斯变换表，可得$\frac{1}{s}$，$\frac{1}{s+1}$ 和$\frac{1}{(s+1)^2}$ 的原函数分别为 1，e^{-t} 和 te^{-t}. 因此，利用线性性质，就求得 $X(s)$ 的原函数为

$$x(t) = 1 - e^{-t} - te^{-t},$$

这就是所要求的解.

习题 3.3

(A)

1. 用待定系数法求下列方程的通解：

(1) $x''' + x'' = 1 + t^2$；

(2) $x''' - x' = e^t$；

(3) $x'' - x' = e^t\sin 2t$；

(4) $x'' + 9x = t\sin 3t$；

(5) $x'' + x' = t + 3\sin 2t + 2\cos t$.

2. 用常数变易法求下列方程的通解：

(1) $x'' + x = \frac{1}{\sin^3 t}$；

(2) $x'' - 6x' + 9x = \frac{1}{t^2}e^{3t}$.

3. 用拉普拉斯变换法求下列方程的通解：

(1) $x'' + 2x' + x = e^{-t}$，$x(1) = x'(1) = 0$；

(2) $x^{(4)} + x = 2e^t$，$x(0) = x'(0) = x''(0) = x'''(0) = 1$.

(B)

4. 若 $x_1(t)$，$x_2(t)$ 是方程 $x'' + 5x' + 6x = f(t)$ 的两个解，其中 $f(t)$ 在区间$(-\infty, +\infty)$上连续，证明极限$\lim\limits_{t\to\infty}[x_1(t) - x_2(t)]$ 存在.

§3.4 变系数线性微分方程的幂级数解法

对于常系数线性微分方程,我们常常是设法把解表示为初等函数或初等函数的积分的有限形式.但对于变系数高阶微分方程,即使是二阶变系数齐次线性微分方程

$$\frac{\mathrm{d}^2y}{\mathrm{d}x^2}+p(x)\frac{\mathrm{d}y}{\mathrm{d}x}+q(x)y=0,$$

也只有在某些特殊情况下,其解才可以表为上述形式.这就促使人们去探索新的研究方法.从微积分学中知道,在满足某些条件下,可以用幂级数来表示一个函数.那么能否用幂级数来表示微分方程的解呢?18—19 世纪的许多著名数学家对这方面的问题进行了研究,并形成了微分方程的解析理论.

本节以二阶线性齐次微分方程为例,来介绍幂级数解法.这种方法也可应用于求解一阶或高阶线性齐次和非齐次微分方程及其他某些非线性微分方程.

首先看一个简单的例子.这里以 y 表示未知函数,而以 x 表示自变量.

例 3.15 求方程 $y''-2xy'-4y=0$ 满足初值条件 $y(0)=0$ 及 $y'(0)=1$ 的解.

解:设

$$y=a_0+a_1x+a_2x^2+\cdots+a_nx^n+\cdots \tag{3.37}$$

为方程的解.首先,利用初值条件,可以得到

$$a_0=0,a_1=1,$$

因而

$$y=x+a_2x^2+a_3x^3+\cdots+a_nx^n+\cdots,$$
$$y'=1+2a_2x+3a_3x^2+\cdots+na_nx^{n-1}+\cdots,$$
$$y''=2a_2+3\cdot 2a_3x+\cdots+n(n-1)a_nx^{n-2}+\cdots$$

将 y,y',y'' 的表达式代入原方程,合并 x 的各同次幂的项,并令各项系数等于零,得到

$$a_2=0,a_3=1,a_4=0,\cdots,a_n=\frac{2}{n-1}a_{n-2},\cdots$$

因而

$$a_5=\frac{1}{2!},a_6=0,a_7=\frac{1}{6}=\frac{1}{3!},a_8=0,a_9=\frac{1}{4!},\cdots$$

最后得

$$a_{2k+1}=\frac{1}{k}\cdot\frac{1}{(k-1)!}=\frac{1}{k!},a_{2k}=0,$$

对一切正整数 k 成立.

将 $a_i(i=0,1,2,\cdots)$ 的值代回(3.37)就得到

$$y=x+x^3+\frac{x^5}{2!}+\cdots+\frac{x^{2k+1}}{k!}+\cdots=x\left(1+x^2+\frac{x^4}{2!}+\cdots+\frac{x^{2k}}{k!}+\cdots\right)=xe^{x^2},$$

这就是方程的满足所给初值条件的解.

微分方程解析理论告诉我们，微分方程的幂级数解是有条件的. 但因讨论时需要涉及解析函数等较专门的知识，在此我们仅叙述有关结果而不加证明，若要了解定理的证明过程，可参考有关书籍.

考虑二阶齐次线性微分方程

$$\frac{d^2y}{dx^2}+p(x)\frac{dy}{dx}+q(x)y=0 \tag{3.38}$$

及初值条件 $y(x_0)=y_0$ 及 $y'(x_0)=y_0'$ 的情况.

不失一般性，可设 $x_0=0$，否则，我们引进新变量 $t=x-x_0$，经此变换，方程的形状不变，但这时对应于 $x=x_0$ 的就是 $t_0=0$ 了. 因此，今后我们总认为 $x_0=0$.

定理 3.10　若方程(3.38) 中系数 $p(x)$ 和 $q(x)$ 都能展成 x 的幂级数，且收敛区间为 $|x|<R$，则方程(3.38) 有形如

$$y=\sum_{n=0}^{\infty}a_nx^n \tag{3.39}$$

的特解，也以 $|x|<R$ 为级数的收敛区间.

定理 3.11　若方程(3.38) 中系数 $p(x)$ 和 $q(x)$ 具有这样的性质，即 $xp(x)$ 和 $x^2q(x)$ 均能展成 x 的幂级数，且收敛区间为 $|x|<R$，则方程(3.38) 有形如

$$y=x^{\alpha}\sum_{n=0}^{\infty}a_nx^n=\sum_{n=0}^{\infty}a_nx^{\alpha+n} \tag{3.40}$$

的特解，其中 $a_0\neq 0$，α 是一个待定的常数. 级数(3.40) 也以 $|x|<R$ 为收敛区间.

例 3.16　求方程 $y''-xy=0$ 的通解.

解：设方程有形如(3.37) 的解，将它对 x 微分两次，有

$$y''=2\cdot 1a_2+3\cdot 2a_3x+\cdots+n(n-1)a_nx^{n-2}+(n+1)na_{n+1}x^{n-1}+\cdots$$

将 y,y'' 的表达式代入方程，并比较 x 的同次幂的系数，得到

$$2\cdot 1a_2=0,3\cdot 2a_3-a_0=0,4\cdot 3a_4-a_1=0,5\cdot 4a_5-a_2=0,\cdots$$

或一般地可推得

$$a_{3k}=\frac{a_0}{2\cdot 3\cdot 5\cdot 6\cdot\cdots\cdot(3k-1)\cdot 3k},$$

$$a_{3k+1}=\frac{a_1}{3\cdot 4\cdot 6\cdot 7\cdot\cdots\cdot 3k\cdot(3k+1)},a_{3k+2}=0,$$

其中，a_0,a_1 是任意的，因而

$$y=a_0\left[1+\frac{x^3}{2\cdot 3}+\frac{x^6}{2\cdot 3\cdot 5\cdot 6}+\cdots+\frac{x^{3n}}{2\cdot 3\cdot 5\cdot 6\cdot\cdots\cdot(3n-1)\cdot 3n}+\cdots\right]+$$

$$a_1\left[x+\frac{x^4}{3\cdot 4}+\frac{x^7}{3\cdot 4\cdot 6\cdot 7}+\cdots+\frac{x^{3n+1}}{3\cdot 4\cdot 6\cdot 7\cdot\cdots\cdot 3n\cdot(3n+1)}+\cdots\right]$$

这个幂级数的收敛半径是无限大的，因而级数的和(其中包括两个任意常数 a_0,a_1) 便是所要求的通解.

习题 3.4

(A)

1. 用幂级数解法解下列方程：

(1) $x''-tx'-x=0$；

(2) $x''-tx=0, x(0)=1, x'(0)=0$；

(B)

2. 用幂级数解法解下列方程：

(1) $2tx''+x'+tx=0$；

(2) $t^2x''+tx'+\left(t^2-\frac{1}{9}\right)x=0$.

§3.5 高阶微分方程的降阶

高阶微分方程没有普遍的求解方法，处理问题的方法之一是降阶，利用变换把高阶微分方程的求解问题化为较低阶的方程来求解. 这是因为一般来说，低阶微分方程的求解会比求解高阶微分方程方便些. 本节主要介绍一些常见的可降阶的高阶微分方程类型.

n 阶微分方程一般地可写为下列形式

$$F(t,x,x',\cdots,x^{(n)})=0.$$

下面讨论三类特殊方程的降阶问题.

(1) 方程不显含未知函数 x 及 $x',x'',\cdots,x^{(k-1)}$，即方程的形式为

$$F(t,x^{(k)},x^{(k+1)},\cdots x^{(n)})=0(1\leqslant k\leqslant n), \tag{3.41}$$

在这种情况下，可作变换 $x^{(k)}=y$，则方程即降为关于未知函数 y 的 $n-k$ 阶方程

$$F(t,y,y',\cdots,y^{(n-k)})=0. \tag{3.42}$$

如果能够求得方程 (3.42) 的通解 $y=\varphi(t,c_1,c_2,\cdots,c_{n-k})$，即 $x^{(k)}=\varphi(t,c_1,c_2,\cdots,c_{n-k})$，再经过 k 次积分得到 $x=\varphi(t,c_1,c_2,\cdots,c_n)$，其中 $c_1,c_2,\cdots,c_n$ 为任意常数. 可以验证，这就是方程(3.41) 的通解. 特别地，若二阶方程不显含 x(相当于 $n=2$，$k=1$ 的情形)，则用变换 $x'=y$ 便把方程化为一阶方程.

例 3.17 求方程 $\frac{\mathrm{d}^3x}{\mathrm{d}t^3}-\frac{1}{t}\frac{\mathrm{d}^2x}{\mathrm{d}t^2}=0$ 的解.

解： 令 $y=\frac{\mathrm{d}^2x}{\mathrm{d}t^2}$，则方程化为

$$\frac{\mathrm{d}y}{\mathrm{d}x}-\frac{1}{t}y=0,$$

这是一阶方程，积分后得 $y=ct$，即 $\frac{\mathrm{d}^2x}{\mathrm{d}t^2}=ct$.

于是得到原方程的解

$$x=c_1t^3+c_2t+c_3,$$

其中，c_1,c_2,c_3 为任意常数.

(2) 不显含自变量 t 的方程

$$F(x,x',\cdots,x^{(n)})=0. \tag{3.43}$$

在这种情况下，可作变换 $x'=y(x)$，并视 x 为自变量，则可将方程(3.47) 转化为关于新的未知函数 $y(x)$ 的 $n-1$ 阶方程. 事实上，因为 $x'=y(x)$，则

$$x''=\frac{\mathrm{d}y}{\mathrm{d}t}=\frac{\mathrm{d}y}{\mathrm{d}x}x'=y\frac{\mathrm{d}y}{\mathrm{d}x},$$

$$x'''=y\left(\frac{\mathrm{d}y}{\mathrm{d}x}\right)^2+y^2\frac{\mathrm{d}^2y}{\mathrm{d}x^2},$$

$$\cdots$$

利用数学归纳法不难证明，$x^{(k)}(t)$ 可由 $y,\frac{\mathrm{d}y}{\mathrm{d}x},\cdots,\frac{\mathrm{d}^{k-1}y}{\mathrm{d}x^{k-1}}$ 表出($k\leqslant n$). 将这些表达式代入(3.43) 就得到 $G\left(x,y,\frac{\mathrm{d}y}{\mathrm{d}x},\cdots,\frac{\mathrm{d}^{n-1}y}{\mathrm{d}x^{n-1}}\right)=0$，这是关于 x,y 的 $n-1$ 阶方程，比原方程(3.43) 低一阶.

例 3.18　求解方程 $xx''-(x')^2=0$

解：令 $x'=y$，直接计算可得 $x''=y\frac{\mathrm{d}y}{\mathrm{d}x}$，于是原方程化为

$$xy\frac{\mathrm{d}y}{\mathrm{d}x}-y^2=0,$$

得 $y=0$ 或 $x\frac{\mathrm{d}y}{\mathrm{d}x}-y=0$.

当 $y=0$ 时，即 $x'=0$，故 $x=c$；当 $y\neq 0$ 时，可得 $y=cx$，即 $x'=cx$，积分即得原方程的通解为

$$x=c_1\mathrm{e}^{ct}\,(c\neq 0).$$

但若允许 $c=0$，则它可含解 $x=c$.

(3) 齐次线性微分方程

$$\frac{\mathrm{d}^nx}{\mathrm{d}t^n}+a_1(t)\frac{\mathrm{d}^{n-1}x}{\mathrm{d}t^{n-1}}+\cdots+a_n(t)x=0. \tag{3.2}$$

若已知方程(3.2) 的 k 个线性无关的特解，则可通过 k 次齐次线性变换，使方程降低 k 阶. 并且新得到的 $n-k$ 阶方程也是齐次线性的.

事实上，设 $x_1,x_2,\cdots,x_k$ 是方程(3.2) 的 k 个线性无关解，显然 $x_i\neq 0(i=1,2,\cdots,k)$，令 $x=x_ky$，直接计算可得

$$x'=x_ky'+x'_ky,$$

$$x''=x_ky''+2x'_ky'+x''_ky,$$

$$\vdots$$

$$x^{(n)}=x_ky^{(n)}+nx'_ky^{(n-1)}+\frac{n(n-1)}{2}x''_ky^{(n-2)}+\cdots+x_k\,(n-1)y.$$

将这些关系式代入(3.2)，得到

$$x_ky^{(n)}+[nx'_k+a_1(t)x_k]y^{(n-1)}+\cdots+[x_k\,(n)+a_1x_k\,(n-1)+\cdots+a_nx_k]y=0,$$

这是关于 y 的 n 阶方程，且各项系数是 t 的已知函数，而 y 的系数恒等于零，因为 x_k 是

(3.2) 的解. 因此,如果引入新未知函数 $z=y'$,并在 $x_k\neq 0$ 的区间上用 x_k 除方程的各项,我们便得到形状如

$$z^{(n-1)}+b_1(t)z^{(n-2)}+\cdots+b_{n-1}(t)z=0 \tag{3.44}$$

的 $n-1$ 阶齐次线性微分方程. 方程(3.44) 的解与方程(3.2) 的解之间的关系,由以上变换知道为 $z=y'=\left(\frac{x}{x_k}\right)'$,或 $x=x_k\int z\mathrm{d}t$. 因此,对于方程(3.44),我们就知道它的 $k-1$ 个线性无关解 $z_i=\left(\frac{x_i}{x_k}\right)'(i=1,2,\cdots,k-1)$.

事实上,$z_1,z_2,\cdots,z_{k-1}$ 是方程(3.44) 的解,这一点是显然的. 假设这 $k-1$ 个解之间存在关系式

$$\alpha_1 z_1+\alpha_2 z_2+\cdots+\alpha_{k-1}z_{k-1}\equiv 0,$$

或

$$\alpha_1\left(\frac{x_1}{x_k}\right)'+\alpha_2\left(\frac{x_2}{x_k}\right)'+\cdots+\alpha_{k-1}\left(\frac{x_{k-1}}{x_k}\right)'\equiv 0,$$

其中,$\alpha_1,\alpha_2,\cdots,\alpha_{k-1}$ 是常数. 那么,就有

$$\alpha_1\left(\frac{x_1}{x_k}\right)+\alpha_2\left(\frac{x_2}{x_k}\right)+\cdots+\alpha_{k-1}\left(\frac{x_{k-1}}{x_k}\right)\equiv-\alpha_k,$$

或

$$\alpha_1 x_1+\alpha_2 x_2+\cdots+\alpha_{k-1}x_{k-1}+\alpha_k x_k\equiv 0,$$

由于 $x_1,x_2,\cdots,x_k$ 线性无关,故必有 $\alpha_1=\alpha_2=\cdots=\alpha_k=0$. 这就是说 $z_1,z_2,\cdots,z_{k-1}$ 是线性无关的.

因此,若对方程(3.44) 仿以上做法,令 $z=z_{k-1}\int u\mathrm{d}t$,则可将方程化为关于 u 的 $n-2$ 阶齐次线性微分方程

$$u^{(n-2)}+c_1(t)u^{(n-3)}+\cdots+c_{n-2}(t)u=0, \tag{3.45}$$

并且还知道方程(3.45) 的 $k-2$ 个线性无关解 $u_i=\left(\frac{z_i}{z_{k-1}}\right)',i=1,2,\cdots,k-2$.

继续上面的做法,利用了方程的 k 个线性无关解 $x_1,x_2,\cdots,x_k$,经过 k 次这样的齐次线性变换,可使方程(3.2) 化为 $n-k$ 阶齐次线性方程.

特别地,对于二阶齐次线性微分方程,如果知道它的一个非零解,则方程的求解问题就解决了.

事实上,设 $x=x_1\neq 0$ 是二阶齐次线性微分方程

$$\frac{\mathrm{d}^2x}{\mathrm{d}t^2}+p(t)\frac{\mathrm{d}x}{\mathrm{d}t}+q(t)x=0 \tag{3.46}$$

的解,则由上面讨论知道,经变换 $x=x_1\int y\mathrm{d}t$ 后,方程就化成

$$x_1\frac{\mathrm{d}y}{\mathrm{d}t}+[2x'_1+p(t)x_1]y=0, \tag{3.47}$$

这是一阶线性微分方程. 解得

$$y=c\,\frac{1}{x_1^2}\mathrm{e}^{-\int p(t)\mathrm{d}t},$$

当取 $c=1$ 时，得到方程(3.47) 的一特解 $y=\frac{1}{x_1^2}e^{-\int p(t)dt}$，相应地，得到方程(3.46) 的一特解

$$x_2=x_1\int y\mathrm{d}t=x_1\int\frac{1}{x_1 2}e^{-\int p(t)dt}\mathrm{d}t,$$

它与 x_1 显然是线性无关的，因为它们之比不等于常数. 因而，方程(3.46) 的通解为

$$x=x_1\left[c_1+c\int\frac{1}{x_1 2}e^{-\int p(t)dt}\mathrm{d}t\right],\tag{3.48}$$

它包括了方程(3.46) 的所有解.

例 3.19　已知 $x=\frac{1}{t}$ 是方程 $tx'''+3x''-tx'-x=0$ 的解，试求方程的通解.

解：作变量替换 $x=\frac{1}{t}y$，直接计算可得

$$x'=\frac{1}{t}y'-\frac{1}{t^2}y,$$

$$x''=\frac{1}{t}y''-\frac{2}{t^2}y'+\frac{2}{t^3}y,$$

$$x'''=\frac{1}{t}y'''-\frac{3}{t^2}y''+\frac{6}{t^3}y'-\frac{6}{t^4}y,$$

代入原方程，得

$$y'''-y'=0,\tag{3.49}$$

这是一常系数齐次线性方程，其特征方程为

$$\lambda^3-\lambda=0,$$

特征根为 $\lambda_1=0,\lambda_2=-1,\lambda_3=1$. 故方程(3.49) 的通解为

$$y=c_1+c_2e^{-t}+c_3e^t,c_1,c_2,c_3\ 为任意常数.$$

于是原方程的通解为

$$x=\frac{1}{t}y=\frac{1}{t}(c_1+c_2e^{-t}+c_3e^t),c_1,c_2,c_3\ 为任意常数.$$

习题 3.5

(A)

1. 求解下列方程：

(1) $t^2x'''=\ln t$；　(2) $x''=\frac{1}{2x'}$；

(3) $xx''-2(x')^2=0$；　(4) $x''+\sqrt{1-(x')^2}=0$；

(5) $xx''-(x')^2-x^2x'=0$　(6) $tx''+(t^2-1)(x'-1)=0$.

(B)

2. 求下列方程满足初始条件的解：

(1) $x''=e^{2x},x(0)=0,x'(0)=1$；

(2) $x''=(1+(x')^2)^{\frac{3}{2}},x(0)=1,x'(0)=0$.

本章小结

本章着重介绍了线性微分方程的一般理论和求解方法,主要结论可概括如下:

1. 关于解的性质

线性微分方程的解的主要性质是:

(1) 齐次线性微分方程的解的叠加性;

(2)n 阶齐次线性微分方程的所有解构成一个 n 维线性空间,其基底就是该方程的一个基本解组(不唯一);基本解组的线性组合构成齐次线性微分方程的通解,该方程的通解包括该方程的所有解;

(3) 非齐次线性微分方程的解的叠加性;

(4) 非其次线性微分方程的通解可表为它的一个特解与对应齐次线性微分方程的通解之和,且其通解亦包括了该方程的所有解.

2. 关于解的求法

关于线性微分方程的解法,我们主要介绍了五种较常用的方法,它们是:

(1) 求常系数齐次线性微分方程的基本解组的特征根法(或欧拉待定指数函数法);

(2) 求常系数非齐次线性微分方程的特解的待定系数法和拉普拉斯变换法;

(3) 求一般非齐次线性微分方程特解的常数变易法;

(4) 求一般二阶齐次线性微分方程的幂级数解法.

待定系数法和特征根法的特点就在于不需要通过积分运算,而只要解代数方程或加上微分运算即可求得微分方程的解.我们一定要记住常系数线性微分方程所固有的这种特性.

幂级数解法的思想和待定系数法有类似之处,所不同者,前者待定的是级数的系数,因而通常计算量较大.其实幂级数解法适用二阶以上的高阶齐次线性微分方程与非齐次线性微分方程,也能求其特解或通解,这也体现了幂级数解法的重要意义和应用价值.这是本书让幂级数解法独立成节的原因所在,希望能引起读者重视,希望深入学习和研究的读者可参阅有关书籍(如文献[8,9]).

3. 关于高阶方程的降阶

本章介绍了可降阶的高阶微分方程的三种类型,要会正确判断类型,选择相应方法求解.不同的方法用于不同类型的方程,读者在应用时应特别注意.

综合习题 3

(A)

1. 求下列方程的通解:

(1)$x'' - 8x' + 7x = 8 + 7t + 3t^2$;　　(2)$x'' - x' = \frac{1}{2}e^t$;

(3)$x'' + 4x' = 3\sin 2t$；　　(4)$x'' + x = t + e^t$；

(5)$x'' + 2x' + 5x = 4\sin t + 22\cos t$.

2. 用常数变易法求下列方程的通解：

(1)$x'' - x = \dfrac{2e^t}{e^t - 1}$；　　(2)$x'' + x = \dfrac{1}{\cos t}$.

3. 求下列方程的通解：

(1)$t^2 x'' - 4tx' + 6x = t(t > 0)$；　　(2)$t^2 x'' - tx' + 2x = t\ln t(t > 0)$.

4. 用幂级数法求下列方程的解：

(1)$x'' + tx' + x = 0$；　　(2)$2tx'' + (1 - 2t)x' - x = 0$.

5. 用拉普拉斯变换法求下列方程的解：

(1)$x'' - x' - 6x = ,x(0) = 1,x'(0) = -1$；

(2)$x'' - 2x' + x = te^t,x(0) = x'(0) = 0$.

6. 试求具有基本解组

$$x_1 = t, x_2 = \frac{1}{t}$$

的二阶齐次线性方程

$$a(t)x'' + b(t)x' + c(t)x = 0$$

并进而求解相应的二阶非齐次线性方程：

$$a(t)x'' + b(t)x' + c(t)x = t^2.$$

(B)

7. 假设 $x_1(t) \neq 0$ 是二阶齐次线性微分方程 $x'' + a_1(t)x' + a_2(t)x = 0$ 的解，这里 $a_1(t)$ 和 $a_2(t)$ 在区间$[a,b]$上连续，试证：

(1)$x_2(t)$ 为方程的解的充要条件是 $W'[x_1,x_2] + a_1(t)W[x_1,x_2] = 0$；

(2) 方程的通解可表为 $x = x_1\left[c_1\int \dfrac{1}{x_1 2}\exp\left(-\int_{t_0}^{t} a_1(s)\mathrm{d}s\right)\mathrm{d}t + c_2\right]$，其中 c_1,c_2 为任意常数，$t_0,t \in [a,b]$.

8. 假设 $x_1(t),x_2(t)$ 是二阶齐次线性微分方程 $x'' + a_1(t)x' + a_2(t)x = 0$ 的一个基本解组，这里 $a_1(t)$ 和 $a_2(t)$ 在区间$[a,b]$上连续，试证：

$$a_1(t) = -\frac{x_1 x_2'' - x_2 x_1''}{W[x_1,x_2]}, a_2(t) = \frac{x_1' x_2'' - x_2' x_1''}{W[x_1,x_2]}.$$

9. 求方程 $x'' - tf(t)x' + f(t)x = 0$ 的通解.

10. 若两方程

$$x'' + a_1(t)x' + a_2(t)x = 0$$

$$x'' + b_1(t)x' + b_2(t)x = 0$$

有一公共解，试求出此解，并分别求出这两个方程的通解.

第 4 章　线性微分方程组

在前 3 章中，研究了含有一个未知函数的微分方程的解法以及它们的性质. 但是在相当广泛的应用问题中，经常要导出两个或两个以上的微分方程组成的方程组. 本章将利用向量空间和矩阵代数的理论，研究线性方程组的理论，主要讨论线性方程组解的存在唯一性定理、线性方程组的一般理论和常系数线性方程组的解法. 另外，通过某些假设及引进新的未知函数可以把高阶线性方程化为一阶线性方程组，因此一阶线性方程组的相关结论对于高阶线性方程有着指导意义.

§4.1　线性微分方程组通解的结构

4.1.1　基本概念与记号

含有 n 个未知函数 $x_1, x_2, \cdots, x_n$ 的一阶线性方程组的一般形式为

$$\begin{cases} x_1' = a_{11}(t)x_1 + a_{12}(t)x_2 + \cdots + a_{1n}(t)x_n + f_1(t) \\ x_2' = a_{21}(t)x_1 + a_{22}(t)x_2 + \cdots + a_{2n}(t)x_n + f_2(t) \\ \qquad\vdots \\ x_n' = a_{n1}(t)x_1 + a_{n2}(t)x_2 + \cdots + a_{nn}(t)x_n + f_n(t) \end{cases} \tag{4.1}$$

其中，函数 $a_{ij}(t)(i,j=1,2,\cdots,n)$ 和 $f_j(t)(j=1,2,\cdots,n)$ 在区间 $a \leqslant t \leqslant b$ 上是连续的.

我们引进向量函数与矩阵函数的概念.

1. 定义与性质

形如

$$A(t) = \begin{pmatrix} a_{11}(t) & a_{12}(t) & \cdots & a_{1n}(t) \\ a_{21}(t) & a_{22}(t) & \cdots & a_{2n}(t) \\ \vdots & \vdots & & \vdots \\ a_{n1}(t) & a_{n2}(t) & \cdots & a_{nn}(t) \end{pmatrix} \tag{4.2}$$

的 $n \times n$ 矩阵称为**矩阵函数**，它的元是 n^2 个定义在 $a \leqslant t \leqslant b$ 上的函数 $a_{ij}(t)(i,j=1,2,\cdots,n)$.

形如

$$F(t)=\begin{pmatrix} f_1(t) \\ f_2(t) \\ \vdots \\ f_n(t) \end{pmatrix}, X=\begin{pmatrix} x_1 \\ x_2 \\ \vdots \\ x_n \end{pmatrix} \tag{4.3}$$

的 $n\times 1$ 矩阵函数称为 n 维**列向量函数**.

若矩阵函数 $A(t)$ 或向量函数 $F(t)$ 的每一个元都在区间 $a\leqslant t\leqslant b$ 上连续,则称矩阵函数或向量函数在 $a\leqslant t\leqslant b$ 上**连续**.

若矩阵函数 $A(t)$ 或向量函数 $F(t)$ 的每一个元都在区间 $a\leqslant t\leqslant b$ 上可微,则称矩阵函数或向量函数在 $a\leqslant t\leqslant b$ 上**可微**,且它们的导数分别由下式给出:

$$A'(t)=\begin{pmatrix} a'_{11}(t) & a'_{12}(t) & \cdots & a'_{1n}(t) \\ a'_{21}(t) & a'_{22}(t) & \cdots & a'_{2n}(t) \\ \vdots & \vdots & & \vdots \\ a'_{n1}(t) & a'_{n2}(t) & \cdots & a'_{nn}(t) \end{pmatrix}, F'(t)=\begin{pmatrix} f'_1(t) \\ f'_2(t) \\ \vdots \\ f'_n(t) \end{pmatrix}.$$

若矩阵函数 $A(t)$ 或向量函数 $F(t)$ 的每一个元都在区间 $a\leqslant t\leqslant b$ 上可积,则称矩阵函数或向量函数在 $a\leqslant t\leqslant b$ 上**可积**,且它们的积分分别由下式给出:

$$\int_a^b A(t)\mathrm{d}t=\begin{pmatrix} \int_a^b a_{11}(t)\mathrm{d}t & \int_a^b a_{12}(t)\mathrm{d}t & \cdots & \int_a^b a_{1n}(t)\mathrm{d}t \\ \int_a^b a_{21}(t)\mathrm{d}t & \int_a^b a_{22}(t)\mathrm{d}t & \cdots & \int_a^b a_{2n}(t)\mathrm{d}t \\ \vdots & \vdots & & \vdots \\ \int_a^b a_{n1}(t)\mathrm{d}t & \int_a^b a_{n2}(t)\mathrm{d}t & \cdots & \int_a^b a_{nn}(t)\mathrm{d}t \end{pmatrix}, \int_a^b F(t)\mathrm{d}t=\begin{pmatrix} \int_a^b f_1(t)\mathrm{d}t \\ \int_a^b f_2(t)\mathrm{d}t \\ \vdots \\ \int_a^b f_n(t)\mathrm{d}t \end{pmatrix}.$$

由此可见,矩阵函数和向量函数的连续、可微和可积都是归结为其各元素的连续、可微和可积.

不难证明,若 $n\times n$ 矩阵函数 $A(t)$,$B(t)$ 和 n 维列向量函数 $U(t)$,$V(t)$ 在 $[a,b]$ 上是可微的,则有

(1) $[A(t)+B(t)]'=A'(t)+B'(t)$,

$[U(t)+V(t)]'=U'(t)+V'(t)$;

(2) $[A(t)B(t)]'=A'(t)B(t)+A(t)B'(t)$;

(3) $[A(t)U(t)]'=A'(t)U(t)+A(t)U'(t)$.

2. 一阶线性微分方程组的向量形式

由矩阵函数和向量函数的定义和性质可知,方程组(4.1)可以写成下面的形式:

$$X'=A(t)X+F(t). \tag{4.4}$$

现在我们给出方程组(4.4)的解的定义.

设 $A(t)$ 是区间 $a\leqslant t\leqslant b$ 上的连续 $n\times n$ 矩阵函数,$F(t)$ 是同一区间 $a\leqslant t\leqslant b$ 上的连续 n 维向量函数. 所谓方程组

$$X'=A(t)X+F(t)$$

在某区间 $\alpha \leqslant t \leqslant \beta([\alpha,\beta] \subset [a,b])$ 的解是指向量函数 $U(t)$，它的导数 $U'(t)$ 在区间 $\alpha \leqslant t \leqslant \beta$ 上连续且满足

$$U'(t) = A(t)U(t) + F(t), \alpha \leqslant t \leqslant \beta.$$

初值问题

$$\begin{cases} \boldsymbol{X}' = A(t)\boldsymbol{X} + F(t) \\ \boldsymbol{X}(t_0) = \eta \end{cases} \tag{4.5}$$

的解是指方程组(4.4)在包含 t_0 的区间 $\alpha \leqslant t \leqslant \beta$ 上的解 $U(t)$，且 $U(t_0) = \eta$.

3. 一阶线性微分方程组与高阶微分方程的关系

在第3章中，讨论了带有初始条件的 n 阶线性微分方程的解的问题. 现在我们进一步指出，将 n 阶线性微分方程或方程组的初值问题，都可以通过引入新的未知函数化为一个与之对应的一阶线性微分方程组的初值问题.

首先，我们考虑 n 阶线性微分方程的初值问题

$$\begin{cases} x^{(n)} + a_1(t)x^{(n-1)} + \cdots + a_{n-1}(t)x' + a_n(t)x = f(t), \\ x(t_0) = \eta_1, x'(t_0) = \eta_2, \cdots, x^{(n-1)}(t_0) = \eta_n, \end{cases} \tag{4.6}$$

其中，$a_1(t), a_2(t), \cdots, a_n(t), f(t)$ 是区间 $a \leqslant t \leqslant b$ 上的连续函数，$t_0 \in [a,b]$，$\eta_1, \eta_2, \cdots, \eta_n$ 是一组确定的常数. 令

$$x = x_1, x' = x_2, x'' = x_3, \cdots, x^{(n-1)} = x_n,$$

即

$$x = x_1, x_1' = x_2, x_2' = x_3, \cdots, x_{n-1}' = x_n,$$

则初值问题方程(4.6)可化为如下的一阶方程组的初值问题：

$$\begin{cases} x_1' = x_2, \\ x_2' = x_3, \\ \cdots\cdots \\ x_{n-1}' = x_n, \\ x_n' = -a_n(t)x_1 - a_{n-1}(t)x_2 - \cdots - a_1(t)x_n + f(t), \\ x_1(t_0) = \eta_1, x_2(t_0) = \eta_2, \cdots, x_n(t_0) = \eta_n, \end{cases} \tag{4.7}$$

或

$$\begin{cases} X' = \begin{pmatrix} 0 & 1 & 0 & \cdots & 0 \\ 0 & 0 & 1 & \cdots & 0 \\ \vdots & \vdots & \vdots & & \vdots \\ 0 & 0 & 0 & \cdots & 1 \\ -a_n(t) & -a_{n-1}(t) & -a_{n-2}(t) & \cdots & -a_1(t) \end{pmatrix} X + \begin{pmatrix} 0 \\ 0 \\ \vdots \\ 0 \\ f(t) \end{pmatrix}, \\ X(t_0) = \eta, \end{cases} \tag{4.8}$$

其中，$X = \begin{pmatrix} x_1 \\ x_2 \\ \vdots \\ x_n \end{pmatrix}, X' = \begin{pmatrix} x_1' \\ x_2' \\ \cdots \\ x_n' \end{pmatrix}, \eta = \begin{pmatrix} \eta_1 \\ \eta_2 \\ \vdots \\ \eta_n \end{pmatrix}$.

下面证明：若 $x=\varphi(t)$ 是方程(4.6)在$[a,b]$上的解，则函数组

$$x_1=\varphi(t),x_2=\varphi'(t),\cdots,x_n=\varphi^{(n-1)}(t) \tag{4.9}$$

也一定是方程(4.8)在$[a,b]$上的解.

事实上，由于 $x=\varphi(t)$ 是方程(4.6)在包含 t_0 的区间$[a,b]$上的解，因此 $\varphi'(t),\varphi''(t),\cdots,\varphi^{(n-1)}(t)$ 在$[a,b]$上存在、连续且满足初值问题(4.6). 令

$$\boldsymbol{\Phi}(t)=\begin{pmatrix}\varphi_1(t)\\ \varphi_2(t)\\ \vdots\\ \varphi_n(t)\end{pmatrix},$$

其中，$\varphi_1(t)=\varphi(t),\varphi_2(t)=\varphi'(t),\cdots,\varphi_n(t)=\varphi^{(n-1)}(t)(a\leqslant t\leqslant b)$. 则有

$$\boldsymbol{\Phi}(t_0)=\boldsymbol{\eta},$$

且

$$\boldsymbol{\Phi}'(t)=\begin{pmatrix}\varphi'(t)\\ \varphi''(t)\\ \vdots\\ \varphi^{(n)}(t)\end{pmatrix}=\begin{pmatrix}\varphi_2(t)\\ \varphi_3(t)\\ \vdots\\ \varphi_n(t)\\ -a_1(t)\varphi^{(n-1)}(t)-\cdots-a_n(t)\varphi(t)+f(t)\end{pmatrix}$$

$$=\begin{pmatrix}\varphi_2(t)\\ \varphi_3(t)\\ \vdots\\ \varphi_n(t)\\ -a_n(t)\varphi_1(t)-\cdots-a_1(t)\varphi_n(t)+f(t)\end{pmatrix}$$

$$=\begin{pmatrix}0&1&0&\cdots&0\\ 0&0&1&\cdots&0\\ \vdots&\vdots&\vdots&&\vdots\\ 0&0&0&\cdots&1\\ -a_n(t)&-a_{n-1}(t)&-a_{n-2}(t)&\cdots&-a_1(t)\end{pmatrix}\begin{pmatrix}\varphi_1(t)\\ \varphi_2(t)\\ \vdots\\ \varphi_{n-1}(t)\\ \varphi_n(t)\end{pmatrix}+\begin{pmatrix}0\\ 0\\ \vdots\\ 0\\ f(t)\end{pmatrix},$$

所以函数组(4.9)即向量 $\boldsymbol{\Phi}(t)$ 是方程(4.8)的解.

反之，假设向量 $\boldsymbol{U}(t)$ 是在包含 t_0 的区间$[a,b]$上方程(4.8)的解，令

$$\boldsymbol{U}(t)=\begin{pmatrix}u_1(t)\\ u_2(t)\\ \vdots\\ u_n(t)\end{pmatrix},$$

定义函数 $v(t)=u_1(t)$，则由方程(4.8)的第一个方程知 $v'(t)=u_1'(t)=u_2(t)$，由第二个方程知 $v''(t)=u_2'(t)=u_3(t),\cdots$，由第 $n-1$ 个方程知 $v^{(n-1)}(t)=u_{n-1}'(t)=u_n(t)$，由第 n 个方程知

$$\begin{aligned}v^{(n)}(t) &= u_n'(t) \\ &= -a_n(t)u_1(t) - a_{n-1}(t)u_2(t) - \cdots - a_2(t)u_{n-1}(t) - a_1(t)u_n(t) + f(t) \\ &= -a_1(t)v^{(n-1)}(t) - a_2(t)v^{(n-2)}(t) - \cdots - a_n(t)v(t) + f(t),\end{aligned}$$

故

$$v^{(n)}(t) + a_1(t)v^{(n-1)}(t) + a_2(t)v^{(n-2)}(t) + \cdots + a_n(t)v(t) = f(t),$$

且

$$v(t_0) = u_1(t_0) = \eta_1, \cdots, v^{(n-1)}(t_0) = u_n(t_0) = \eta_n.$$

因此 $v(t)$ 是初值问题方程(4.6)的解.

总之,若函数 $x = \varphi(t)$ 是 n 阶方程的初值问题方程(4.6)在区间 $[a,b]$ 上的解,则函数组

$$x_1 = \varphi(t), x_2 = \varphi'(t), \cdots, x_n = \varphi^{(n-1)}(t)$$

是一阶方程组的初值问题方程(4.8)在区间 $[a,b]$ 上的解;反之,若函数组

$$x_1 = \varphi_1(t), x_2 = \varphi_2(t), \cdots, x_n = \varphi_n(t)$$

是方程(4.8)在区间 $[a,b]$ 上的解,则 $x = \varphi_1(t)$ 就是方程(4.6)在区间 $[a,b]$ 上的解. 我们就说初值问题方程(4.6)与方程(4.8)在下面的意义下是等价的:给定其中一个初值问题的解,可以构造另一个初值问题的解.

最后应指出,一个 n 阶方程一定可以化成一个与它等价的一阶方程组,反过来,一个一阶方程组未必都能化成一个与它等价的 n 阶方程. 例如,方程组

$$\boldsymbol{X}' = \begin{pmatrix} 1 & 0 & 0 & \cdots & 0 \\ 0 & 1 & 0 & \cdots & 0 \\ 0 & 0 & 1 & \cdots & 0 \\ \vdots & \vdots & \vdots & & \vdots \\ 0 & 0 & 0 & \cdots & 1 \end{pmatrix} \boldsymbol{X}, \boldsymbol{X} = \begin{pmatrix} x_1 \\ x_2 \\ \vdots \\ x_n \end{pmatrix}$$

就不能化成一个与它等价的 n 阶方程.

下面我们来研究线性微分方程组解的存在唯一性. 为此,先给出相关概念.

对于 $n \times n$ 矩阵 $A = (a_{ij})_{n\times n}$ 和 n 维向量 $X = (x_1, x_2, \cdots, x_n)^T$,定义它们的**范数**为

$$\|A\| = \sum_{i,j=1}^{n} |a_{ij}|, \|X\| = \sum_{i=1}^{n} |x_i|.$$

设 $\boldsymbol{A}, \boldsymbol{B}$ 是 $n \times n$ 矩阵,$\boldsymbol{X}, \boldsymbol{Y}$ 是 n 维向量,容易验证以下性质:

1. $\|\boldsymbol{X}\| \geqslant 0$,且 $\|\boldsymbol{X}\| = 0$ 当且仅当 $X = 0$(即 X 为零向量);
2. $\|\boldsymbol{AB}\| \leqslant \|\boldsymbol{A}\| \cdot \|\boldsymbol{B}\|$,$\|\boldsymbol{AX}\| \leqslant \|\boldsymbol{A}\| \cdot \|\boldsymbol{X}\|$;
3. $\|\boldsymbol{A} + \boldsymbol{B}\| \leqslant \|\boldsymbol{A}\| + \|\boldsymbol{B}\|$,$\|\boldsymbol{X} + \boldsymbol{Y}\| \leqslant \|\boldsymbol{X}\| + \|\boldsymbol{Y}\|$;
4. 对任意常数 α,有 $\|\alpha\boldsymbol{Y}\| = |\alpha| \cdot \|\boldsymbol{Y}\|$,$\|\alpha\boldsymbol{A}\| = |\alpha| \cdot \|\boldsymbol{A}\|$;
5. $\left\|\int_{x_0}^{x} F(s)\mathrm{d}s\right\| \leqslant \left|\int_{x_0}^{x} \|F(s)\|\mathrm{d}s\right|$.

定义了 n 维向量的范数之后,我们可以定义收敛的概念.

向量序列 $\{X_k\}$,$X_k = (x_{1k}, x_{2k}, \cdots, x_{nk})^T$ 称为是**收敛的**,如果对每一个 $i(i = 1,2,\cdots,n)$,数列 $\{x_{ik}\}$ 都是收敛的.

向量函数序列$\{\boldsymbol{X}_k(t)\}$，$\boldsymbol{X}_k(t)=(x_{1k}(t),x_{2k}(t),\cdots,x_{nk}(t))^T$ 称为在区间 $a\leqslant t\leqslant b$ **收敛的(一致收敛的)**，如果对每一个 $i(i=1,2,\cdots,n)$，数列$\{x_{ik}(t)\}$都是收敛的(一致收敛的).

向量函数级数$\sum\limits_{k=1}^{\infty}\boldsymbol{X}_k(t)$称为在区间 $a\leqslant t\leqslant b$ 上是**收敛的(一致收敛的)**，如果其部分和构成的向量函数序列在区间 $a\leqslant t\leqslant b$ 上是收敛的(一致收敛的).

判断向量函数级数$\sum\limits_{k=1}^{\infty}\boldsymbol{X}_k(t)$的一致收敛性可以应用以下判别法：

维尔斯特拉斯判别法：若向量函数级数$\sum\limits_{k=1}^{\infty}\boldsymbol{X}_k(t)$的每一项 $X_k(t)$，有

$$\|\boldsymbol{X}_k(t)\|\leqslant M_k,a\leqslant t\leqslant b,$$

而数项级数$\sum\limits_{k=1}^{\infty}M_k$是收敛的，则$\sum\limits_{k=1}^{\infty}\boldsymbol{X}_k(t)$在 $a\leqslant t\leqslant b$ 上是一致收敛的.

若对 n 维向量函数 $F(x)$ 有

$$\lim_{x\to x_0}\|F(x)-F(x_0)\|=0,$$

则称 $F(x)$ 在 x_0 连续.

完全类似于第 2 章 2.5 节，我们有如下的关于初值问题(4.5)的解的存在唯一性定理.

定理 4.1　(存在唯一性定理)

如果 $A(t)$ 是 $n\times n$ 矩阵，$F(t)$ 是 n 维列向量，它们都在区间 $a\leqslant t\leqslant b$ 上连续，则对于区间 $a\leqslant t\leqslant b$ 上的任何数 t_0 及任一 n 维常数列向量 η，则初值问题

$$\begin{cases}\boldsymbol{X}'=A(t)\boldsymbol{X}+F(t),\\ \boldsymbol{X}(t_0)=\eta,\end{cases}\tag{4.5}$$

在区间 $a\leqslant t\leqslant b$ 上存在唯一解 $X=\varphi(t)$.

这个定理的证明过程与第 2 章 2.5 节中解的存在唯一性定理的证明完全类似，只需将那里的函数 $f(x,y)$ 换成 n 维向量函数 $A(t)\boldsymbol{X}+F(t)$，函数的绝对值换成向量函数的范数，逐步逼近函数序列$\{\varphi_n(t)\}$换成逐步逼近 n 维向量函数序列$\{\varphi_n(t)\}$. 下面分成五个命题来证明.

命题 1*　设 $\boldsymbol{X}=\varphi(t)$ 是初值问题方程(4.5)的定义于区间 $a\leqslant t\leqslant b$ 上的解，则 $\boldsymbol{X}=\varphi(t)$ 是积分方程

$$\boldsymbol{X}(t)=\eta+\int_{t_0}^{t}[A(s)X(s)+F(s)]\mathrm{d}s,a\leqslant t\leqslant b\tag{4.10}$$

的定义在区间 $a\leqslant t\leqslant b$ 上的连续解. 反之亦然.

跟第 2 章类似，我们构造向量函数序列$\{\varphi_n(t)\}$：

$$\begin{cases}\varphi_0(t)=\eta,\\ \varphi_n(t)=\eta+\int_{t_0}^{t}[A(s)\varphi_{n-1}(s)+F(s)]\mathrm{d}s(n=1,2,\cdots),\end{cases}\quad a\leqslant t\leqslant b,\tag{4.11}$$

构造的向量函数 $\varphi_n(t)$ 称为方程(4.5)的第 n 次近似解.

命题 2* 对每一个 n,向量函数 $\varphi_n(t)$ 在区间 $a \leqslant t \leqslant b$ 上有定义且连续.

命题 3* 向量函数序列 $\{\varphi_n(t)\}$ 在区间 $a \leqslant t \leqslant b$ 上一致收敛.

证明:只需证明向量函数级数

$$\varphi_0(t)+[\varphi_1(t)-\varphi_0(t)]+\cdots+[\varphi_n(t)-\varphi_{n-1}(t)]+\cdots \tag{4.12}$$

在 $a \leqslant t \leqslant b$ 上一致收敛.

由于 $A(t)$ 与 $F(t)$ 都在闭区间 $a \leqslant t \leqslant b$ 上连续,所以 $\|A(t)\|$ 与 $\|F(t)\|$ 都在区间 $a \leqslant t \leqslant b$ 上有界.不妨令

$$\|A(t)\| \leqslant L, \|F(t)\| \leqslant N, a \leqslant t \leqslant b,$$

这里取 $M = L\|\eta\| + N$.

下面证明序列 $\{\varphi_n(t)\}$ 在区间 $t_0 \leqslant t \leqslant b$ 上一致收敛,在区间 $a \leqslant t \leqslant t_0$ 上的一致收敛可以类似地加以证明.

$$\begin{aligned}\|\varphi_1(t)-\varphi_0(t)\| &\leqslant \int_{t_0}^{t} \|A(s)\varphi_0(s)+F(s)\| \mathrm{d}s \leqslant \int_{t_0}^{t} \left[\|A(s)\varphi_0(s)\|+\|F(s)\|\right] \mathrm{d}s \\ &\leqslant \int_{t_0}^{t} \left[L\|\eta\|+N\right] \mathrm{d}s = M(t-t_0),\end{aligned}$$

$$\|\varphi_2(t)-\varphi_1(t)\| \leqslant \int_{t_0}^{t} \|A(s)[\varphi_1(s)-\varphi_0(s)]\| \mathrm{d}s \leqslant L\int_{t_0}^{t} M(s-t_0)\mathrm{d}s \leqslant \frac{ML}{2!}(t-t_0)^2.$$

假设

$$\|\varphi_n(t)-\varphi_{n-1}(t)\| \leqslant \frac{ML^{n-1}}{n!}(t-t_0)^n$$

成立,则由方程(4.11)有

$$\|\varphi_{n+1}(t)-\varphi_n(t)\| \leqslant \int_{t_0}^{t} \|A(s)[\varphi_n(s)-\varphi_{n-1}(s)]\| \mathrm{d}s \leqslant \frac{ML^n}{(n+1)!}(t-t_0)^{n+1}.$$

故用数学归纳法可得对于所有的 n,有如下的估计式:

$$\|\varphi_n(t)-\varphi_{n-1}(t)\| \leqslant \frac{ML^{n-1}}{n!}(t-t_0)^n, t_0 \leqslant t \leqslant b.$$

因此,当 $t_0 \leqslant t \leqslant b$ 时,都有

$$\|\varphi_n(t)-\varphi_{n-1}(t)\| \leqslant \frac{ML^{n-1}}{n!}(b-t_0)^n.$$

而上式右端是正项收敛级数

$$\sum_{n=1}^{\infty} \frac{ML^{n-1}}{n!}(b-t_0)^n$$

的一般项.于是,由向量函数级数一致收敛的维尔斯特拉斯判别法就证明了级数方程(4.12)在区间 $t_0 \leqslant t \leqslant b$ 是一致收敛的,因而向量函数序列 $\{\varphi_n(t)\}$ 也在区间 $t_0 \leqslant t \leqslant b$ 上一致收敛.

命题 4* 设 $\lim\limits_{n\to+\infty} \varphi_n(t) = \varphi(t)$,则 $\varphi(t)$ 是积分方程(4.10)在 $a \leqslant t \leqslant b$ 上的连续解.

证明:事实上,因为 $\varphi(t)$ 是 $\varphi_n(t)$ 的一致收敛极限,$\varphi_n(t)$ 在 $a \leqslant t \leqslant b$ 上连续,所以 $\varphi(t)$ 也在 $a \leqslant t \leqslant b$ 上连续.

由于$\{\varphi_n(t)\}$在区间$a\leqslant t\leqslant b$上一致收敛于$\varphi(t)$及由$A(t)$的连续性，我们可知序列$\{A(s)\varphi_n(s)\}$也在区间$a\leqslant t\leqslant b$上一致收敛于$A(s)\varphi(s)$. 然后对关系式

$$\varphi_n(t)=\eta+\int_{t_0}^{t}[A(s)\varphi_{n-1}(s)+F(s)]\mathrm{d}s$$

两端取极限，即得

$$\varphi(t)=\eta+\int_{t_0}^{t}[A(s)\varphi(s)+F(s)]\mathrm{d}s,$$

故$\varphi(t)$是积分方程(4.10)在$a\leqslant t\leqslant b$上的连续解.

命题 5* 设$\psi(t)$是积分方程(4.10)在$a\leqslant t\leqslant b$上的另一个连续解，则$\varphi(t)=\psi(t)$.

证明：只需证明$\psi(t)$也是序列$\{\varphi_n(t)\}$在$a\leqslant t\leqslant b$上的极限函数. 根据方程(4.11)与

$$\psi(t)=\eta+\int_{t_0}^{t}[A(s)\psi(s)+F(s)]\mathrm{d}s,$$

用类似于命题 3 的办法可得到估计

$$\|\varphi_n(t)-\psi(t)\|\leqslant\frac{ML^n}{(n+1)!}(t-t_0)^{n+1},t_0\leqslant t\leqslant b,$$

因此在$t_0\leqslant t\leqslant b$上有

$$\|\varphi_n(t)-\psi(t)\|\leqslant\frac{ML^n}{(n+1)!}(b-t_0)^{n+1}.$$

再由数项级数$\sum\limits_{n=0}^{\infty}\frac{ML^n}{(n+1)!}(b-t_0)^{n+1}$是收敛的，可知当$n\to\infty$时$\frac{ML^n}{(n+1)!}(b-t_0)^{n+1}\to 0$，因而$\varphi_n(t)$在$t_0\leqslant t\leqslant b$上一致收敛于$\psi(t)$. 根据极限的唯一性知，

$$\varphi(t)=\psi(t).$$

在$a\leqslant t\leqslant t_0$上，可以类似地证明.

4.1.2　齐线性方程组通解的结构

形如

$$X'=A(t)X+F(t) \tag{4.13}$$

的方程组称为**一阶线性方程组**，这里$A(t)$是在区间$a\leqslant t\leqslant b$上的$n\times n$连续矩阵，$F(t)$是在区间$a\leqslant t\leqslant b$上的n维连续列向量.

当$F(t)\neq 0$时，方程组(4.13)称为一阶非齐线性方程组.

当$F(t)=0$时方程组的形式为

$$X'=A(t)X. \tag{4.14}$$

式(4.14)称为**一阶齐线性方程组**. 下面主要研究方程组(4.14)的解的结构问题.

1. 叠加原理

定理 4.2　如果$X_1(t),X_2(t),\cdots,X_m(t)$是方程组(4.14)在$a\leqslant t\leqslant b$上的$m$个解，则它们的线性组合$c_1X_1(t)+c_2X_2(t)+\cdots+c_mX_m(t)$也是式(4.14)的解，其中$c_1,c_2,\cdots,c_m$是任意常数.

证明:由于 $X_1(t),X_2(t),\cdots,X_m(t)$ 是方程组(4.14)的 m 个解,所以

$$X_i'(t)=A(t)X_i(t)(i=1,2,\cdots,m).$$

由向量函数与矩阵函数的微分法则,得

$$\begin{aligned}[c_1X_1(t)+c_2X_2(t)+\cdots+c_mX_m(t)]' &= c_1X_1'(t)+c_2X_2'(t)+\cdots+c_mX_m'(t)\\ &= c_1A(t)X_1(t)+c_2A(t)X_2(t)+\cdots+c_mA(t)X_m(t)\\ &= A(t)[c_1X_1(t)+c_2X_2(t)+\cdots+c_mX_m(t)],\end{aligned}$$

故 $c_1X_1(t)+c_2X_2(t)+\cdots+c_mX_m(t)$ 是方程(4.14)的解.

定理 4.2 说明,方程组(4.14)的所有解构成一个线性空间,称为方程组(4.14)的**解空间**.这个空间的维数是多少?为了弄清方程组(4.14)的通解结构,先给出向量函数组

$$X_1(t),X_2(t),\cdots,X_m(t)$$

在区间 $a\leqslant t\leqslant b$ 上线性相关和线性无关的概念.

2. 向量函数组的线性相关和线性无关

设定义在区间 $a\leqslant t\leqslant b$ 上的一组 n 维向量函数 $X_1(t),X_2(t),\cdots,X_m(t)$,如果存在一组不全为零的常数 $c_1,c_2,\cdots,c_m$,使得恒等式

$$c_1X_1(t)+c_2X_2(t)+\cdots+c_mX_m(t)\equiv 0,a\leqslant t\leqslant b \tag{4.15}$$

成立,就称 $X_1(t),X_2(t),\cdots,X_m(t)$ 在 $a\leqslant t\leqslant b$ 上**线性相关**的;否则,就称 $X_1(t),X_2(t),\cdots,X_m(t)$ 在 $a\leqslant t\leqslant b$ 上**线性无关**的.

例 4.1 向量函数组

$$X_1(t)=\begin{pmatrix}\sin^2t\\0\\\vdots\\0\end{pmatrix},X_2(t)=\begin{pmatrix}\cos^2t\\0\\\vdots\\0\end{pmatrix},X_3(t)=\begin{pmatrix}\cos2t\\0\\\vdots\\0\end{pmatrix}$$

在任何区间上是线性相关的.

事实上,只要取 $c_1=-1,c_2=1,c_3=1$,在任何区间上恒等式(4.15)成立.

例 4.2 对于任何整数 $k>0$,$k+1$ 个 n 维向量函数

$$X_1(t)=\begin{pmatrix}1\\0\\0\\\vdots\\0\end{pmatrix},X_2(t)=\begin{pmatrix}t\\0\\0\\\vdots\\0\end{pmatrix},\cdots,X_{k+1}(t)=\begin{pmatrix}t^k\\0\\0\\\vdots\\0\end{pmatrix}$$

在任何区间上是线性无关的.

为了判断向量函数组的线性相关性,和第 3 章一样,引进朗斯基行列式的概念.

设有 n 个定义在 $a\leqslant t\leqslant b$ 上的向量函数

$$X_1(t)=\begin{pmatrix}x_{11}(t)\\x_{21}(t)\\\vdots\\x_{n1}(t)\end{pmatrix},X_2(t)=\begin{pmatrix}x_{12}(t)\\x_{22}(t)\\\vdots\\x_{n2}(t)\end{pmatrix},\cdots,X_n(t)=\begin{pmatrix}x_{1n}(t)\\x_{2n}(t)\\\vdots\\x_{nn}(t)\end{pmatrix}, \tag{4.16}$$

称这 n 个向量函数构成的行列式

$$W[X_1(t),X_2(t),\cdots,X_n(t)]=W(t)=\begin{vmatrix} x_{11}(t) & x_{12}(t) & \cdots & x_{1n}(t) \\ x_{21}(t) & x_{22}(t) & \cdots & x_{2n}(t) \\ \vdots & \vdots & & \vdots \\ x_{n1}(t) & x_{n2}(t) & \cdots & x_{nn}(t) \end{vmatrix}$$

为**向量函数组(4.16)的朗斯基行列式.**

定理 4.3　若向量函数组 $X_1(t),X_2(t),\cdots,X_n(t)$ 在区间 $a\leqslant t\leqslant b$ 上线性相关,则它的朗斯基行列式 $W(t)\equiv 0(a\leqslant t\leqslant b)$.

证明:若向量函数组 $X_1(t),X_2(t),\cdots,X_n(t)$ 在区间 $a\leqslant t\leqslant b$ 上线性相关,则存在一组不全为零的常数 $c_1,c_2,\cdots,c_n$,使得

$$c_1X_1(t)+c_2X_2(t)+\cdots+c_nX_n(t)=0,a\leqslant t\leqslant b.$$

写成纯量形式为

$$\begin{cases} c_1x_{11}(t)+c_2x_{12}(t)+\cdots+c_nx_{1n}(t)=0, \\ c_1x_{21}(t)+c_2x_{22}(t)+\cdots+c_nx_{2n}(t)=0, \\ \qquad\vdots \\ c_1x_{n1}(t)+c_2x_{n2}(t)+\cdots+c_nx_{nn}(t)=0, \end{cases}\quad a\leqslant t\leqslant b,$$

这是以 $c_1,c_2,\cdots,c_n$ 为未知量的齐次线性方程组,系数矩阵的行列式就是 $X_1(t),X_2(t),\cdots,X_n(t)$ 的朗斯基行列式.因为此方程组存在非零解 $c_1,c_2,\cdots,c_n$,所以它的系数矩阵的行列式应为零,即 $W(t)\equiv 0(a\leqslant t\leqslant b)$.

注:定理 4.3 的逆不一定成立,例如

$$X_1(t)=\begin{pmatrix} t \\ 0 \end{pmatrix},X_2(t)=\begin{pmatrix} t^2 \\ 0 \end{pmatrix}$$

的朗斯基行列式

$$W(t)=\begin{vmatrix} t & t^2 \\ 0 & 0 \end{vmatrix}\equiv 0$$

但它在任何区间上是线性无关的.

如果我们讨论的向量函数组 $X_1(t),X_2(t),\cdots,X_n(t)$ 是方程组(4.14)的解,那么又有下面的定理.

定理 4.4　设方程组(4.14)的解 $X_1(t),X_2(t),\cdots,X_n(t)$ 线性无关,那么它们的朗斯基行列式 $W(t)$ 恒不为零,即 $W(t)\neq 0,a\leqslant t\leqslant b$.

证明:应用反证法.假设存在一点 $t_0\in[a,b]$,使得 $W(t_0)=0$,考虑以 $c_1,c_2,\cdots,c_n$ 为未知量,以 $W(t_0)$ 为系数矩阵的行列式的齐次线性方程组

$$c_1X_1(t_0)+c_2X_2(t_0)+\cdots+c_nX_n(t_0)=0,\tag{4.17}$$

由于 $W(t_0)=0$,故方程组(4.17)存在非零解 $\bar{c}_1,\bar{c}_2,\cdots,\bar{c}_n$,即

$$\bar{c}_1X_1(t_0)+\bar{c}_2X_2(t_0)+\cdots+\bar{c}_nX_n(t_0)=0.$$

下面考虑向量函数

$$\bar{X}(t)=\bar{c}_1X_1(t)+\bar{c}_2X_2(t)+\cdots+\bar{c}_nX_n(t), \tag{4.18}$$

根据定理 4.2(即解的叠加原理) 知，$\bar{X}(t)$ 是方程组(4.14) 的解，且满足初始条件 $\bar{X}(t_0)=0$. 又由于$\widetilde{X}(t)\equiv 0$ 也是方程组(4.14) 的解，且满足初始条件$\widetilde{X}(t_0)=0$. 由解的唯一性知

$$\bar{X}(t)=\widetilde{X}(t)\equiv 0$$

即

$$\bar{c}_1X_1(t)+\bar{c}_2X_2(t)+\cdots+\bar{c}_nX_n(t)=0,\quad a\leqslant t\leqslant b.$$

因为$\bar{c}_1,\bar{c}_2,\cdots,\bar{c}_n$ 是不全为零的常数，这与已知 $X_1(t),X_2(t),\cdots,X_n(t)$ 线性无关矛盾. 所以假设错误，故 $W(t)\neq 0,a\leqslant t\leqslant b$.

从上面两个定理知，方程组(4.14) 的 n 解 $X_1(t),X_2(t),\cdots,X_n(t)$ 的朗斯基行列式 $W(t)$ 在区间 $a\leqslant t\leqslant b$ 上要么恒为零，要么恒不为零.

3. 齐线性方程组的通解结构

定理 4.5 齐线性方程组(4.14) 一定存在 n 个线性无关的解 $X_1(t),X_2(t),\cdots,X_n(t)$.

证明: 任取 $t_0\in[a,b]$，由解的存在唯一性定理知，方程组(4.14) 一定存在分别满足初始条件

$$X_1(t_0)=\begin{pmatrix}1\\0\\\vdots\\0\end{pmatrix},X_2(t_0)=\begin{pmatrix}0\\1\\\vdots\\0\end{pmatrix},\cdots,X_n(t_0)=\begin{pmatrix}0\\0\\\vdots\\1\end{pmatrix}$$

的 n 个解 $X_1(t),X_2(t),\cdots,X_n(t)$，而这 n 个解的朗斯基行列式在 t_0 的值是 $W(t_0)=1\neq 0$，故根据定理 4.3，$X_1(t),X_2(t),\cdots,X_n(t)$ 是方程组(4.14) 在 $a\leqslant t\leqslant b$ 上的 n 个线性无关的解.

定理 4.6 若向量函数组 $X_1(t),X_2(t),\cdots,X_n(t)$ 是方程组(4.14) 的 n 个线性无关的解，则其线性组合

$$X(t)=c_1X_1(t)+c_2X_2(t)+\cdots+c_nX_n(t) \tag{4.19}$$

是方程组(4.14) 的通解，且通解包含了方程组(4.14) 的一切解，其中 $c_1,c_2,\cdots,c_n$ 为 n 个任意常数.

证明: 首先，由解的叠加原理知式(4.19) 是方程组(4.14) 的通解.

其次，要证明方程组(4.14) 的任一给定解 $X(t)$ 均可表为式(4.19) 的形式，其中 c_1，$c_2,\cdots,c_n$ 为一组确定的常数. 任取 $t_0\in[a,b]$，令

$$X(t_0)=\begin{pmatrix}x_{10}\\x_{20}\\\vdots\\x_{n0}\end{pmatrix} \tag{4.20}$$

考虑方程组

$$X(t_0)=c_1X_1(t_0)+c_2X_2(t_0)+\cdots+c_nX_n(t_0) \tag{4.21}$$

把方程组(4.21)看作以 $c_1,c_2,\cdots,c_n$ 为未知量的线性代数方程组，即

$$\begin{cases}c_1x_{11}(t_0)+c_2x_{12}(t_0)+\cdots+c_nx_{1n}(t_0)=x_{10},\\ c_1x_{21}(t_0)+c_2x_{22}(t_0)+\cdots+c_nx_{2n}(t_0)=x_{20},\\ \qquad\vdots\\ c_1x_{n1}(t_0)+c_2x_{n2}(t_0)+\cdots+c_nx_{nn}(t_0)=x_{n0},\end{cases}$$

这个方程组的系数行列式就是 $W(t_0)$. 因为 $X_1(t),X_2(t),\cdots,X_n(t)$ 是线性无关的，所以 $W(t_0)\neq 0$. 于是上述线性方程组有唯一解 $\bar{c}_1,\bar{c}_2,\cdots,\bar{c}_n$，由解的叠加原理得到，向量函数

$$\bar{X}(t)=\bar{c}_1X_1(t)+\bar{c}_2X_2(t)+\cdots+\bar{c}_nX_n(t)$$

是方程组(4.14)的解. 考虑方程组(4.21)，可知方程组(4.14)的两个解 $X(t)$ 与 $\bar{X}(t)$ 满足同一初始条件式(4.20)，由解的唯一性，得到

$$X(t)=\bar{c}_1X_1(t)+\bar{c}_2X_2(t)+\cdots+\bar{c}_nX_n(t).$$

这就证明了通解(4.19)包含了方程组(4.14)的一切解.

推论 4.1 方程组(4.14)的线性无关的解的最大个数等于 n.

我们把齐线性方程组(4.14)的 n 个线性无关解 $X_1(t),X_2(t),\cdots,X_n(t)$ 称为方程组(4.14)的**一个基本解组**.

由此可见，从方程组的解的性质及上述推论，证明了齐线性方程组(4.14)的解的全体构成一个 **n 维线性空间**.

定理 4.7 (刘维尔公式) 如果 $X_1(t),X_2(t),\cdots,X_n(t)$ 是齐次方程组(4.14)的 n 个解，则这 n 个解的朗斯基行列式与方程组的系数有如下关系式：

$$W(t)=W(t_0)e^{\int_{t_0}^{t}[a_{11}(t)+\cdots+a_{nn}(t)]dt}, \tag{4.22}$$

这里 $\sum\limits_{k=1}^{n}a_{kk}(t)$ 称为方阵 A 的迹，记为 $\mathrm{tr}A$；$t,t_0\in[a,b]$.

我们在 4.1.1 中已讨论了 n 阶线性微分方程的初值问题与一阶线性微分方程组的初值问题的等价性，本节的所有定理都可以平行地推到 n 阶线性微分方程中.

下面我们把以上的定理写成矩阵的形式. 为此，先给出定义：

如果一个 $n\times n$ 矩阵的每一列都是方程组(4.14)的解，就称这个矩阵为方程组(4.14)的**解矩阵**. 它的 n 列在 $a\leqslant t\leqslant b$ 上是线性无关的解矩阵称为在 $a\leqslant t\leqslant b$ 上方程组(4.14)的**基解矩阵**.

设 $X_1(t),X_2(t),\cdots,X_n(t)$ 为方程组(4.14)的 n 个线性无关的解，我们把它们作为列构成的基解矩阵，用 $\Phi(t)$ 来表示，即 $\Phi(t)=(X_1(t),X_2(t),\cdots,X_n(t))$.

定理 4.5 与定理 4.6 就可以应用上述的定义重新表述如下：

定理 4.8 方程组(4.14)一定存在一个基解矩阵 $\Phi(t)$. 如果 $\psi(t)$ 是方程组(4.14)的

任一解,那么有

$$\psi(t)=\Phi(t)c$$

这里 c 是确定的 n 维常数列向量.

从定理 4.8 可以发现,若求出方程组(4.14)的一个基解矩阵,就能求出方程组(4.14)的任一解. 但如果求出了方程组(4.14)的一个解矩阵,如何验证它是不是基解矩阵呢?这可以从定理 4.3 与定理 4.4 得到答案,现在把它重新表述如下:

定理 4.9　方程组(4.14)的一个解矩阵 $\Phi(t)$ 是基解矩阵的充要条件是 $\det\Phi(t)\neq 0$ $(a\leqslant t\leqslant b)$,并且若对某一个 $t_0\in[a,b]$,有 $\det\Phi(t_0)\neq 0$,则 $\det\Phi(t)\neq 0(a\leqslant t\leqslant b)$.

例 4.3　试验证

$$\Phi(t)=\begin{pmatrix} e^{-t} & e^{5t} \\ -e^{-t} & 2e^{5t}\end{pmatrix}$$

是方程组

$$X'=\begin{pmatrix} 1 & 2 \\ 4 & 3\end{pmatrix}X$$

的基解矩阵.

证明:首先,我们证明 $\Phi(t)$ 是解矩阵. 令 $X_1(t)=\begin{pmatrix} e^{-t} \\ -e^{-t}\end{pmatrix}$, $X_2(t)=\begin{pmatrix} e^{5t} \\ 2e^{5t}\end{pmatrix}$.

因为

$$X_1'(t)=\begin{pmatrix} -e^{-t} \\ e^{-t}\end{pmatrix}=\begin{pmatrix} 1 & 2 \\ 4 & 3\end{pmatrix}\begin{pmatrix} e^{-t} \\ -e^{-t}\end{pmatrix}=\begin{pmatrix} 1 & 2 \\ 4 & 3\end{pmatrix}X_1(t),$$

$$X_2'(t)=\begin{pmatrix} 5e^{5t} \\ 10e^{5t}\end{pmatrix}=\begin{pmatrix} 1 & 2 \\ 4 & 3\end{pmatrix}\begin{pmatrix} e^{5t} \\ 2e^{5t}\end{pmatrix}=\begin{pmatrix} 1 & 2 \\ 4 & 3\end{pmatrix}X_2(t),$$

所以 $X_1(t)$ 与 $X_2(t)$ 都是方程组的解,$\Phi(t)=(X_1(t),X_2(t))$ 是解矩阵.

其次,因为 $\det\Phi(t)=3e^{4t}\neq 0$,所以 $\Phi(t)$ 是基解矩阵.

从定理 4.8 与定理 4.9 得到下面的推论.

推论 4.2　如果 $\Phi(t)$ 是方程组(4.14)在区间 $a\leqslant t\leqslant b$ 上的基解矩阵,C 是可逆的 $n\times n$ 常数矩阵,那么 $\Psi(t)=\Phi(t)C$ 也是方程组(4.14)在区间 $a\leqslant t\leqslant b$ 上的基解矩阵.

证明:首先,证明 $\Psi(t)$ 是解矩阵,因为

$$\Psi'(t)=\Phi'(t)C=A(t)\Phi(t)C=A(t)\Psi(t),$$

所以 $\Psi(t)$ 是方程组(4.14)的解矩阵.

其次,

$$\det\Psi(t)=\det\Phi(t)\cdot\det C\neq 0, a\leqslant t\leqslant b$$

因此 $\Psi(t)=\Phi(t)C$ 是方程组(4.14)的基解矩阵.

推论 4.3　如果 $\Phi(t)$ 与 $\Psi(t)$ 是方程组(4.14)在区间 $a\leqslant t\leqslant b$ 上的两个基解矩阵,那么存在可逆的 $n\times n$ 常数矩阵 C,使得在区间 $a\leqslant t\leqslant b$ 上 $\Psi(t)=\Phi(t)C$.

证明:假设 $\Psi(t)=\Phi(t)X(t)$,只要证明 $X(t)$ 为 $n\times n$ 常数矩阵即可.

因为 $\Psi(t)$ 是解矩阵,所以

$$\Psi'(t)=A(t)\Psi(t)=A(t)\Phi(t)X(t).$$

又因为 $\Phi(t)$ 是解矩阵,所以

$$\Psi'(t)=(\Phi(t)X(t))'=\Phi'(t)X(t)+\Phi(t)X'(t)=A(t)\Phi(t)X(t)+\Phi(t)X'(t)$$

故

$$\Phi(t)X'(t)=0$$

两边左乘 $\Phi^{-1}(t)$,得 $X'(t)=0(a\leqslant t\leqslant b)$,即 $X(t)$ 为 $n\times n$ 常数矩阵. 证毕.

注:推论 4.2 说明,若方程组(4.14) 存在基解矩阵,则方程组(4.14) 的基解矩阵是不唯一的.

4.1.3　非齐线性方程组通解的结构与常数变易公式

有了上节齐线性方程组

$$X'=A(t)X \tag{4.14}$$

的一般理论,本节就可以研究非齐线性方程组

$$X'=A(t)X+F(t) \tag{4.13}$$

的通解结构. 这里 $A(t)$ 是区间 $a\leqslant t\leqslant b$ 上的已知 $n\times n$ 连续矩阵,$F(t)$ 是区间 $a\leqslant t\leqslant b$ 上的已知 n 维连续列向量.

1. 两个性质

性质 4.1　设 $\bar{X}(t)$ 是方程组(4.13) 的解,$X_0(t)$ 是方程组(4.13) 对应的齐线性微分方程组(4.14) 的解,则 $\bar{X}(t)+X_0(t)$ 是方程组(4.13) 的解.

证明:由已知得

$$\bar{X}'(t)=A(t)\bar{X}(t)+F(t),$$
$$X_0'(t)=A(t)X_0(t),$$

于是有

$$\begin{aligned}(\bar{X}(t)+X_0(t))'&=\bar{X}'(t)+X_0'(t)=A(t)\bar{X}(t)+F(t)+A(t)X_0(t)\\&=A(t)(\bar{X}(t)+X_0(t))+F(t),\end{aligned}$$

因此,$\bar{X}(t)+X_0(t)$ 是方程组(4.13) 的解.

性质 4.2　设 $X_1(t)$ 和 $X_2(t)$ 是方程组(4.13) 的任意两个解,则 $X_1(t)-X_2(t)$ 必是相应的齐线性方程组(4.14) 的解.

证明:由已知得

$$\bar{X}_1{}'(t)=A(t)\bar{X}_1(t)+F(t),$$

$$\bar{X}_2{}'(t)=A(t)\bar{X}_2(t)+F(t),$$

于是有

$$(X_1(t)-X_2(t))' = X_1'(t)-X_2'(t) = A(t)\bar{X}_1(t)-A(t)\bar{X}_2(t)$$
$$= A(t)(\bar{X}_1(t)-A(t)\bar{X}_2(t)),$$

所以 $X_1(t)-X_2(t)$ 必是方程组(4.14) 的解.

2. 非齐线性方程组的通解结构

定理 4.10 (通解结构定理) 设 $\Phi(t)$ 是方程组(4.14) 的基解矩阵,$\bar{X}(t)$ 是方程组(4.13) 的某一个解,则方程组(4.13) 的任一解 $X(t)$ 可表示为

$$X(t) = \Phi(t)c + \bar{X}(t), \tag{4.23}$$

这里 c 是确定的 n 维常数列向量.

证明:由性质 4.2 知,$\bar{X}(t)-X(t)$ 是方程组(4.14) 的解,故由定理 4.8 知,存在确定的 n 维常数列向量 c,使得

$$X(t)-\bar{X}(t) = \Phi(t)c,$$

即

$$X(t) = \Phi(t)c + \bar{X}(t).$$

定理 4.10 告诉我们,非齐线性方程组(4.13) 的通解等于其相应的齐线性方程组(4.14) 的通解与方程组(4.13) 的一个特解之和. 于是,当方程组(4.14) 的基解矩阵已知时,只需要求出方程组(4.13) 的某一个特解即可. 下面我们利用常数变易法,由方程组(4.14) 的基解矩阵构造这样的特解.

3. 求非齐线性方程组的特解的方法 —— 常数变易法

设 $\Phi(t)$ 是方程组(4.14) 的基解矩阵,则方程组(4.14) 的通解为

$$X(t) = \Phi(t)c,$$

其中,c 为 n 维常数列向量. 下面我们将 c 变为 t 的 n 维向量函数,寻找方程组(4.13) 具有下列形式

$$\bar{X}(t) = \Phi(t)c(t) \tag{4.24}$$

的一个特解. 其中,$c(t)$ 是待定的 n 维向量函数. 把式(4.24) 代入方程组(4.13) 得到

$$\Phi'(t)c(t) + \Phi(t)c'(t) = A(t)\Phi(t)c(t) + F(t).$$

因为 $\Phi(t)$ 是方程组(4.14) 的基解矩阵,所以 $\Phi'(t) = A(t)\Phi(t)$,故上式就化为

$$\Phi(t)c'(t) = F(t),$$

即

$$c'(t) = \Phi^{-1}(t)F(t).$$

两边从 t_0 到 t 积分,得到

$$c(t) = \int_{t_0}^{t}\Phi^{-1}(s)F(s)\mathrm{d}s, \quad t_0, t \in [a,b],$$

代回式(4.24),得到方程组(4.13) 的一个特解

$$\bar{X}(t) = \Phi(t)\int_{t_0}^{t}\Phi^{-1}(s)F(s)\mathrm{d}s, \quad t_0, t \in [a,b], \tag{4.25}$$

且满足$\bar{X}(t_0)=0$.

反之,由式(4.25)得到的$\bar{X}(t)$也必定是方程组(4.13)的解.因为

$$\bar{X}'(t)=\Phi'(t)\int_{t_0}^{t}\Phi^{-1}(s)F(s)\mathrm{d}s+\Phi(t)\Phi^{-1}(t)F(t)$$
$$=A(t)\Phi(t)\int_{t_0}^{t}\Phi^{-1}(s)F(s)\mathrm{d}s+F(t)=A(t)\bar{X}(t)+F(t),$$

所以$\bar{X}(t)$也是方程组(4.13)的解.我们有以下的定理:

定理 4.11　若 $\Phi(t)$ 是 $X'=A(t)X$ 的一个基解矩阵,则初值问题

$$\begin{cases}X'=A(t)X+F(t),\\X(t_0)=0\end{cases}$$

的解为 $X(t)=\Phi(t)\int_{t_0}^{t}\Phi^{-1}(s)F(s)\mathrm{d}s$.

若把上述初始条件改为 $X(t_0)=\eta$,则有以下的定理:

定理 4.12　若 $\Phi(t)$ 是 $X'=A(t)X$ 的一个基解矩阵,则初值问题

$$\begin{cases}X'=A(t)X+F(t),\\X(t_0)=\eta\end{cases}$$

的解为

$$X(t)=\Phi(t)\Phi^{-1}(t_0)\eta+\Phi(t)\int_{t_0}^{t}\Phi^{-1}(s)F(s)\mathrm{d}s.\tag{4.26}$$

证明:由式(4.25)知,方程组(4.13)的通解为

$$X(t)=\Phi(t)c+\bar{X}(t)=\Phi(t)c+\Phi(t)\int_{t_0}^{t}\Phi^{-1}(s)F(s)\mathrm{d}s,$$

把 $X(t_0)=\eta$ 代入得 $c=\Phi^{-1}(t_0)\eta$,故初值问题的解为

$$X(t)=\Phi(t)\Phi^{-1}(t_0)\eta+\Phi(t)\int_{t_0}^{t}\Phi^{-1}(s)F(s)\mathrm{d}s.$$

例 4.4　试求初值问题

$$\begin{cases}X'=A(t)X+F(t),\\X(0)=\eta\end{cases}$$

的解,其中 $A(t)=\begin{pmatrix}1&2\\4&3\end{pmatrix}$,$F(t)=\begin{pmatrix}\mathrm{e}^{-t}\\0\end{pmatrix}$,$\eta=\begin{pmatrix}1\\0\end{pmatrix}$.

解:在例 4.3 中我们知道对应的齐线性方程组的一个基解矩阵为

$$\Phi(t)=\begin{pmatrix}\mathrm{e}^{-t}&\mathrm{e}^{5t}\\-\mathrm{e}^{-t}&2\mathrm{e}^{5t}\end{pmatrix},$$

求得

$$\Phi^{-1}(s)=\frac{1}{3\mathrm{e}^{4s}}\begin{pmatrix}2\mathrm{e}^{5s}&-\mathrm{e}^{5s}\\\mathrm{e}^{-s}&\mathrm{e}^{-s}\end{pmatrix}=\frac{1}{3}\begin{pmatrix}2\mathrm{e}^{s}&-\mathrm{e}^{s}\\\mathrm{e}^{-5s}&\mathrm{e}^{-5s}\end{pmatrix},$$

则

$$\Phi(t)\int_0^t \Phi^{-1}(s)F(s)\mathrm{d}s = \begin{pmatrix} \mathrm{e}^{-t} & \mathrm{e}^{5t} \\ -\mathrm{e}^{-t} & 2\mathrm{e}^{5t} \end{pmatrix}\int_0^t \frac{1}{3}\begin{pmatrix} 2\mathrm{e}^{s} & -\mathrm{e}^{s} \\ \mathrm{e}^{-5s} & \mathrm{e}^{-5s} \end{pmatrix}\begin{pmatrix} \mathrm{e}^{-s} \\ 0 \end{pmatrix}\mathrm{d}s$$

$$= \begin{pmatrix} \mathrm{e}^{-t} & \mathrm{e}^{5t} \\ -\mathrm{e}^{-t} & 2\mathrm{e}^{5t} \end{pmatrix}\int_0^t \frac{1}{3}\begin{pmatrix} 2 \\ \mathrm{e}^{-6s} \end{pmatrix}\mathrm{d}s = \frac{1}{3}\begin{pmatrix} 2t\mathrm{e}^{-t} + \frac{1}{6}\mathrm{e}^{5t} - \frac{1}{6}\mathrm{e}^{-t} \\ -2t\mathrm{e}^{-t} + \frac{1}{3}\mathrm{e}^{5t} - \frac{1}{3}\mathrm{e}^{-t} \end{pmatrix}.$$

由定理 4.12 知道初值问题的解为

$$X(t) = \Phi(t)\Phi^{-1}(t_0)\eta + \Phi(t)\int_{t_0}^t \Phi^{-1}(s)F(s)\mathrm{d}s$$

$$= \frac{1}{3}\begin{pmatrix} 2\mathrm{e}^{-t} + \mathrm{e}^{5t} \\ -2\mathrm{e}^{-t} + 2\mathrm{e}^{5t} \end{pmatrix} + \frac{1}{3}\begin{pmatrix} 2t\mathrm{e}^{-t} + \frac{1}{6}\mathrm{e}^{5t} - \frac{1}{6}\mathrm{e}^{-t} \\ -2t\mathrm{e}^{-t} + \frac{1}{3}\mathrm{e}^{5t} - \frac{1}{3}\mathrm{e}^{-t} \end{pmatrix} = \frac{1}{3}\begin{pmatrix} \frac{7}{6}\mathrm{e}^{5t} + \frac{11}{6}\mathrm{e}^{-t} + 2t\mathrm{e}^{-t} \\ \frac{7}{3}\mathrm{e}^{5t} - \frac{7}{3}\mathrm{e}^{-t} - 2t\mathrm{e}^{-t} \end{pmatrix}.$$

习题 4.1

(A)

1. 判断下列各向量组在其定义区间上是线性相关还是线性无关?

(1) $\begin{pmatrix} 1 \\ 0 \end{pmatrix}, \begin{pmatrix} t \\ 1 \end{pmatrix}$; (2) $\begin{pmatrix} \cos t \\ \sin t \end{pmatrix}, \begin{pmatrix} \sin 2t \\ \cos^2 t \end{pmatrix}$;

(3) $\begin{pmatrix} 1 \\ 0 \\ -1 \end{pmatrix}\mathrm{e}^{-2x}, \begin{pmatrix} 0 \\ 1 \\ -1 \end{pmatrix}\mathrm{e}^{-2x}$; (4) $\begin{pmatrix} t \\ 1 \\ -t \end{pmatrix}, \begin{pmatrix} 2t \\ 2 \\ -2t \end{pmatrix}$.

2. 证明非齐次线性微分方程组的叠加原理:设 $X_1(t)$,$X_2(t)$ 分别是方程组

$$X' = A(t)X + F_1(t), X' = A(t)X + F_2(t)$$

的解,则 $X_1(t) + X_2(t)$ 是方程组

$$X' = A(t)X + F_1(t) + F_2(t)$$

的解.

3. 将下面的初值问题化为与之等价的一阶方程组的初值问题:

(1) $x'' + 3x' - tx = \mathrm{e}^{2t}, x(1) = 5, x'(1) = 2$;

(2) $\begin{cases} x^{(4)} - x = t\mathrm{e}^{-t}, \\ x(0) = 1, x'(0) = 2, x''(0) = -1, x'''(0) = 0; \end{cases}$

(3) $\begin{cases} x'' + 3y' - 5x + 6y = \mathrm{e}^{-t}, \\ y'' - 3y + 6y' - 10x = \sin t, \\ x(0) = 1, x'(0) = -1, y(0) = 0, y'(0) = 1 \end{cases}$

4. 验证 $\Phi(t) = \begin{pmatrix} -\sin t & \mathrm{e}^{t}\cos t \\ \cos t & \mathrm{e}^{t}\sin t \end{pmatrix}$ 是方程组

$$X' = \begin{pmatrix} \cos^2 t & \sin t\cos t - 1 \\ \sin t\cos t + 1 & \sin^2 t \end{pmatrix} X$$

的一个基解矩阵.

5. 考虑方程组 $X' = A(t)X + F(t)$，其中 $A(t) = \begin{pmatrix} 2 & 1 \\ 0 & 2 \end{pmatrix}$，$F(t) = \begin{pmatrix} 0 \\ e^{2t} \end{pmatrix}$，

(1) 试验证

$$\Phi(t) = \begin{pmatrix} e^{2t} & te^{2t} \\ 0 & e^{2t} \end{pmatrix}$$

是 $X' = A(t)X$ 的基解矩阵；

(2) 试求 $X' = A(t)X + F(t)$ 的满足初始条件 $X(0) = \begin{pmatrix} 1 \\ -1 \end{pmatrix}$ 的解.

(B)

6. 判断下列命题是否正确，请说明理由.

(1) 如果向量函数组 $X_1(t), X_2(t), \cdots, X_n(t)$ 在区间 $a \leqslant t \leqslant b$ 上线性相关，那么对任何 $t_0 \in [a,b]$，常数向量组 $X_1(t_0), X_2(t_0), \cdots, X_n(t_0)$ 必线性相关.

(2) 如果对任何 $t_0 \in [a,b]$，常数向量组 $X_1(t_0), X_2(t_0), \cdots, X_n(t_0)$ 都是线性相关的，那么向量函数组 $X_1(t), X_2(t), \cdots, X_n(t)$ 在区间 $a \leqslant t \leqslant b$ 上必线性相关.

(3) 如果对某点 $t_0 \in [a,b]$，常数向量组 $X_1(t_0), X_2(t_0), \cdots, X_n(t_0)$ 是线性无关的，那么向量函数组 $X_1(t), X_2(t), \cdots, X_n(t)$ 在区间 $a \leqslant t \leqslant b$ 上必线性无关.

(4) 如果向量函数组 $X_1(t), X_2(t), \cdots, X_n(t)$ 在区间 $a \leqslant t \leqslant b$ 上线性无关，那么对任何 $t_0 \in [a,b]$，常数向量组 $X_1(t_0), X_2(t_0), \cdots, X_n(t_0)$ 都是线性无关的.

7. 设 $A(t)$ 和 $F(t)$ 分别为在 $[a,b]$ 上连续的 n 阶方阵和 n 维向量，

(1) 试证明方程组 $X' = A(t)X + F(t)$ 存在且最多存在 $n+1$ 个线性无关解.

(2) 已知 $X_1(t), X_2(t), \cdots, X_{n+1}(t)$ 是方程组 $X' = A(t)X + F(t)$ 在 $[a,b]$ 上的 $n+1$ 个线性无关的解，请写出方程组的全部解的表达式.

8. 设 $X_1(t), X_2(t), \cdots, X_n(t)$ 是线性方程组 $X' = A(t)X$ 的任意 n 个解，其中系数矩阵 $A(t)$ 是区间 $a \leqslant x \leqslant b$ 上的连续 $n \times n$ 矩阵，它的元为 $a_{ij}(t)(i,j = 1,2,\cdots,n)$. 试证明：朗斯基行列式 $W[X_1(t), X_2(t), \cdots, X_n(t)] \equiv W(t)$ 满足

$$W' = [a_{11}(t) + a_{22}(t) + \cdots + a_{nn}(t)]W,$$

且有

$$W(t) = W(t_0)e^{\int_{t_0}^{t} \mathrm{tr}A\,ds}, t_0, t \in [a,b],$$

这里 $\mathrm{tr}A$ 为 A 的迹.

§4.2　常系数齐线性方程组

由定理 4.8 及定理 4.10 可知，不论是求齐线性方程组(4.14) 的通解，还是求非齐线

性方程组(4.13) 的通解,都必须先求出(4.14) 的一个基解矩阵. 对于一般的变系数的一阶线性方程组,没有求基解矩阵的通用方法. 但是对于常系数一阶线性微分方程组

$$\boldsymbol{X}' = \boldsymbol{A}\boldsymbol{X}, \tag{4.27}$$

这里 $\boldsymbol{X}$ 为 n 维向量,$\boldsymbol{A}$ 为 $n \times n$ 常数矩阵,情况要简单得多,我们可以用代数方法求出它的基解矩阵.

4.2.1 基解矩阵的一种求法

为了寻找式(4.27) 的一个基解矩阵,我们引进矩阵指数函数 $\exp\boldsymbol{A}t$(或写作 $e^{\boldsymbol{A}t}$). 以下我们设 $\boldsymbol{A}$ 为 $n \times n$ 常数矩阵.

1. 矩阵指数 $\exp\boldsymbol{A}$ 与矩阵指数函数 $\exp\boldsymbol{A}t$

定义 4.1 如果 $\boldsymbol{A} = (a_{ij})_{n\times n}$ 是 $n \times n$ 常数矩阵,定义**矩阵指数** $\exp\boldsymbol{A}$ 为下面的矩阵级数的和:

$$\exp A = \sum_{k=0}^{\infty} \frac{\boldsymbol{A}^k}{k!} = E + \boldsymbol{A} + \frac{\boldsymbol{A}^2}{2!} + \cdots + \frac{\boldsymbol{A}^k}{k!} + \cdots, \tag{4.28}$$

其中,$\boldsymbol{E}$ 为 n 阶单位矩阵,$\boldsymbol{A}^k$ 为 $\boldsymbol{A}$ 的 k 次幂,规定 $\boldsymbol{A}^0 = \boldsymbol{E}$,$0! = 1$.

下面我们可证明上述定义的矩阵指数 $\exp A$ 是收敛的.

由 4.1.1 中范数的性质,我们有

$$\left\| \frac{\boldsymbol{A}^k}{k!} \right\| \leqslant \frac{\|\boldsymbol{A}\|^k}{k!},$$

对所有的正整数 k 都成立. 因为 $\boldsymbol{A}$ 为确定的 $n \times n$ 常数矩阵,所以 $\|\boldsymbol{A}\|$ 是一个确定的常数. 故数项级数 $\sum\limits_{k=0}^{\infty} \frac{\|\boldsymbol{A}\|^k}{k!}$ 是收敛的,且其和为 $n - 1 + e^{\|A\|}$. 由 4.1.1 中的魏尔斯特拉斯判别法知道,对于给定的 A,$\exp A$ 是一个确定的矩阵,式(4.28) 中所定义的矩阵级数对于一切 $\boldsymbol{A}$ 都是绝对收敛的.

从定义可以得到 $\exp A$ 具有以下的性质:

性质 4.3 如果 n 阶矩阵 $\boldsymbol{A}$ 与 $\boldsymbol{B}$ 可交换,即 $\boldsymbol{AB} = \boldsymbol{BA}$,那么有

$$\exp(\boldsymbol{A} + \boldsymbol{B}) = \exp\boldsymbol{A}\exp\boldsymbol{B} \tag{4.29}$$

证明:首先,由于矩阵级数(4.28) 是绝对收敛的,所以根据绝对收敛数值级数运算的二项式定理有

$$\exp(\boldsymbol{A} + \boldsymbol{B}) = \sum_{k=0}^{\infty} \frac{(\boldsymbol{A} + \boldsymbol{B})^k}{k!} = \sum_{k=0}^{\infty} \left[\sum_{l=0}^{k} \frac{\boldsymbol{A}^l \boldsymbol{B}^{k-l}}{l!(k-l)!} \right],$$

其次,

$$\exp\boldsymbol{A} = \sum_{k=0}^{\infty} \frac{\boldsymbol{A}^k}{k!}, \exp\boldsymbol{B} = \sum_{n=0}^{\infty} \frac{\boldsymbol{B}^n}{n!},$$

所以根据绝对收敛级数的乘法定理,有

$$\exp\boldsymbol{A}\exp\boldsymbol{B} = \sum_{m=0}^{\infty} \frac{\boldsymbol{A}^m}{m!} \cdot \sum_{n=0}^{\infty} \frac{\boldsymbol{B}^n}{n!} = \sum_{k=0}^{\infty} \left[\sum_{l=0}^{k} \frac{\boldsymbol{A}^l \boldsymbol{B}^{k-l}}{l!(k-l)!} \right],$$

因此式(4.29) 成立.

性质 4.4　对于任何矩阵 $\boldsymbol{A}$，$(\exp\boldsymbol{A})^{-1}$ 存在，且

$$(\exp\boldsymbol{A})^{-1}=\exp(-\boldsymbol{A}). \tag{4.30}$$

证明：因为 $\boldsymbol{A}$ 与 $-\boldsymbol{A}$ 是可交换的，所以由性质 1 得到

$$\exp A\exp(-\boldsymbol{A})=\exp(\boldsymbol{A}+(-\boldsymbol{A}))=\exp 0=\boldsymbol{E},$$

即

$$(\exp\boldsymbol{A})^{-1}=\exp(-\boldsymbol{A}).$$

性质 4.5　如果矩阵 $\boldsymbol{C}$ 可逆，则有

$$\exp(\boldsymbol{C}^{-1}\boldsymbol{A}\boldsymbol{C})=\boldsymbol{C}^{-1}(\exp\boldsymbol{A})\boldsymbol{C}. \tag{4.31}$$

证明：由定义知，

$$\begin{aligned}\exp(\boldsymbol{C}^{-1}\boldsymbol{A}\boldsymbol{C})&=\sum_{k=0}^{\infty}\frac{(\boldsymbol{C}^{-1}\boldsymbol{A}\boldsymbol{C})^k}{k!}=\boldsymbol{E}+\boldsymbol{C}^{-1}\boldsymbol{A}\boldsymbol{C}+\frac{(\boldsymbol{C}^{-1}\boldsymbol{A}\boldsymbol{C})^2}{2!}+\cdots+\frac{(\boldsymbol{C}^{-1}\boldsymbol{A}\boldsymbol{C})^k}{k!}+\cdots\\&=\boldsymbol{C}^{-1}\left(\boldsymbol{E}+\boldsymbol{A}+\frac{\boldsymbol{A}^2}{2!}+\cdots+\frac{\boldsymbol{A}^k}{k!}+\cdots\right)\boldsymbol{C}=\boldsymbol{C}^{-1}(\exp\boldsymbol{A})\boldsymbol{C}.\end{aligned}$$

进一步，**矩阵指数函数** $\exp\boldsymbol{A}t$ 定义为

$$\exp\boldsymbol{A}t=\sum_{k=0}^{\infty}\frac{(\boldsymbol{A}t)^k}{k!}=E+\boldsymbol{A}t+\frac{\boldsymbol{A}^2t^2}{2!}+\cdots+\frac{\boldsymbol{A}^kt^k}{k!}+\cdots. \tag{4.32}$$

可以看出，对一切的正整数 k，当 $|t|\leqslant c$（c 是某一正常数）时，

$$\left\|\frac{\boldsymbol{A}^kt^k}{k!}\right\|\leqslant\frac{\|\boldsymbol{A}^k\|\cdot|t^k|}{k!}\leqslant\frac{\|\boldsymbol{A}^k\|}{k!}c^k,$$

右端的数项级数 $\sum\limits_{k=0}^{\infty}\frac{\|\boldsymbol{A}^k\|}{k!}c^k$ 是收敛的，故式(4.32) 是一致收敛的.

现在我们提出问题，既然 $\exp\boldsymbol{A}t$ 是一致收敛的，是确定的矩阵，那么它与方程组(4.27) 的通解有什么关系呢?下面的定理就回答了这个问题.

定理 4.13　矩阵 $\exp\boldsymbol{A}t$ 就是方程组(4.27) 的一个基解矩阵，且满足 $\exp\boldsymbol{A}t\big|_{t=0}=\boldsymbol{E}$.

证明：首先，由定义知 $\exp\boldsymbol{A}t\big|_{t=0}=\left(\boldsymbol{E}+\boldsymbol{A}t+\frac{\boldsymbol{A}^2t^2}{2!}+\cdots+\frac{\boldsymbol{A}^kt^k}{k!}+\cdots\right)\Big|_{t=0}=\boldsymbol{E}$.

其次，因为 $\exp\boldsymbol{A}t$ 是一致收敛的，所以

$$\begin{aligned}(\exp\boldsymbol{A}t)'&=\left(\boldsymbol{E}+\boldsymbol{A}t+\frac{\boldsymbol{A}^2t^2}{2!}+\cdots+\frac{\boldsymbol{A}^kt^k}{k!}+\cdots\right)'\\&=\boldsymbol{A}+\frac{\boldsymbol{A}^2t}{1!}+\frac{\boldsymbol{A}^3t^2}{2!}+\cdots+\frac{\boldsymbol{A}^kt^{k-1}}{(k-1)!}+\cdots=\boldsymbol{A}\exp\boldsymbol{A}t,\end{aligned}$$

故 $\exp\boldsymbol{A}t$ 是方程组(4.27) 的一个解矩阵. 又因为 $\det(\exp\boldsymbol{A}t\big|_{t=0})=\det\boldsymbol{E}\neq 0$，所以 $\exp\boldsymbol{A}t$ 就是方程组(4.27) 的一个基解矩阵.

例 4.5　若 $\boldsymbol{A}$ 是对角矩阵，即

$$\boldsymbol{A}=\begin{pmatrix}a_1 & & & \\ & a_2 & & \\ & & \ddots & \\ & & & a_n\end{pmatrix},$$ 其中未写出的元素为零，

求方程组 $\boldsymbol{X}' = \boldsymbol{AX}$ 的通解.

解:$\exp\boldsymbol{A}t = \boldsymbol{E} + \boldsymbol{A}t + \frac{\boldsymbol{A}^2 t^2}{2!} + \cdots + \frac{\boldsymbol{A}^k t^k}{k!} + \cdots$

$$= E + \begin{pmatrix} a_1 t & & & \\ & a_2 t & & \\ & & \ddots & \\ & & & a_n t \end{pmatrix} + \begin{pmatrix} \frac{(a_1 t)^2}{2!} & & & \\ & \frac{(a_2 t)^2}{2!} & & \\ & & \ddots & \\ & & & \frac{(a_n t)^2}{2!} \end{pmatrix} + \cdots$$

$$+ \begin{pmatrix} \frac{(a_1 t)^k}{k!} & & & \\ & \frac{(a_2 t)^k}{k!} & & \\ & & \ddots & \\ & & & \frac{(a_n t)^k}{k!} \end{pmatrix} + \cdots = \begin{pmatrix} e^{a_1 t} & & & \\ & e^{a_2 t} & & \\ & & \ddots & \\ & & & e^{a_n t} \end{pmatrix},$$

所以方程组的通解为

$$X(t) = \begin{pmatrix} e^{a_1 t} & & & \\ & e^{a_2 t} & & \\ & & \ddots & \\ & & & e^{a_n t} \end{pmatrix} c,\ c \text{ 为 } n \text{ 维常数列向量.}$$

例 4.6 若 $A = \begin{pmatrix} a & 1 \\ 0 & a \end{pmatrix}$,其中 a 为非零的实数,试求 $X' = AX$ 的一个基解矩阵.

解:因为 $\boldsymbol{A}$ 可以分解为两个矩阵之和:

$$\boldsymbol{A} = \boldsymbol{B} + \boldsymbol{C},$$

其中,$\boldsymbol{B} = \begin{pmatrix} a & 0 \\ 0 & a \end{pmatrix}$,$\boldsymbol{C} = \begin{pmatrix} 0 & 1 \\ 0 & 0 \end{pmatrix}$. 因为 $\boldsymbol{C}$ 与 $\boldsymbol{B}$ 可交换,即 $\boldsymbol{CB} = \boldsymbol{BC}$. 由性质 1 有

$$\exp\boldsymbol{A}t = \exp(\boldsymbol{B} + \boldsymbol{C})t = \exp\boldsymbol{B}t \exp\boldsymbol{C}t$$

利用例 4.5 的结果,有

$$\exp\boldsymbol{B}t = \begin{pmatrix} e^{at} & 0 \\ 0 & e^{at} \end{pmatrix}.$$

而

$$\exp\boldsymbol{C}t = \boldsymbol{E} + t\begin{pmatrix} 0 & 1 \\ 0 & 0 \end{pmatrix} + \frac{t^2}{2!}\begin{pmatrix} 0 & 1 \\ 0 & 0 \end{pmatrix}^2 + \cdots,$$

因为有 $\begin{pmatrix} 0 & 1 \\ 0 & 0 \end{pmatrix}^2 = \begin{pmatrix} 0 & 0 \\ 0 & 0 \end{pmatrix}$,所以

$$\exp \boldsymbol{A}t = \begin{pmatrix} e^{at} & 0 \\ 0 & e^{at} \end{pmatrix} \left[\boldsymbol{E} + t \begin{pmatrix} 0 & 1 \\ 0 & 0 \end{pmatrix} \right] = e^{at} \begin{pmatrix} 1 & t \\ 0 & 1 \end{pmatrix}.$$

如果 $\boldsymbol{A}$ 是某些特殊的矩阵而利用矩阵指数的定义就可容易求出 $\exp\boldsymbol{A}t$ 时，那么我们就可得到方程组(4.27) 的通解. 但是当 $\boldsymbol{A}$ 是一般的 $n \times n$ 常数矩阵时，$\exp\boldsymbol{A}t$ 的每一个元素并没有具体给出，无法应用定义求出具体的 $\exp\boldsymbol{A}t$. 下面利用线性代数的基本知识，仔细地讨论 $\exp\boldsymbol{A}t$ 的计算方法.

2. 常系数齐线性方程组基解矩阵的求法 —— 待定系数法

按照 4.1.2 的一般理论，为了求常系数齐线性方程组(4.27) 的通解，只需求出它的 n 个线性无关的解(即基解矩阵) 即可. 下面介绍求方程组(4.27) 的基解矩阵的欧拉待定系数法.

设方程组

$$\boldsymbol{X}' = \boldsymbol{A}\boldsymbol{X} \tag{4.27}$$

有形如

$$\boldsymbol{X}(t) = e^{\lambda t}\boldsymbol{v} \quad (\boldsymbol{v} \text{ 为非零的 } n \text{ 维列向量}) \tag{4.33}$$

的解，其中常数 λ 与向量 $\boldsymbol{v}$ 是待定的. 把式(4.33) 代入方程组(4.27)，得到

$$\lambda e^{\lambda t}\boldsymbol{v} = Ae^{\lambda t}\boldsymbol{v},$$

由于 $e^{\lambda t} \neq 0$，所以上式化为

$$(\boldsymbol{A} - \lambda\boldsymbol{E})\boldsymbol{v} = 0. \tag{4.34}$$

由此可见，$\boldsymbol{X}(t) = e^{\lambda t}\boldsymbol{v}$ 是方程组(4.27) 的解的充要条件是常数 λ 与向量 $\boldsymbol{v}$ 需满足式(4.34)，而式(4.34) 可看作 $\boldsymbol{v}$ 的 n 个分量的齐次线性代数方程组. 由线性代数知识可得式(4.34) 有非零解的充要条件为

$$\det(\boldsymbol{A} - \lambda\boldsymbol{E}) = 0. \tag{4.35}$$

下面引进方程组(4.27) 的特征方程、特征值的概念.

定义 4.2　若 $\boldsymbol{A}$ 为 $n \times n$ 常数矩阵，则 n 次代数方程

$$\det(\boldsymbol{A} - \lambda\boldsymbol{E}) = 0 \tag{4.36}$$

称为 $\boldsymbol{A}$ 的特征方程.

关于 u 的齐次线性代数方程组

$$(\boldsymbol{A} - \lambda\boldsymbol{E})u = 0 \tag{4.37}$$

有非零解的常数 λ 称为 $\boldsymbol{A}$ 的一个**特征值**，方程组(4.37) 的对应于 λ 的非零解 u 称为 $\boldsymbol{A}$ 的对应于 λ 的**特征向量**.

例 4.7　试求矩阵

$$A = \begin{pmatrix} 1 & -2 \\ 4 & 5 \end{pmatrix}$$

的特征值和对应的特征向量.

解：由特征方程

$$\det(\boldsymbol{A} - \lambda\boldsymbol{E}) = \begin{vmatrix} 1-\lambda & -2 \\ 4 & 5-\lambda \end{vmatrix} = 0$$

得特征值为 $\lambda_1 = 3 + 2\mathrm{i}, \lambda_2 = 3 - 2\mathrm{i}$.

设 $\lambda_1 = 3 + 2\mathrm{i}$ 对应的特征向量为 $\boldsymbol{v} = \begin{pmatrix} a \\ b \end{pmatrix}$，由

$$(\boldsymbol{A} - \lambda_1 \boldsymbol{E})\boldsymbol{v} = \begin{pmatrix} -2-2\mathrm{i} & -2 \\ 4 & 2-2\mathrm{i} \end{pmatrix} \begin{pmatrix} a \\ b \end{pmatrix} = \begin{pmatrix} 0 \\ 0 \end{pmatrix}$$

得 $b = -(1+\mathrm{i})a$，所以 $v = \begin{pmatrix} 1 \\ -1-\mathrm{i} \end{pmatrix} \alpha, \alpha \neq 0$.

设 $\lambda_2 = 3 - 2\mathrm{i}$ 对应的特征向量为 $\boldsymbol{u} = \begin{pmatrix} c \\ d \end{pmatrix}$，由

$$(A - \lambda_2 E)\boldsymbol{u} = \begin{pmatrix} -2+2\mathrm{i} & -2 \\ 4 & 2+2\mathrm{i} \end{pmatrix} \begin{pmatrix} c \\ d \end{pmatrix} = \begin{pmatrix} 0 \\ 0 \end{pmatrix}$$

得 $d = (-1+\mathrm{i})c$，所以 $\boldsymbol{u} = \begin{pmatrix} 1 \\ -1+i \end{pmatrix} \beta, \beta \neq 0$.

例 4.8 试求矩阵

$$\boldsymbol{A} = \begin{pmatrix} 1 & -3 \\ 3 & 7 \end{pmatrix}$$

的特征值和对应的特征向量.

解：由特征方程

$$\det(\boldsymbol{A} - \lambda \boldsymbol{E}) = \begin{vmatrix} 1-\lambda & -3 \\ 3 & 7-\lambda \end{vmatrix} = (\lambda - 4)^2 = 0$$

得特征值为 $\lambda_1 = \lambda_2 = 4$.

设 $\lambda_1 = \lambda_2 = 4$ 对应的特征向量为 $\boldsymbol{v} = \begin{pmatrix} a \\ b \end{pmatrix}$，由

$$(\boldsymbol{A} - \lambda_1 \boldsymbol{E})\boldsymbol{v} = \begin{pmatrix} -3 & -3 \\ 3 & 3 \end{pmatrix} \begin{pmatrix} a \\ b \end{pmatrix} = \begin{pmatrix} 0 \\ 0 \end{pmatrix}$$

得 $a + b = 0$，所以 $\boldsymbol{v} = \begin{pmatrix} 1 \\ -1 \end{pmatrix} \gamma, \gamma \neq 0$.

从以上的两个例子发现，例 4.7 中的矩阵 $\boldsymbol{A}$ 有两个互异的特征值 λ_1, λ_2，根据线性代数的知识 —— 不同的特征值对应的特征向量是线性无关的，那么由式(4.33) 就可得到方程组的两个线性无关的解；例 4.8 中的矩阵 $\boldsymbol{A}$ 有二重特征值，$\boldsymbol{A}$ 的线性无关的特征向量只有一个，由式(4.33) 就不能得到方程组的两个线性无关的解. 下面按照特征值的情形对方程组(4.27) 的基解矩阵的求法进行讨论.

定理 4.14 若矩阵 $\boldsymbol{A}$ 具有 n 个线性无关的特征向量 $v_1, v_2, \cdots, v_n$，它们对应的特征值为 $\lambda_1, \lambda_2, \cdots, \lambda_n$(不必各不相同)，则矩阵

$$\boldsymbol{\Phi}(t) = (\mathrm{e}^{\lambda_1 t} v_1, \mathrm{e}^{\lambda_2 t} v_2, \cdots, \mathrm{e}^{\lambda_n t} v_n)$$

是常系数方程组

$$X' = AX \tag{4.27}$$

的一个基解矩阵.

证明:因为 $v_1, v_2, \cdots, v_n$ 是 A 的线性无关的特征向量, $\lambda_1, \lambda_2, \cdots, \lambda_n$ 分别是它们对应的特征值,所以 $e^{\lambda_j t} v_j (j = 1, 2, \cdots, n)$ 都是式(4.27) 的解. 因此矩阵

$$\Phi(t) = (e^{\lambda_1 t} v_1, e^{\lambda_2 t} v_2, \cdots, e^{\lambda_n t} v_n)$$

是方程组(4.27) 的解矩阵. 又因为 $v_1, v_2, \cdots, v_n$ 是线性无关的,所以

$$\det\Phi(0) = \det(v_1, v_2, \cdots, v_n) \neq 0.$$

故 $\det\Phi(t) \neq 0$,因此 $\Phi(t)$ 是方程组的一个基解矩阵.

例 4.9　试求方程组 $X' = AX$ 的一个基解矩阵,其中 $A = \begin{pmatrix} 3 & 2 \\ 1 & 2 \end{pmatrix}$.

解:由 $\det(A - \lambda E) = \begin{vmatrix} 3-\lambda & 2 \\ 1 & 2-\lambda \end{vmatrix} = 0$ 得到 $\lambda_1 = 1, \lambda_2 = 4$ 是矩阵 A 的两个特征值,而

$$v_1 = \begin{pmatrix} 1 \\ -1 \end{pmatrix}, v_2 = \begin{pmatrix} 2 \\ 1 \end{pmatrix}$$

是分别对应于 λ_1, λ_2 的两个线性无关的特征向量,由定理 4.14 得到,矩阵

$$\Phi(t) = \begin{pmatrix} e^t & 2e^{4t} \\ -e^t & e^{4t} \end{pmatrix}$$

就是方程组 $X' = AX$ 的一个基解矩阵.

例 4.10　试求方程组 $X' = AX$ 的一个基解矩阵,其中 $A = \begin{pmatrix} 4 & -1 & -1 \\ 1 & 2 & -1 \\ 1 & -1 & 2 \end{pmatrix}$.

解:由特征方程 $|A - \lambda E| = \begin{vmatrix} 4-\lambda & -1 & -1 \\ 1 & 2-\lambda & -1 \\ 1 & -1 & 2-\lambda \end{vmatrix} = 0$

得特征根为 $\lambda_1 = 2, \lambda_2 = \lambda_3 = 3$.

设 $\lambda_1 = 2$ 对应的特征向量为 $v = \begin{pmatrix} a_1 \\ b_1 \\ c_1 \end{pmatrix}$,由

$$(A - \lambda_1 E)v = \begin{pmatrix} 2 & -1 & -1 \\ 1 & 0 & -1 \\ 1 & -1 & 0 \end{pmatrix} \begin{pmatrix} a_1 \\ b_1 \\ c_1 \end{pmatrix} = \begin{pmatrix} 0 \\ 0 \\ 0 \end{pmatrix}$$

得 $v = \begin{pmatrix} 1 \\ 1 \\ 1 \end{pmatrix} \alpha, \alpha \neq 0$,则 $v_1 = \begin{pmatrix} 1 \\ 1 \\ 1 \end{pmatrix}$ 为 $\lambda_1 = 2$ 所对应的特征向量.

设 $\lambda_2=\lambda_3=3$ 对应的特征向量为 $u=\begin{pmatrix}a_2\\b_2\\c_2\end{pmatrix}$，由

$$(\boldsymbol{A}-\lambda_2\boldsymbol{E})\boldsymbol{u}=\begin{pmatrix}1&-1&-1\\1&-1&-1\\1&-1&-1\end{pmatrix}\begin{pmatrix}a_2\\b_2\\c_2\end{pmatrix}=\begin{pmatrix}0\\0\\0\end{pmatrix}$$

得 $a_2=b_2+c_2$，令 $b_2=1,c_2=0$ 和 $b_2=0,c_2=1$，分别得到对应于 $\lambda_2=\lambda_3=3$ 的两个线性无关的特征向量 $\boldsymbol{u}_1=\begin{pmatrix}1\\1\\0\end{pmatrix}$ 与 $\boldsymbol{u}_2=\begin{pmatrix}1\\0\\1\end{pmatrix}$.

由定理4.14得到，矩阵 $\Phi(t)=\begin{pmatrix}e^{2t}&e^{3t}&e^{3t}\\e^{2t}&e^{3t}&0\\e^{2t}&0&e^{3t}\end{pmatrix}$ 就是方程组 $\boldsymbol{X}'=\boldsymbol{AX}$ 的一个基解矩阵.

注：由定理 4.13 知，$\exp\boldsymbol{A}t$ 是方程组(4.27) 的一个基解矩阵，但是定理 4.14 中的 $\Phi(t)$ 不一定是 $\exp\boldsymbol{A}t$. 因为虽然 $\boldsymbol{A}$ 是实矩阵，但它有可能有共轭的复特征值(如例 4.7). 但是，容易看出，当 $\boldsymbol{A}$ 是实矩阵时，矩阵 $\exp\boldsymbol{A}t$ 是实的. 那么 $\exp\boldsymbol{A}t$ 与 $\Phi(t)$ 两者之间又是什么样的关系呢?可以利用 4.1.2 的推论 3 得到它们的关系.

因为 $\exp\boldsymbol{A}t$ 与 $\Phi(t)$ 都是方程组(4.27) 的基解矩阵，所以存在一个可逆的 $n\times n$ 常数矩阵 $\boldsymbol{C}$，使得

$$\exp\boldsymbol{A}t=\Phi(t)\boldsymbol{C}$$

成立，令 $t=0$，代入得，$\boldsymbol{C}=\Phi^{-1}(0)$，因此有

$$\exp\boldsymbol{A}t=\Phi(t)\Phi^{-1}(0). \tag{4.38}$$

如果系数矩阵 $\boldsymbol{A}$ 具有复特征值时，这时方程组(4.27) 就会出现复值形式的解，我们可以利用式(4.38) 给出一个构造实的基解矩阵的方法.

特别地，当 $\lambda_1,\lambda_2,\cdots,\lambda_n$ 为互异的特征值时，分别代入方程组(4.37) 求出它们对应的特征向量，由定理 4.14 得到方程组的基解矩阵. 这种求基解矩阵的方法非常简单.

如果像例 4.8 出现的矩阵一样，当某个 k_i 重特征值 $\lambda_i(k_i>1)$，利用方程组(4.37) 无法求出相应的 k_i 个线性无关的特征向量时，就不能应用定理 4.14 来求出方程组(4.27) 的基解矩阵了. 下面利用线性代数的知识解决这一问题.

下面假设 $\boldsymbol{A}$ 为 $n\times n$ 矩阵，$\lambda_1,\lambda_2,\cdots,\lambda_k$ 为 $\boldsymbol{A}$ 的不同的特征值，它们的重数分别是 n_1，$n_2,\cdots,n_k$，且 $n_1+n_2+\cdots+n_k=n$.

由线性代数的知识，线性方程组

$$(\boldsymbol{A}-\lambda_j\boldsymbol{E})^{n_j}\boldsymbol{u}=0. \tag{4.39}$$

的解的全体构成 n 维欧氏空间的一个 n_j 维子空间 $\boldsymbol{U}_j(j=1,2,\cdots,k)$，且 n 维欧氏空间 R^n 可表示为 $\boldsymbol{U}_1,\boldsymbol{U}_2,\cdots,\boldsymbol{U}_k$ 的直和. 即对 $\forall u\in R^n$，存在唯一的 $\boldsymbol{u}_j\in\boldsymbol{U}_j(j=1,2,\cdots,k)$，使得

$$\boldsymbol{u}=\boldsymbol{u}_1+\boldsymbol{u}_2+\cdots+\boldsymbol{u}_k$$

成立.

故对 R^n 中的任一 n 维向量 $\boldsymbol{\eta}$,我们都有

$$\boldsymbol{\eta}=\boldsymbol{v}_1+\boldsymbol{v}_2+\cdots+\boldsymbol{v}_k \tag{4.40}$$

其中,$v_j\in U_j$,v_j 满足式(4.39),且表示法是唯一的.

定理 4.15　设矩阵 $\boldsymbol{A}$ 的特征值为 $\lambda_1,\lambda_2,\cdots,\lambda_k$,它们的重数分别是 $n_1,n_2,\cdots,n_k$,且 $n_1+n_2+\cdots+n_k=n$,则方程组(4.27) 满足初始条件 $\varphi(0)=\eta$ 的解为

$$\varphi(t)=\sum_{j=1}^{k}\mathrm{e}^{\lambda_j t}\left[\sum_{i=0}^{n_j-1}\frac{t^i}{i!}(\boldsymbol{A}-\lambda_j\boldsymbol{E})^i\right]v_j, \tag{4.41}$$

这里 v_j 满足式(4.39) 与式(4.40).

证明:因为 v_j 满足式(4.39),所以当 $l\geqslant n_i$ 时有$(\boldsymbol{A}-\lambda_j\boldsymbol{E})^l v_j=0$ 成立.

方程组(4.27) 的通解可写作 $\varphi(t)=(\exp\boldsymbol{A}t)c$,则方程组(4.27) 满足初始条件 $\varphi(0)=\eta$ 的解为

$$\begin{aligned}\varphi(t)&=(\exp\boldsymbol{A}t)\eta=(\exp\boldsymbol{A}t)(v_1+v_2+\cdots+v_k)\\&=(\exp\boldsymbol{A}t)v_1+(\exp\boldsymbol{A}t)v_2+\cdots+(\exp\boldsymbol{A}t)v_k=\sum_{j=1}^{k}(\exp\boldsymbol{A}t)v_j.\end{aligned} \tag{4.42}$$

因为

$$\mathrm{e}^{\lambda_j t}[\exp(-\lambda_j\boldsymbol{E}t)]=\boldsymbol{E},$$

所以

$$(\exp\boldsymbol{A}t)v_j=(\exp\boldsymbol{A}t)Ev_j=(\exp\boldsymbol{A}t)\mathrm{e}^{\lambda_j t}[\exp(-\lambda_j\boldsymbol{E}t)]v_j=\mathrm{e}^{\lambda_j t}(\exp\boldsymbol{A}t)[\exp(-\lambda_j\boldsymbol{E}t)]v_j.$$

由于数量矩阵与任意同型矩阵是可交换的,得到

$$\begin{aligned}(\exp At)v_j&=\mathrm{e}^{\lambda_j t}[\exp(\boldsymbol{A}-\lambda_j\boldsymbol{E})t]v_j\\&=\mathrm{e}^{\lambda_j t}\left[\boldsymbol{E}+t(\boldsymbol{A}-\lambda_j\boldsymbol{E})+\frac{t^2}{2!}(\boldsymbol{A}-\lambda_j\boldsymbol{E})^2+\cdots+\frac{t^{n_j-1}}{(n_j-1)!}(\boldsymbol{A}-\lambda_j\boldsymbol{E})^{n_j-1}\right]v_j,\end{aligned}$$

故方程组(4.27) 满足初始条件 $\varphi(0)=\eta$ 的解为

$$\varphi(t)=\sum_{j=1}^{k}\mathrm{e}^{\lambda_j t}\left[\sum_{i=0}^{n_j-1}\frac{t^i}{i!}(A-\lambda_j E)^i\right]v_j.$$

从定理 4.15 的证明过程可得到以下的定理:

定理 4.16　设矩阵 A 的特征值为 $\lambda_1,\lambda_2,\cdots,\lambda_k$,它们的重数分别是 $n_1,n_2,\cdots,n_k$,且 $n_1+n_2+\cdots+n_k=n$,则方程组(4.27) 的矩阵指数函数为

$$\exp\boldsymbol{A}t=[\varphi_1(t),\varphi_2(t),\cdots,\varphi_n(t)]$$

其中,$\varphi_i(t)$ 就是方程组(4.27) 满足初始条件 $\varphi(0)=e_i$ 的解,即可由定理 4.15 给出.

证明:因为 $\exp\boldsymbol{A}t=\boldsymbol{E}=[(\exp\boldsymbol{A}t)e_1,(\exp\boldsymbol{A}t)e_2,\cdots,(\exp\boldsymbol{A}t)e_n]$

其中

$$e_1=\begin{pmatrix}1\\0\\\vdots\\0\\0\end{pmatrix},e_2=\begin{pmatrix}0\\1\\\vdots\\0\\0\end{pmatrix},\cdots,e_n=\begin{pmatrix}0\\0\\\vdots\\0\\1\end{pmatrix}$$

是单位向量.令 $\varphi_i(t)=(\exp\boldsymbol{A}t)e_i$,则 $\exp\boldsymbol{A}t=[\varphi_1(t),\varphi_2(t),\cdots,\varphi_n(t)]$,由定理 4.15 知 $\varphi_i(t)$ 就是方程组(4.27)满足初始条件 $\varphi(0)=e_i$ 的解,可由式(4.35)依次令 $\eta=e_1$,$\eta=e_2,\cdots,\eta=e_n$ 即得.

例 4.11 试求方程组 $\boldsymbol{X}'=\boldsymbol{A}\boldsymbol{X}$ 的一个基解矩阵,其中 $\boldsymbol{A}=\begin{pmatrix}4&-1&-1\\1&2&-1\\1&-1&2\end{pmatrix}$(同例 4.10).

解:由特征方程 $|\boldsymbol{A}-\lambda\boldsymbol{E}|=\begin{vmatrix}4-\lambda&-1&-1\\1&2-\lambda&-1\\1&-1&2-\lambda\end{vmatrix}=0$

得特征根为 $\lambda_1=2,\lambda_2=3$ 分别为 $n_1=1,n_2=2$ 重特征根.我们为了确定三维欧几里得空间的子空间 U_1 与 U_2,先考虑以下的方程组

$$(\boldsymbol{A}-\lambda_1\boldsymbol{E})\boldsymbol{u}=0\text{ 与}(\boldsymbol{A}-\lambda_2\boldsymbol{E})^2\boldsymbol{v}=0$$

的解.

首先考虑方程组

$$(\boldsymbol{A}-\lambda_1\boldsymbol{E})\boldsymbol{u}=\begin{pmatrix}2&-1&-1\\1&0&-1\\1&-1&0\end{pmatrix}\begin{pmatrix}u_1\\u_2\\u_3\end{pmatrix}=\begin{pmatrix}0\\0\\0\end{pmatrix}$$

得 $\boldsymbol{u}=(\alpha,\alpha,\alpha)^T$,其中 α 是任意常数.子空间 U_1 由向量 $\boldsymbol{u}$ 所张成的.

其次考虑方程组

$$(\boldsymbol{A}-\lambda_2\boldsymbol{E})^2\boldsymbol{v}=\begin{pmatrix}-1&1&1\\-1&1&1\\-1&1&1\end{pmatrix}\begin{pmatrix}v_1\\v_2\\v_3\end{pmatrix}=\begin{pmatrix}0\\0\\0\end{pmatrix}$$

得 $\boldsymbol{v}=(\beta+\gamma,\beta,\gamma)^T$,其中 β 与 γ 是任意常数.子空间 U_2 由向量 $\boldsymbol{v}$ 所张成的.

设 $\boldsymbol{\eta}=(\eta_1,\eta_2,\eta_3)^T$ 为三维几里得空间里的向量,现在我们要寻找向量 $\boldsymbol{u}_1\in\boldsymbol{U}_1$ 与 $\boldsymbol{u}_2\in\boldsymbol{U}_2$,使得

$$\boldsymbol{\eta}=\boldsymbol{u}_1+\boldsymbol{u}_2.$$

即由

$$\begin{pmatrix}\eta_1\\\eta_2\\\eta_3\end{pmatrix}=\begin{pmatrix}\alpha\\\alpha\\\alpha\end{pmatrix}+\begin{pmatrix}\beta+\gamma\\\beta\\\gamma\end{pmatrix}.$$

得 $\alpha=-\eta_1+\eta_2+\eta_3,\beta=\eta_1-\eta_3,\gamma=\eta_1-\eta_2$.所以

$$\boldsymbol{u}_1=\begin{pmatrix}-\eta_1+\eta_2+\eta_3\\-\eta_1+\eta_2+\eta_3\\-\eta_1+\eta_2+\eta_3\end{pmatrix},\boldsymbol{u}_2=\begin{pmatrix}2\eta_1-\eta_2-\eta_3\\\eta_1-\eta_3\\\eta_1-\eta_2\end{pmatrix}.$$

根据式(4.41),方程组满足初始条件 $\varphi(0)=\boldsymbol{\eta}$ 的解为

$$\varphi(t) = e^{2t}\boldsymbol{E}\boldsymbol{u}_1 + e^{3t}(\boldsymbol{E} + t(\boldsymbol{A} - 3\boldsymbol{E}))\boldsymbol{u}_2$$

$$= e^{2t}\begin{pmatrix} -\eta_1 + \eta_2 + \eta_3 \\ -\eta_1 + \eta_2 + \eta_3 \\ -\eta_1 + \eta_2 + \eta_3 \end{pmatrix} + e^{3t}\begin{pmatrix} 1+t & -t & -t \\ t & 1-t & -t \\ t & -t & 1-t \end{pmatrix}\begin{pmatrix} 2\eta_1 - \eta_2 - \eta_3 \\ \eta_1 - \eta_3 \\ \eta_1 - \eta_2 \end{pmatrix}.$$

为了得到 $\exp\boldsymbol{A}t$，分别令 $\boldsymbol{\eta} = \begin{pmatrix} 1 \\ 0 \\ 0 \end{pmatrix}, \begin{pmatrix} 0 \\ 1 \\ 0 \end{pmatrix}, \begin{pmatrix} 0 \\ 0 \\ 1 \end{pmatrix}$，代入上式得到三个线性无关的解：

$$\varphi_1(t) = \begin{pmatrix} -e^{2t} + 2e^{3t} \\ -e^{2t} + e^{3t} \\ -e^{2t} + e^{3t} \end{pmatrix}, \varphi_2(t) = \begin{pmatrix} e^{2t} - e^{3t} \\ e^{2t} \\ e^{2t} - e^{3t} \end{pmatrix}, \varphi_3(t) = \begin{pmatrix} e^{2t} - e^{3t} \\ e^{2t} - e^{3t} \\ e^{2t} \end{pmatrix},$$

故

$$\exp\boldsymbol{A}t = (\varphi_1(t), \varphi_2(t), \varphi_3(t)) = \begin{pmatrix} -e^{2t} + 2e^{3t} & e^{2t} - e^{3t} & e^{2t} - e^{3t} \\ -e^{2t} + e^{3t} & e^{2t} & e^{2t} - e^{3t} \\ -e^{2t} + e^{3t} & e^{2t} - e^{3t} & e^{2t} \end{pmatrix}.$$

注：从定理 4.15 的证明过程可看出，当 $\boldsymbol{A}$ 只有一个特征值 λ_0 时(即 λ_0 为 n 重根)，无须将初始向量 $\boldsymbol{\eta}$ 分解为式(4.40). 这时对任意的 n 维向量 $\boldsymbol{u}$，都有

$$(\boldsymbol{A} - \lambda\boldsymbol{E})^n\boldsymbol{u} = 0$$

成立，即$(\boldsymbol{A} - \lambda\boldsymbol{E})^n$ 为零向量. 因此由 $\exp\boldsymbol{A}t$ 的定义可得到

$$\exp\boldsymbol{A}t = e^{\lambda t}\exp(\boldsymbol{A} - \lambda\boldsymbol{E})t = e^{\lambda t}\sum_{i=0}^{n-1}\frac{t^i}{i!}(\boldsymbol{A} - \lambda\boldsymbol{E})^i. \tag{4.43}$$

例 4.12　试求方程组 $\boldsymbol{X}' = \boldsymbol{A}\boldsymbol{X}$ 的通解，其中 $\boldsymbol{A} = \begin{pmatrix} 1 & -3 \\ 3 & 7 \end{pmatrix}$(同例 4.8).

解：由例 4.8 得到方程组所对应的特征值为 $\lambda_1 = \lambda_2 = 4$，代入式(4.43) 得到

$$\exp\boldsymbol{A}t = e^{4t}[\boldsymbol{E} + t(\boldsymbol{A} - \lambda_1\boldsymbol{E})] = e^{4t}\left[\begin{pmatrix} 1 & 0 \\ 0 & 1 \end{pmatrix} + t\begin{pmatrix} -3 & -3 \\ 3 & 3 \end{pmatrix}\right] = e^{4t}\begin{pmatrix} 1-3t & -3t \\ 3t & 1+3t \end{pmatrix}.$$

因此，方程组的通解为

$$\varphi(t) = e^{4t}\begin{pmatrix} 1-3t & -3t \\ 3t & 1+3t \end{pmatrix}\begin{pmatrix} c_1 \\ c_2 \end{pmatrix},$$

其中，c_1, c_2 为任意的常数.

4.2.2* 拉普拉斯变换法

在第 3 章中已介绍了高阶常系数线性微分方程的拉普拉斯变换(简称拉氏变换) 这一解法. 现在利用拉氏变换来求解常系数齐线性微分方程组(4.27)，应用拉氏变换实际上是将求解线性微分方程组问题化为求解线性代数方程组的问题，所采用的思路和方法与第 3 章相同.

下面通过几个例子，可以看到利用拉普拉斯变换法求解常系数齐线性方程组的问

题,具有突出的优越性.

例 4.13 试求方程组 $\boldsymbol{X}' = \boldsymbol{AX}$ 的通解,其中 $\boldsymbol{A} = \begin{pmatrix} 3 & 2 \\ 1 & 2 \end{pmatrix}$(同例 4.9).

解:将方程组写成分量形式,即

$$\begin{cases} \dfrac{\mathrm{d}x_1}{\mathrm{d}t} = 3x_1 + 2x_2 \\ \dfrac{\mathrm{d}x_2}{\mathrm{d}t} = x_1 + 2x_2 \end{cases}.$$

令 $X_1(s) = L[x_1(t)]$,$X_2(s) = L[x_2(t)]$. 设 $x_1(0) = \eta_1$,$x_2(0) = \eta_2$. 对方程组进行拉普拉斯变换得到

$$\begin{cases} sX_1(s) - \eta_1 = 3X_1(s) + 2X_2(s) \\ sX_2(s) - \eta_2 = X_1(s) + 2X_2(s) \end{cases},$$

即

$$\begin{cases} (s-3)X_1(s) - 2X_2(s) = \eta_1 \\ -X_1(s) + (s-2)X_2(s) = \eta_2 \end{cases}.$$

由此得到

$$\begin{cases} X_1(s) = \left[\dfrac{\frac{1}{3}}{s-1} + \dfrac{\frac{2}{3}}{s-4}\right]\eta_1 + \left[\dfrac{-\frac{2}{3}}{s-1} + \dfrac{\frac{2}{3}}{s-4}\right]\eta_2 \\ X_2(s) = \left[\dfrac{\frac{2}{3}}{s-1} + \dfrac{\frac{1}{3}}{s-4}\right]\eta_2 + \left[\dfrac{-\frac{1}{3}}{s-1} + \dfrac{\frac{1}{3}}{s-4}\right]\eta_1 \end{cases}.$$

取逆变换或查拉普拉斯变换表即得

$$\begin{cases} x_1(t) = \left(\dfrac{1}{3}\mathrm{e}^t + \dfrac{2}{3}\mathrm{e}^{4t}\right)\eta_1 + \left(-\dfrac{2}{3}\mathrm{e}^t + \dfrac{2}{3}\mathrm{e}^{4t}\right)\eta_2 \\ x_2(t) = \left(-\dfrac{1}{3}\mathrm{e}^t + \dfrac{1}{3}\mathrm{e}^{4t}\right)\eta_1 + \left(\dfrac{2}{3}\mathrm{e}^t + \dfrac{1}{3}\mathrm{e}^{4t}\right)\eta_2 \end{cases},$$

即

$$\begin{cases} x_1(t) = \left(\dfrac{1}{3}\eta_1 - \dfrac{2}{3}\eta_2\right)\mathrm{e}^t + \left(\dfrac{2}{3}\eta_1 + \dfrac{2}{3}\eta_2\right)\mathrm{e}^{4t} \\ x_2(t) = \left(-\dfrac{1}{3}\eta_1 + \dfrac{2}{3}\eta_2\right)\mathrm{e}^t + \left(\dfrac{1}{3}\eta_1 + \dfrac{1}{3}\eta_2\right)\mathrm{e}^{4t} \end{cases}.$$

令 $c_1 = \dfrac{1}{3}\eta_1 - \dfrac{2}{3}\eta_2$,$c_2 = \dfrac{1}{3}\eta_1 + \dfrac{1}{3}\eta_2$,得到方程组的通解为

$$\begin{pmatrix} x_1(t) \\ x_2(t) \end{pmatrix} = \begin{pmatrix} \mathrm{e}^t & 2\mathrm{e}^{4t} \\ -\mathrm{e}^t & \mathrm{e}^{4t} \end{pmatrix}\begin{pmatrix} c_1 \\ c_2 \end{pmatrix},$$

其中,c_1,c_2 为任意常数. 故 $\Phi(t) = \begin{pmatrix} \mathrm{e}^t & 2\mathrm{e}^{4t} \\ -\mathrm{e}^t & \mathrm{e}^{4t} \end{pmatrix}$ 为原方程组的一个基解矩阵,所得结果与例 4.9 相同.

例 4.14　求方程组 $\boldsymbol{X}'=\boldsymbol{AX}$ 满足初始条件 $X(0)=\begin{pmatrix}2\\5\end{pmatrix}$ 的解，其中 $\boldsymbol{A}=\begin{pmatrix}3 & 5\\-2 & -8\end{pmatrix}$，$\boldsymbol{X}=\begin{pmatrix}x_1\\x_2\end{pmatrix}$.

解：将方程组写成分量形式，即

$$\begin{cases}\dfrac{\mathrm{d}x_1}{\mathrm{d}t}=3x_1+5x_2\\[2mm]\dfrac{\mathrm{d}x_2}{\mathrm{d}t}=-2x_1-8x_2\end{cases}.$$

令 $X_1(s)=L[x_1(t)]$，$X_2(s)=L[x_2(t)]$. 设 $x_1(0)=2$，$x_2(0)=5$. 对方程组进行拉普拉斯变换得到

$$\begin{cases}sX_1(s)-x_1(0)=3X_1(s)+5X_2(s)\\sX_2(s)-x_2(0)=-2X_1(s)-8X_2(s)\end{cases},$$

即

$$\begin{cases}(s-3)X_1(s)-5X_2(s)=2\\2X_1(s)+(s+8)X_2(s)=5\end{cases}.$$

由此得到

$$\begin{cases}X_1(s)=\dfrac{5}{s-2}-\dfrac{3}{s+7}\\[2mm]X_2(s)=\dfrac{-1}{s-2}+\dfrac{6}{s+7}\end{cases},$$

取逆变换或查拉普拉斯变换表可得到所求得解为

$$\begin{cases}x_1(t)=5\mathrm{e}^{2t}-3\mathrm{e}^{-7t}\\x_2(t)=-\mathrm{e}^{2t}+6\mathrm{e}^{-7t}\end{cases}.$$

习题 4.2

(A)

1. 试计算下列矩阵的特征值与对应的特征向量：

(1) $\begin{pmatrix}5 & -3\\1 & 1\end{pmatrix}$；　　(2) $\begin{pmatrix}-1 & -1\\1 & -3\end{pmatrix}$；　　(3) $\begin{pmatrix}2 & -1 & 1\\1 & 2 & -1\\1 & -1 & 2\end{pmatrix}$.

2. 试求下列方程组 $\boldsymbol{X}'=\boldsymbol{AX}$ 的一个基解矩阵，并求 $\exp\boldsymbol{A}t$，其中 $\boldsymbol{A}$ 为：

(1) $\begin{pmatrix}5 & -3\\1 & 1\end{pmatrix}$；　　(2) $\begin{pmatrix}2 & -1 & 1\\1 & 2 & -1\\1 & -1 & 2\end{pmatrix}$；　　(3) $\begin{pmatrix}1 & \frac{2}{3} & -\frac{2}{3}\\0 & \frac{2}{3} & \frac{1}{3}\\0 & -\frac{1}{3} & \frac{4}{3}\end{pmatrix}$.

3. 试求方程组 $\boldsymbol{X}'=\boldsymbol{A}\boldsymbol{X}$ 满足初始条件 $\varphi(0)=\boldsymbol{\eta}$ 的解 $\boldsymbol{X}=\varphi(t)$：

(1) $\begin{pmatrix}-3 & 1\\ 8 & -1\end{pmatrix},\boldsymbol{\eta}=\begin{pmatrix}1\\4\end{pmatrix}$；　　(2) $\begin{pmatrix}2 & -3 & 3\\ 4 & -5 & 3\\ 4 & -4 & 2\end{pmatrix},\boldsymbol{\eta}=\begin{pmatrix}1\\0\\-1\end{pmatrix}$.

4. 利用拉氏变换法求解下列各方程组的初值问题：

(1) $\begin{cases}\dfrac{\mathrm{d}x_1}{\mathrm{d}t}=-x_2,\\ \dfrac{\mathrm{d}x_2}{\mathrm{d}t}=-x_1,\\ x_1(0)=2,x_2(0)=0;\end{cases}$　　(2) $\begin{cases}\dfrac{\mathrm{d}x_1}{\mathrm{d}t}=2x_1+x_2,\\ \dfrac{\mathrm{d}x_2}{\mathrm{d}t}=-x_1+4x_2,\\ x_1(0)=0,x_2(0)=1.\end{cases}$

(B)

5. 对于常系数齐线性方程组

$$\frac{\mathrm{d}\boldsymbol{X}}{\mathrm{d}t}=\boldsymbol{A}\boldsymbol{X},$$

试证：

(1) 若 $\boldsymbol{A}$ 的特征根都具有负实部，则方程组的任意解当 $t\to+\infty$ 时都趋于它的零解；

(2) 若 $\boldsymbol{A}$ 的特征根的实部都是非正的，且实部为零的特征根都是单根，则方程组的任意解当 $t\to+\infty$ 时都保持有界；

(3) 若 $\boldsymbol{A}$ 的特征根至少有一个具有正实部，则方程组至少有一个解当 $t\to+\infty$ 时趋于无穷.

6. 设 $\boldsymbol{X}(t)=\boldsymbol{P}(t)\mathrm{e}^{\lambda t}$ 是常系数齐线性方程组

$$\frac{\mathrm{d}\boldsymbol{X}}{\mathrm{d}t}=\boldsymbol{A}\boldsymbol{X} \tag{$*$}$$

的解，其中 λ 是常数，向量 $\boldsymbol{P}(t)$ 的各分量都是多项式，这些多项式的次数最高为 k，试证：向量函数组

$$\mathrm{e}^{\lambda t}\boldsymbol{P}(t),\mathrm{e}^{\lambda t}\boldsymbol{P}'(t),\cdots,\mathrm{e}^{\lambda t}\boldsymbol{P}^{(k)}(t)$$

是(*)的一个线性无关的解组.

7. 求解下列方程组：

(1) $\begin{cases}\dfrac{\mathrm{d}x}{\mathrm{d}t}+\dfrac{\mathrm{d}y}{\mathrm{d}t}=y+z,\\ \dfrac{\mathrm{d}y}{\mathrm{d}t}+\dfrac{\mathrm{d}z}{\mathrm{d}t}=z+x,\\ \dfrac{\mathrm{d}z}{\mathrm{d}t}+\dfrac{\mathrm{d}x}{\mathrm{d}t}=x+y;\end{cases}$　　(2) $\begin{cases}\dfrac{\mathrm{d}x}{\mathrm{d}t}=-x+y+z,\\ \dfrac{\mathrm{d}y}{\mathrm{d}t}=x-y+z,\\ \dfrac{\mathrm{d}z}{\mathrm{d}t}=x+y-z.\end{cases}$

§4.3　常系数非齐线性方程组

现在来考虑常系数非齐线性微分方程组

$$X' = AX + F(t) \tag{4.44}$$

其中,$\boldsymbol{A}$ 是 $n \times n$ 的常数矩阵,$F(t)$ 为已知的连续 n 维向量函数.

由 4.1.3 中的定理 4.10 可知,若已知它所对应的齐线性方程组(4.27)的一个基解矩阵 $\Phi(t)$,则只需求出原方程组(4.44)的一个特解 $\overline{\varphi}(t)$,那么方程组(4.44)的通解为

$$X(t) = \Phi(t)c + \overline{\varphi}(t),$$

其中,c 为任意的 n 维常数列向量.

当 $F(t)$ 是一般类型的函数时,可以利用定理 4.12 求出原方程组的一个特解 $\overline{\varphi}(t)$. 下面研究当 $F(t)$ 具有某些特殊形状时,利用待定系数法与拉普拉斯变换法求出原方程组的一个特解.

4.3.1　待定系数法

与 3.3.1 节中的方法类似,当 $F(t)$ 具有某些特殊形状时,利用待定系数法求方程组(4.44)的一个特解,即将求解微分方程组的问题转化为某一个代数问题来处理.

类型 Ⅰ

设 $F(t) = \begin{pmatrix} P_1(t) \\ P_2(t) \\ \vdots \\ P_n(t) \end{pmatrix} e^{\alpha t}$,其中 $P_i(t)(i = 1,2,\cdots,n)$ 是 t 的多项式,它们中最高的次数为 m.

(1) 当 α 不是特征根时,方程组(4.44)有形如

$$\overline{\varphi}(t) = \begin{pmatrix} Q_1(t) \\ Q_2(t) \\ \vdots \\ Q_n(t) \end{pmatrix} e^{\alpha t} \tag{4.45}$$

的一个特解,其中 $Q_i(t)(i = 1,2,\cdots,n)$ 是 t 的待定多项式,它们的次数都是形式上的 m 次.

(2) 当 α 是 k 重特征根时,方程组(4.44)有形如

$$\overline{\varphi}(t) = t^k \begin{pmatrix} Q_1(t) \\ Q_2(t) \\ \vdots \\ Q_n(t) \end{pmatrix} e^{\alpha t} \tag{4.46}$$

的一个特解,其中 $Q_i(t)(i = 1,2,\cdots,n)$ 是 t 的待定多项式,它们的次数都是形式上的 $m + k$ 次.

类型 Ⅱ

设 $F(t)=\begin{pmatrix}P_1(t)\cos\beta t+\overline{P}_1(t)\sin\beta t\\P_2(t)\cos\beta t+\overline{P}_2(t)\sin\beta t\\\vdots\\P_n(t)\cos\beta t+\overline{P}_n(t)\sin\beta t\end{pmatrix}e^{\alpha t}$，其中 α,β 是实值常数，$P_i(t)$、$\overline{P_i}(t)(i=1,2,\cdots,n)$ 是 t 的多项式，它们中最高的次数为形式上的 m.

(1) 当 $\alpha+\mathrm{i}\beta$ 不是特征根时，方程组(4.44)有形如

$$\overline{\varphi}(t)=\begin{pmatrix}Q_1(t)\cos\beta t+\overline{Q}_1(t)\sin\beta t\\Q_2(t)\cos\beta t+\overline{Q}_2(t)\sin\beta t\\\vdots\\Q_n(t)\cos\beta t+\overline{Q}_n(t)\sin\beta t\end{pmatrix}e^{\alpha t}\tag{4.47}$$

的一个特解，其中 $Q_i(t)$、$\overline{Q}_i(t)(i=1,2,\cdots,n)$ 是 t 的待定多项式，它们的次数都是形式上的 m 次.

(2) 当 $\alpha+\mathrm{i}\beta$ 是 k 重特征根时，方程组(4.44)有形如

$$\overline{\varphi}(t)=t^k\begin{pmatrix}Q_1(t)\cos\beta t+\overline{Q}_1(t)\sin\beta t\\Q_2(t)\cos\beta t+\overline{Q}_2(t)\sin\beta t\\\vdots\\Q_n(t)\cos\beta t+\overline{Q}_n(t)\sin\beta t\end{pmatrix}e^{\alpha t}\tag{4.48}$$

的一个特解，其中 $Q_i(t)$、$\overline{Q}_i(t)(i=1,2,\cdots,n)$ 是 t 的待定多项式，它们的次数都是形式上的 $m+k$ 次.

下面来看几个例子.

例 4.14 求下列方程组的通解：

$$\begin{cases}\dfrac{\mathrm{d}x}{\mathrm{d}t}=-x+2y+1,\\[2mm]\dfrac{\mathrm{d}y}{\mathrm{d}t}=-2x+3y.\end{cases}$$

解：首先求相应的齐线性方程组的一个基解矩阵. 系数矩阵为

$$A=\begin{pmatrix}-1&2\\-2&3\end{pmatrix},$$

由 $\det(\boldsymbol{A}-\lambda\boldsymbol{E})=\begin{vmatrix}-1-\lambda&2\\-2&3-\lambda\end{vmatrix}=0$ 得特征根为 $\lambda_1=\lambda_2=1$. 特征根为二重，故由式(4.43)得到相应的齐线性方程组的基解矩阵为

$$\exp\boldsymbol{A}t=e^t[\boldsymbol{E}+t(\boldsymbol{A}-\boldsymbol{E})]=e^t\begin{pmatrix}1-2t&2t\\-2t&1+2t\end{pmatrix}.$$

其次，再求原方程组的一个特解 $\overline{\varphi}(t)$.

记 $F(t)=\begin{pmatrix}1\\0\end{pmatrix}e^{0t}$，由于 $\alpha=0$ 不是特征根，故原方程组有形如

$$\overline{\varphi}(t)=\begin{pmatrix}a\\b\end{pmatrix}$$

的一个特解，代入原方程组得到

$$a=-3,b=-2,$$

即

$$\overline{\varphi}(t)=\begin{pmatrix}-3\\-2\end{pmatrix}.$$

所以方程组的通解为

$$\varphi(t)=\mathrm{e}^t\begin{pmatrix}1-2t & 2t\\-2t & 1+2t\end{pmatrix}c+\begin{pmatrix}-3\\-2\end{pmatrix},$$

其中，c 为任意的二维常数列向量.

例 4.15　求下列方程组的通解：

$$\begin{cases}\dfrac{\mathrm{d}x}{\mathrm{d}t}=4x-3y+\sin t\\[2mm]\dfrac{\mathrm{d}y}{\mathrm{d}t}=2x-y-2\end{cases}.$$

解：系数矩阵为

$$\boldsymbol{A}=\begin{pmatrix}4 & -3\\2 & -1\end{pmatrix},$$

由 $\det(\boldsymbol{A}-\lambda\boldsymbol{E})=\begin{vmatrix}4-\lambda & -3\\2 & -1-\lambda\end{vmatrix}=0$ 得特征根为 $\lambda_1=1,\lambda_2=2$，分别求出相应的一个特征向量为 $\boldsymbol{v}_1=\begin{pmatrix}1\\1\end{pmatrix}$ 与 $\boldsymbol{v}_2=\begin{pmatrix}3\\2\end{pmatrix}$. 故由定理 4.14 得到相应的齐线性方程组的一个基解矩阵为

$$\boldsymbol{\Phi}(t)=\begin{pmatrix}\mathrm{e}^t & 3\mathrm{e}^{2t}\\\mathrm{e}^t & 2\mathrm{e}^{2t}\end{pmatrix}.$$

再求原方程组的一个特解 $\overline{\varphi}(t)$.

记 $F(t)=\begin{pmatrix}\sin t\\-2\end{pmatrix}$，则 $F(t)=\begin{pmatrix}\sin t\\-2\end{pmatrix}=\begin{pmatrix}\sin t\\0\end{pmatrix}+\begin{pmatrix}0\\-2\end{pmatrix}$,

(1) 先求

$$\begin{pmatrix}x'\\y'\end{pmatrix}=\begin{pmatrix}4 & -3\\2 & -1\end{pmatrix}\begin{pmatrix}x\\y\end{pmatrix}+\begin{pmatrix}\sin t\\0\end{pmatrix}$$

的特解 $\overline{\varphi}_1(t)$.

令 $F_1(t)=\begin{pmatrix}\sin t\\0\end{pmatrix}=\begin{pmatrix}0\cdot\cos t+1\cdot\sin t\\0\cdot\cos t+0\cdot\sin t\end{pmatrix}\mathrm{e}^{0t}$，$P_1(t)=0,\overline{P}_1(t)=1,P_2(t)=0,\overline{P}_2(t)=0$，都是零次多项式.

由于 $\alpha+\mathrm{i}\beta=0+\mathrm{i}$ 不是特征根，故方程组有形如

$$\bar{\varphi}(t)=\begin{pmatrix}a\cos t+b\sin t\\ c\cos t+\mathrm{d}\sin t\end{pmatrix}$$

的一个特解，代入方程组得到

$$a=\frac{2}{5},b=-\frac{1}{5},c=\frac{3}{5},d=\frac{1}{5},$$

即

$$\bar{\varphi}_1(t)=\begin{pmatrix}\frac{2}{5}\cos t-\frac{1}{5}\sin t\\ \frac{3}{5}\cos t+\frac{1}{5}\sin t\end{pmatrix}.$$

(2) 再求

$$\begin{pmatrix}x'\\ y'\end{pmatrix}=\begin{pmatrix}4&-3\\ 2&-1\end{pmatrix}\begin{pmatrix}x\\ y\end{pmatrix}+\begin{pmatrix}0\\ -2\end{pmatrix}$$

的特解$\bar{\varphi}_2(t)$.

令 $F_2(t)=\begin{pmatrix}0\\ -2\end{pmatrix}=\begin{pmatrix}0\\ -2\end{pmatrix}\mathrm{e}^{0t}$，多项式 $P_i(t)(i=1,2)$ 的最高次数是零次. 由于 $\alpha=0$ 不是特征根，故方程组有形如

$$\bar{\varphi}(t)=\begin{pmatrix}m\\ n\end{pmatrix}$$

的一个特解，代入方程组得到

$$m=3,n=4,$$

即得

$$\bar{\varphi}_2(t)=\begin{pmatrix}3\\ 4\end{pmatrix}.$$

综上所述，原方程组的通解为

$$\varphi(t)=\begin{pmatrix}\mathrm{e}^t&3\mathrm{e}^{2t}\\ \mathrm{e}^t&2\mathrm{e}^{2t}\end{pmatrix}c+\bar{\varphi}_1(t)+\bar{\varphi}_2(t),$$

即

$$\varphi(t)=\begin{pmatrix}\mathrm{e}^t&3\mathrm{e}^{2t}\\ \mathrm{e}^t&2\mathrm{e}^{2t}\end{pmatrix}c+\begin{pmatrix}\frac{2}{5}\cos t-\frac{1}{5}\sin t+3\\ \frac{3}{5}\cos t+\frac{1}{5}\sin t+4\end{pmatrix},$$

其中，c 为任意的二维常数列向量.

当要求解常系数线性方程组的初值问题时，可以直接应用定理 4.12 得到初值问题的解. 如果要求出例 4.15 中的方程组满足初始条件

$$\varphi(0)=\begin{pmatrix}2\\ 1\end{pmatrix}$$

的解. 只需如例 4.15 一样，求出一个基解矩阵 $\Phi(t)=\begin{pmatrix} e^t & 3e^{2t} \\ e^t & 2e^{2t} \end{pmatrix}$，再利用式(4.26)得到初值问题的解.

4.3.2* 拉普拉斯变换法

在 4.2.2 中，已经利用拉普拉斯变换法求解常系数齐线性微分方程组的问题，拉普拉斯变换还可用于求解某些常系数非齐线性方程组.

例 4.16　求方程组

$$\begin{cases} \dfrac{dx}{dt}=x+2y+e^t \\ \dfrac{dy}{dt}=4x+3y+1 \end{cases}$$

满足初始条件 $x(0)=-1, y(0)=1$ 的解.

解：令 $X_1(s)=L[x(t)], X_2(s)=L[y(t)]$. 对方程组进行拉普拉斯变换得到

$$\begin{cases} sX_1(s)-x(0)=X_1(s)+2X_2(s)+\dfrac{1}{s-1}, \\ sX_2(s)-y(0)=4X_1(s)+3X_2(s)+\dfrac{1}{s}, \end{cases}$$

即

$$\begin{cases} sX_1(s)+1=X_1(s)+2X_2(s)+\dfrac{1}{s-1}, \\ sX_2(s)-1=4X_1(s)+3X_2(s)+\dfrac{1}{s}, \end{cases}$$

由此得到

$$\begin{cases} X_1(s)=\dfrac{-\frac{2}{5}}{s}+\dfrac{\frac{1}{4}}{s-1}+\dfrac{\frac{3}{20}}{s-5}+\dfrac{-1}{s+1}, \\ X_2(s)=\dfrac{\frac{1}{5}}{s}+\dfrac{-\frac{1}{2}}{s-1}+\dfrac{\frac{3}{10}}{s-5}+\dfrac{1}{s+1}, \end{cases}$$

取逆变换或查拉普拉斯变换表可得到所求得解为

$$\begin{cases} x_1(t)=-\dfrac{2}{5}+\dfrac{1}{4}e^t+\dfrac{3}{20}e^{5t}-e^{-t}, \\ x_2(t)=\dfrac{1}{5}-\dfrac{1}{2}e^t+\dfrac{3}{10}e^{5t}+e^{-t}. \end{cases}$$

应用拉普拉斯变换还可以直接去解高阶的常系数线性微分方程组，而不必先化为一阶的常系数线性微分方程组.

例 4.17　试求方程组

$$\begin{cases} x_1''-2x_1'-x_2'+2x_2=0 \\ x_1'-2x_1+x_2'=-2e^{-t} \end{cases}$$

满足初始条件 $\varphi_1(0)=3,\varphi_1'(0)=2,\varphi_2(0)=0$ 的解 $x_1=\varphi_1(t)$ 与 $x_2=\varphi_2(t)$.

解:令 $X_1(s)=L[\varphi_1(t)],X_2(s)=L[\varphi_2(t)]$. 对方程组进行拉普拉斯变换得到

$$\begin{cases}[s^2X_1(s)-3s-2]-2[sX_1(s)-3]-sX_2(s)+2X_2(s)=0,\\ [sX_1(s)-3]-2X_1(s)+sX_2(s)=\dfrac{-2}{s+1},\end{cases}$$

即

$$\begin{cases}(s^2-2s)X_1(s)-(s-2)X_2(s)=3s-4,\\ (s-2)X_1(s)+sX_2(s)=\dfrac{3s+1}{s+1}.\end{cases}$$

解得

$$\begin{cases}X_1(s)=\dfrac{1}{s-1}+\dfrac{1}{s+1}+\dfrac{1}{s-2},\\ X_2(s)=\dfrac{1}{s-1}-\dfrac{1}{s+1},\end{cases}$$

取逆变换就得到所求的解 $\varphi_1(t)=e^t+e^{-t}+e^{2t},\varphi_2(t)=e^t-e^{-t}$.

习题 4.3

(A)

1. 求下列方程组 $\boldsymbol{X}'=\boldsymbol{AX}+F(t)$ 的通解:

(1)$\boldsymbol{A}=\begin{pmatrix}1&2\\4&3\end{pmatrix},F(t)=\begin{pmatrix}4\\-2\end{pmatrix}e^t$;

(2)$\boldsymbol{A}=\begin{pmatrix}0&1\\4&0\end{pmatrix},F(t)=\begin{pmatrix}0\\ \sin4t\end{pmatrix}$.

2. 求出下列初值问题$\begin{cases}\boldsymbol{X}'=\boldsymbol{AX}+F(t)\\ \boldsymbol{X}(0)=\boldsymbol{\eta}\end{cases}$的解 $\boldsymbol{X}=\varphi(t)$:

(1)$\boldsymbol{A}=\begin{pmatrix}-1&8\\1&1\end{pmatrix},F(t)=\begin{pmatrix}e^t\\e^{-t}\end{pmatrix},\boldsymbol{\eta}=\begin{pmatrix}0\\1\end{pmatrix}$;

(2)$\boldsymbol{A}=\begin{pmatrix}0&1&0\\0&0&1\\-6&-11&-6\end{pmatrix},F(t)=\begin{pmatrix}0\\0\\e^{-t}\end{pmatrix},\boldsymbol{\eta}=\begin{pmatrix}0\\0\\0\end{pmatrix}$.

3. 求出二阶方程初值问题:

$$\begin{cases}x''-3x'+2x=2e^{-t}\\ x(0)=2,x'(0)=-1\end{cases}$$

的解.

(B)

4. 利用拉普拉斯变换求下列各初值问题的解：

(1) $\begin{cases}\dfrac{\mathrm{d}x}{\mathrm{d}t}=3x+2y+4\mathrm{e}^{5t},\\ \dfrac{\mathrm{d}y}{\mathrm{d}t}=x+2y,\\ x(0)=1,y(0)=0;\end{cases}$　　(2) $\begin{cases}\dfrac{\mathrm{d}x}{\mathrm{d}t}=4x-3y+\sin t,\\ \dfrac{\mathrm{d}y}{\mathrm{d}t}=2x-y-2\cos t,\\ x(0)=1,y(0)=2.\end{cases}$

5. 求出下列初值问题 $\begin{cases}\boldsymbol{X}'=\boldsymbol{A}\boldsymbol{X}+F(t)\\ \boldsymbol{X}(0)=\boldsymbol{\eta}\end{cases}$ 的解 $\boldsymbol{X}=\varphi(t)$：

$$\boldsymbol{A}=\begin{pmatrix}2&-1&-1\\3&-2&-3\\-1&1&2\end{pmatrix},F(t)=\begin{pmatrix}1\\t\\2t\end{pmatrix},\boldsymbol{\eta}=\begin{pmatrix}1\\0\\1\end{pmatrix}.$$

6. 设 m 不是矩阵 $\boldsymbol{A}$ 的特征值，试证明下列线性非齐次方程组

$$\boldsymbol{X}'=\boldsymbol{A}\boldsymbol{X}+\boldsymbol{C}\mathrm{e}^{mt}$$

具有形如

$$\boldsymbol{\Phi}(t)=\boldsymbol{P}\mathrm{e}^{mt}$$

的解，其中 $\boldsymbol{C},\boldsymbol{P}$ 为常数列向量.

7. 假设 $y=\varphi(x)$ 是二阶常系数线性微分方程初值问题

$$\begin{cases}y''+ay'+by=0\\ y(0)=0,y'(0)=1\end{cases}$$

的解，试证明

$$y=\int_0^x\varphi(x-t)f(t)\mathrm{d}t$$

是方程

$$y''+ay'+by=f(x)$$

的解，这里 $f(x)$ 为已知连续函数.

本章小结

一阶微分方程组尤其是一阶线性微分方程组在微分方程中占有极其重要的地位. 本章介绍了一阶线性微分方程组的通解结构理论和一阶常系数线性方程组的解法.

对于一阶齐线性方程组，如果已知 $\Phi(t)$ 是其基解矩阵，那么它的通解可表示为

$$X(t)=\Phi(t)c,$$

这里 c 是任意的 n 维常数列向量.

对于一阶非齐线性方程组，如果已知 $\Phi(t)$ 是其对应的齐线性方程组的一个基解矩阵以及 $\bar{\varphi}(t)$ 是它自身的一个特解，那么它的通解可表示为

$$X(t)=\Phi(t)c+\bar{\varphi}(t).$$

对于变系数线性微分方程组，它的精确解一般是无法求出的，本章主要讨论的是一阶常系数线性方程组的解法. 我们介绍常数变易法、待定系数法及拉普拉斯变换三种方法.

学习本章时要注意以下几点：

1. 掌握高阶微分方程(组)化为一阶微分方程组的处理办法.

2. 理解线性方程组解的存在唯一性定理，掌握逐步逼近法，熟悉用向量函数及矩阵函数的表述方程的方法.

3. 掌握一阶线性方程组解的性质及通解结构理论.

4. 熟练掌握一阶常系数线性方程组解的解法，特别是一阶齐线性方程组的基解矩阵的求法. 能够根据矩阵的特征根的特点，分别利用定理 4.14 至定理 14.6 得到. 能根据一阶线性方程组 $\boldsymbol{X}'=\boldsymbol{AX}+F(t)$ 的右端 $F(t)$ 的特点，求出方程组的一个特解.

综合习题 4

(A)

1. 计算下列方阵 $\boldsymbol{A}$ 的矩阵指数函数 $\exp\boldsymbol{A}t$：

(1) $\begin{pmatrix}3&1\\0&3\end{pmatrix}$；　　(2) $\begin{pmatrix}3&-1\\4&-1\end{pmatrix}$；

(3) $\begin{pmatrix}2&0&-1\\1&-1&0\\3&-1&-1\end{pmatrix}$；　　(4) $\begin{pmatrix}3&-1&1\\-1&5&-1\\1&-1&3\end{pmatrix}$.

2. 求出初值问题 $\boldsymbol{X}'=\boldsymbol{AX}$，$\boldsymbol{X}(0)=\boldsymbol{\eta}$ 的解 $\varphi(t)$，其中

$$\boldsymbol{A}=\begin{pmatrix}2&1&0\\0&2&1\\0&0&2\end{pmatrix},\boldsymbol{\eta}=\begin{pmatrix}1\\2\\-1\end{pmatrix}.$$

3. 求方程组 $\boldsymbol{X}'=\boldsymbol{AX}+F(t)$ 的通解，其中

$$\boldsymbol{A}=\begin{pmatrix}2&1&-2\\-1&0&0\\1&1&-1\end{pmatrix},F(t)=\begin{pmatrix}-t+2\\1\\-t+1\end{pmatrix}.$$

4. 设 $n\times n$ 矩阵函数 $\boldsymbol{A}_1(t)$，$\boldsymbol{A}_2(t)$ 在 (a,b) 内连续，试证明：若方程组

$$\frac{\mathrm{d}\boldsymbol{X}}{\mathrm{d}t}=\boldsymbol{A}_1(t)\boldsymbol{X},\frac{\mathrm{d}\boldsymbol{X}}{\mathrm{d}t}=\boldsymbol{A}_2(t)\boldsymbol{X}$$

有相同的基本解组，则 $\boldsymbol{A}_1(t)\equiv\boldsymbol{A}_2(t)$.

(B)

5. 求下列初值问题的解：

(1) $\begin{cases} \dfrac{\mathrm{d}x}{\mathrm{d}t} = 2x - y + 2z + 1, \\ \dfrac{\mathrm{d}y}{\mathrm{d}t} = x + 2z + 1, \\ \dfrac{\mathrm{d}z}{\mathrm{d}t} = -2x + y - z + t, \\ x(0) = 0, y(0) = 1, z(0) = 1; \end{cases}$

(2) $\begin{cases} \dfrac{\mathrm{d}x}{\mathrm{d}t} = 2x + y, \\ \dfrac{\mathrm{d}y}{\mathrm{d}t} = 2y + 4z, \\ \dfrac{\mathrm{d}z}{\mathrm{d}t} = x - z, \\ x(0) = 0, y(0) = 1, z(0) = 1. \end{cases}$

6. 用拉普拉斯变换求解初值问题：

$$\begin{cases} \dfrac{\mathrm{d}x}{\mathrm{d}t} = 3x + 5y - 2\mathrm{e}^{3t} - 55\cos t \\ \dfrac{\mathrm{d}y}{\mathrm{d}t} = -5x + 3y + 5\mathrm{e}^{3t} - 5\sin t \\ x(0) = 0, y(0) = 0 \end{cases}$$

7. 已知方程组

$$\begin{cases} \dfrac{\mathrm{d}x_1}{\mathrm{d}t} = x_1\cos^2 t - x_2(1 - \sin t\cos t) \\ \dfrac{\mathrm{d}x_2}{\mathrm{d}t} = x_1(1 + \sin t\cos t) + x_2\sin^2 t \end{cases}$$

有解 $x_1 = -\sin t, x_2 = \cos t$，试求方程组的通解.

8. 假设 $\boldsymbol{A}$ 为 n 阶方阵，试证明：

(1) 对任意的常数 c_1, c_2 都有

$$\exp(c_1\boldsymbol{A} + c_2\boldsymbol{A}) = \exp(c_1\boldsymbol{A})\exp(c_2\boldsymbol{A});$$

(2) 对任意整数 k，都有

$$(\exp\boldsymbol{A})^k = \exp(k\boldsymbol{A}).$$

(当 k 为负整数时，规定 $(\exp\boldsymbol{A})^k = [(\exp\boldsymbol{A})^{-1}]^{-k}$).

9. 已知齐线性微分方程组 $\dfrac{\mathrm{d}\boldsymbol{X}}{\mathrm{d}t} = \boldsymbol{A}(t)\boldsymbol{X}$，$a_{ii}(t)$ 表示 $\boldsymbol{A}(t)$ 对角线上的元素. 试证明：如果 $\displaystyle\int_{t_0}^{+\infty} \sum_{i=1}^{n} a_{ii}(t)\mathrm{d}t = +\infty$，那么该方程组至少存在一个解在区间 $[t_0, +\infty)$ 上无界.

第5章　非线性方程的稳定性理论

前面几章主要研究了线性微分方程问题，这是常微分方程课程的主要基础内容. 但反映现实问题的模型更多的是非线性的. 由于非线性问题一般是很难求解甚至是不可求解的，这就提出了一个如何研究非线性常微分方程的问题. 一百多年前，李雅普诺夫和庞加莱分别提出了常微分方程的稳定性和定性理论与方法，为我们开辟了研究非线性常微分方程的新方向.

本章我们将对稳定性和定性理论给予简单介绍. 给出李雅普诺夫意义下稳定性的定义和按线性近似决定稳定性的方法，研究稳定性最富有成效的李雅普诺夫第二方法. 最后将介绍平面自治系统的定性理论，给出系统奇点的分类，分析奇点附近的轨线分布.

§5.1　稳定性概念

我们知道，微分方程的解对初值具有连续依赖性，这一结论具有重要的实际意义，但是它只适用于自变量在有限闭区间内取值的情况. 如果自变量扩展到无穷区间上，那么解对初值不一定有连续依赖性. 庞加莱最早提出了这个问题，李雅普诺夫研究了这种自变量扩展到无穷区间上解对初值的连续性依赖性遭到破坏的问题. 这种连续性的破坏可以导致解对初值的敏感依赖，甚至混沌现象的出现，这是近年来一个热门的研究课题. 本节仅就李雅普诺夫意义下的稳定性做一个简要的介绍.

先看一个解对初值的连续依赖性可能遭到破坏的简单例子.

例 5.1　考虑微分方程

$$\frac{\mathrm{d}x}{\mathrm{d}t}=ax,$$

其解满足初始条件 $x(0)=x_0$ 的解关于初值的连续依赖性.

解：显然 Chauchy 问题的解为 $x(t)=x_0\mathrm{e}^{at}$，且 $x=0$ 是微分方程的一个特解. 在 $[0,+\infty)$ 上，当 $a<0$ 时，成立

$$|x(t)-0|\leqslant|x_0|\mathrm{e}^{at}\leqslant|x_0|.$$

即对任意的 $\varepsilon>0$，取 $\delta=\varepsilon$，当 $|x_0-0|<\delta$ 时，有

$$|x(t)-0|\leqslant|x_0|<\varepsilon,t\in[0,+\infty).$$

这表明在 $[0,+\infty)$ 上 $x=0$ 关于初值是连续的.

而当 $a>0$ 时,若 $x_0 \neq 0$,则有

$$\lim_{t\to+\infty} x(t) = \lim_{t\to+\infty} x_0 e^{at} = \infty,$$

所以在$[0,+\infty)$ 上 $x=0$ 关于初值不再连续.

下面介绍李雅普诺夫意义下的稳定性概念.

考虑一般的微分方程组

$$\frac{dx}{dt} = f(t,x), \tag{5.1}$$

其中,向量函数 $f(t,x)$ 对向量 $x \in G \subset R^n$ 和 $t \in (-\infty,\infty)$ 连续;对 x 满足利普希次条件,即存在常数 $L>0$,使得不等式$\| f(t,x) - f(t,y) \| \leqslant L \| x-y \|$对所有$(t,x)$,$(t,y) \in G$ 成立,其中 G 为矩形区域.又假设方程(5.1) 有一个解 $x=\varphi(t)$ 在 $t_0 \leqslant t \leqslant \infty$ 有定义.

如果对任意给定的 $\varepsilon>0$,都存在 $\delta=\delta(\varepsilon)>0$,使得只要

$$| x_0 - \varphi(t_0) | < \delta, \tag{5.2}$$

方程(5.1) 以 $x(t_0)=x_0$ 为初值的解 $x(t,t_0,x_0)$ 就在 $t>t_0$ 时有定义,并且满足

$$| x(t,t_0,x_0) - \varphi(t) | < \varepsilon,\text{对所有的 } t \geqslant t_0, \tag{5.3}$$

则称方程(5.1) 的解 $x=\varphi(t)$ 是(在李雅普诺夫意义下)**稳定的**.如果解 $x=\varphi(t)$ 不是稳定的,则称它是**不稳定的**.

设 $x=\varphi(t)$ 是方程(5.1) 的稳定解,而且存在 $\delta_1(0<\delta_1 \leqslant \delta)$,使得只要

$$| x_0 - \varphi(t_0) | < \delta, \tag{5.4}$$

就有

$$\lim_{t\to+\infty} x((t,t_0,x_0) - \varphi(t)) = 0, \tag{5.5}$$

则称解 $x=\varphi(t)$ 是(在李雅普诺夫意义下)**渐近稳定的**.

如果把条件(5.4) 改为:当 x_0 在区域 D 内时,就有式(5.5) 成立(这里假设 $\varphi(t_0) \in D$),则称 D 为解 $x=\varphi(t)$ 的**渐近稳定域**(或**吸引域**).如果吸引域是全空间,则称解 $x=\varphi(t)$ 是**全局渐近稳定的**.

如果把上面定义中的 $t\to+\infty$ 改为 $t\to-\infty$(相应地,要假设解在 $t\leqslant t_0$ 时的存在性),则可得出负向渐近稳定、负向稳定和负向不稳定的相应定义.一般情况下,只考虑正向的稳定性,而且省略“正向”两字.这部分的中心内容是:对于给定的方程(5.1),设法(不通过求通解)判断某个已知特解的稳定性.我们将介绍两种方法:线性近似方法和李雅普诺夫第二方法.

为了简化讨论,下面只考虑方程(5.1) 的零解 $x=0$ 的稳定性,即假设$f(t,0)=0$.事实上,在变换 $y=x-\varphi(t)$ 之下,总可以把上述一般问题化成这种情形.

微分方程(5.1) 的特殊形式

$$\frac{dx}{dt} = f(x)$$

具有重要的现实意义,我们称之为**驻定系统**或**自治系统**.代数方程组 $f(x)=0$ 的解称为系统的**驻定解**(平衡解、常数解).驻定解的稳定性是系统的一个重要特性.

例 5.2 考察系统

$$\begin{cases} \dfrac{dx}{dt} = y, \\ \dfrac{dy}{dt} = -x, \end{cases}$$

零解的稳定性.

解: 不妨取初始时刻 $t_0 = 0$,下同. 对于一切 $t \geqslant 0$,方程组满足初始条件 $x(0) = x_0$, $y(0) = y_0 (x_0 2 + y_0 2 \neq 0)$ 的解为

$$\begin{cases} x(t) = x_0 \cos t + y_0 \sin t, \\ y(t) = -x_0 \sin t + y_0 \cos t. \end{cases}$$

对于任一 $\varepsilon > 0$,取 $\delta = \varepsilon$,则当 $(x_0 2 + y_0 2)^{\frac{1}{2}} < \delta$ 时,有

$$\begin{aligned} (x^2(t) + y^2(t))^{\frac{1}{2}} &= [(x_0 \cos t + y_0 \sin t)^2 + (-x_0 \sin t + y_0 \cos t)^2]^{\frac{1}{2}} \\ &= (x_0 2 + y_0 2)^{\frac{1}{2}} < \delta = \varepsilon, \end{aligned}$$

故该系统的零解是稳定的.

然而,由于

$$\lim_{t \to \infty} [x^2(t) + y^2(t)]^{\frac{1}{2}} = (x_0 2 + y_0 2)^{\frac{1}{2}} \neq 0,$$

所以该系统的零解不是渐近稳定的.

例 5.3 考察系统

$$\begin{cases} \dfrac{dx}{dt} = x, \\ \dfrac{dy}{dt} = y, \end{cases}$$

零解的稳定性.

解: 方程组以 $(0, x_0, y_0)$ 为初值的解为

$$\begin{cases} x(t) = x_0 e^t, \\ y(t) = y_0 e^t, \end{cases}$$

其中, $t \geqslant 0, x_0 2 + y_0 2 \neq 0$. 从而

$$[x^2(t) + y^2(t)]^{\frac{1}{2}} = (x_0^2 e^{2t} + y_0^2 e^{2t})^{\frac{1}{2}} = (x_0 2 + y_0 2)^{\frac{1}{2}} e^t.$$

由于函数 e^t 随 t 的递增而无限增大,因此,对于任意的 $\varepsilon > 0$,不管 $(x_0 2 + y_0 2)^{\frac{1}{2}}$ 取得怎样小,只要 t 取得适当大时,就不能保证 $[x^2(t) + y^2(t)]^{\frac{1}{2}}$ 小于预先给定的正数 ε,所以该系统的零解是不稳定的.

习题 5.1

(A)

1. 对于方程组 $x' = f(t, x)$,如果 $f(t, 0) \equiv 0$,则它有零解 $x = 0$. 试叙述零解的线性

稳定和渐近稳定的定义.

2. 设方程组 $x' = f(t,x)$ 的解 $x = \varphi(t)$ 在 $0 \leqslant t < +\infty$ 区间上存在，试证明：当 $x = \varphi(t)$ 在 $t_0 \leqslant t < +\infty$ 稳定时，$x = \varphi(t)$ 在 $0 \leqslant t < +\infty$ 上也是稳定的.

(B)

3. 设有方程组

$$\begin{cases} \dfrac{\mathrm{d}x}{\mathrm{d}t} = -xy, \\ \dfrac{\mathrm{d}y}{\mathrm{d}t} = -y^2 + x^4, \end{cases}$$

(1) 求出它的所有解；

(2) 求出它的全部解，并确定它们的存在区间；

(3) 讨论零解 $x = y = 0$ 的稳定性.

§5.2　按线性近似决定稳定性

把方程(5.1)右端的函数 $f(t,x)$（注意，$f(t,0) \equiv 0$）展开成 x 的线性部分 $\boldsymbol{A}(t)x$ 和非线性部分 $\boldsymbol{N}(t,x)$（x 的高次项）之和，即考虑方程

$$\frac{\mathrm{d}x}{\mathrm{d}t} = \boldsymbol{A}(t)x + \boldsymbol{N}(t,x), \tag{5.6}$$

其中，$\boldsymbol{A}(t)$ 是一个 n 阶的矩阵函数，对 $t \geqslant t_0$ 连续；而函数 $N(t,x)$ 对 t 和 x 在区域

$$G: t \geqslant t_0,\ |x| \leqslant M \tag{5.7}$$

上连续，对 x 满足李氏条件，并且还满足 $N(t,0) \equiv 0 (t \geqslant t_0)$ 和 $\lim\limits_{|x| \to 0} \dfrac{|N(t,x)|}{|x|} = 0$，对 $t \geqslant t_0$ 一致成立.　　(5.8)

由于考虑的是方程(5.6)的零解 $x = 0$ 的稳定性，因而只考察当 $|x_0|$ 较小时以 (t_0, x_0) 为初值的解. 可以预料：在一定的条件下，方程(5.6)的零解的稳定性与其线性方程

$$\frac{\mathrm{d}x}{\mathrm{d}t} = \boldsymbol{A}(t)x \tag{5.9}$$

的零解的稳定性之间有密切的联系.

对于线性系统(5.9)，当 $\boldsymbol{A}(t)$ 是常矩阵时，其零解的稳定性特征根给出下列完整的判定结果.

定理 5.1　设线性方程组(5.9)中的矩阵 $\boldsymbol{A}(t)$ 为常矩阵，则

(1) 零解是渐近稳定的，当且仅当矩阵 $\boldsymbol{A}$ 的全部特征根都有负的实部；

(2) 零解是稳定的，当且仅当矩阵 $\boldsymbol{A}$ 的全部特征根的实部是非正的，并且那些实部为零的特征根所对应的**若尔当块**都是一阶的；

(3) 零解是不稳定的，当且仅当矩阵 $\boldsymbol{A}$ 的特征根中至少有一个实部为正；或者至少有

一个实部为零,且它所对应的**若尔当块**高于一阶.

证明:可利用第4章中有关常系数齐次线性方程组基解矩阵的结果完成定理的证明.这里只给出第1部分的证明,其他两部分读者可作为习题完成.

不失一般性,我们取初始时刻 $t_0=0$. 设 $\Phi(t)$ 是方程组(5.9)的标准基本解矩阵,那么满足 $x(0)=x_0$ 的解 $x(t)$ 可写成

$$x(t)=\Phi(t)x_0, \tag{5.10}$$

由 $\boldsymbol{A}$ 的所有特征根都具负实部知

$$\lim_{t\to+\infty}\|\Phi(t)\|=0, \tag{5.11}$$

于是知存在 $t_1>0$,使得 $t>t_1$ 时 $\|\Phi(t)\|<1$. 从而对任意 $\varepsilon>0$,取 $\delta_0=\varepsilon$,则当 $\|x_0\|<\delta_0$ 时,由式(5.10)有

$$\|x(t)\|\leqslant\|\Phi(t)\|\|x_0\|\leqslant\|x_0\|<\varepsilon,t>t_1.$$

当 $t\in[0,t_1]$ 时,由解对初值的连续依赖性,对上述 $\varepsilon>0$,存在 $\delta_1>0$,当 $\|x_0\|<\delta_1$ 时,

$$\|x(t)-\boldsymbol{O}\|<\varepsilon,t\in[0,t_1].$$

取 $\delta=\min\{\delta_0,\delta_1\}$,综合上面讨论知,当 $\|x_0\|<\delta$ 时有

$$\|x(t)\|<\varepsilon,t>0.$$

即 $x=0$ 是稳定的.

由式(5.11)知对任意 x_0 有 $\lim\limits_{t\to+\infty}\Phi(t)x_0=0$,故 $x=0$ 是渐近稳定的.

一般而言,非线性微分方程(5.6)的零解可能与其线性化方程(5.9)的零解有不同的稳定性. 但李雅普诺夫指出:当 $\boldsymbol{A}(t)=\boldsymbol{A}$ 是常矩阵,且 $\boldsymbol{A}$ 的特征根全部具有负实部或至少有一个具有正实部时,方程(5.6)的零解的稳定性则由它的线性化方程(5.9)所决定. 具体地说,有下面两个定理.

定理 5.2 设方程(5.6)中的 $\boldsymbol{A}(t)=\boldsymbol{A}$ 为常矩阵,而且 $\boldsymbol{A}$ 的全部特征根都具有负的实部,则方程(5.6)的零解是渐近稳定的.

定理 5.3 设方程(5.6)中的 $\boldsymbol{A}(t)=\boldsymbol{A}$ 为常矩阵,而且 $\boldsymbol{A}$ 的特征根中至少有一个具有正的实部,则方程(5.6)的零解是不稳定的.

当方程(5.6)中 $N(t,x)$ 不显含 t 时,定理5.2与定理5.3可从定理5.1和下节的李雅普诺夫第二方法得到;而对一般情形的证明,则需要利用推广的格龙瓦尔不等式(可参考文献[9]).

例 5.4 考虑下列一阶非线性微分系统零解的稳定性:

$$\begin{cases}\dfrac{\mathrm{d}x}{\mathrm{d}t}=-2x+y-z+x^2\mathrm{e}^x\\[2mm]\dfrac{\mathrm{d}y}{\mathrm{d}t}=x-y+x^3y+z^2\\[2mm]\dfrac{\mathrm{d}z}{\mathrm{d}t}=x+y-z-\mathrm{e}^x(y^2+z^2)\end{cases}.$$

解:非线性系统对应的近似线性系统的特征方程为

$$\begin{vmatrix} -2-\lambda & 1 & -1 \\ 1 & -1-\lambda & 0 \\ 1 & 1 & -1-\lambda \end{vmatrix} = 0$$

或

$$\lambda^3 + 4\lambda^2 + 5\lambda + 3 = 0.$$

由此得赫尔维次行列式

$$a_0 = 1, a_1 = 4, \Delta_2 = \begin{vmatrix} 4 & 1 \\ 3 & 5 \end{vmatrix} = 17, a_3 = 3.$$

根据高等代数中的赫尔维次（德国，1859—1919）判别法知，上述特征方程所有根均有负实部，由定理 5.2 得原非线性系统的零解 $x = y = z = 0$ 为渐近稳定的.

例 5.5　考虑下列非线性微分系统的零解与其线性近似系统的零解的稳定性是否一致

$$\begin{cases} x_1' = -x_2 - x_1(x_1^2 + x_2^2 - 1), \\ x_2' = x_1 - x_2(x_1^2 + x_2^2 - 1). \end{cases}$$

解：对应的线性近似系统为

$$\begin{cases} x_1' = x_1 - x_2, \\ x_2' = x_1 + x_2, \end{cases}$$

该系统的特征方程为 $(\lambda - 1)^2 + 1 = 0$，两个特征根实部均为 1，故线性近似系统的零解是不稳定的.

对于原非线性系统，引入极坐标系

$$x_1(t) = r(t)\cos\theta(t), x_2(t) = r(t)\sin\theta(t),$$

则

$$\begin{cases} \dfrac{\mathrm{d}r}{\mathrm{d}t} = -r(r^2 - 1), \\ \dfrac{\mathrm{d}\theta}{\mathrm{d}t} = 1. \end{cases}$$

于是得 $x_1 2 + x_2 2 = \dfrac{1}{1 + c_1 \mathrm{e}^{-2t}}$，其中 c_1 为任意实数. 当初值取为 (0,0) 附近时，相应的 c_1 不为零. 这时

$$\lim_{t\to+\infty}[x_1 2(t) + x_2 2(t)] = 1.$$

所以，非线性系统的零解也是不稳定的.

例 5.6　考虑下列非线性微分系统的零解与其线性近似系统的零解的稳定性是否一致

$$\begin{cases} x_1' = -x_2 - x_1(x_1^2 + x_2^2), \\ x_2' = x_1 - x_2(x_1^2 + x_2^2). \end{cases}$$

解：对应的线性近似系统为

$$\begin{cases} x_1' = -x_2, \\ x_2' = x_1. \end{cases}$$

该系统的特征方程为 $\lambda^2+1=0$，两个特征根实部均为 0，故线性近似系统的解满足 $x_1 2(t)+x_2 2(t)=c^2$，其中 c 为任意实数，可见其零解是稳定的，但不是渐近稳定的.

对于原非线性系统，引入极坐标系

$$x_1(t)=r(t)\cos\theta(t),x_2(t)=r(t)\sin\theta(t),$$

则

$$\begin{cases}\dfrac{\mathrm{d}r}{\mathrm{d}t}=-r^3,\\ \dfrac{\mathrm{d}\theta}{\mathrm{d}t}=1.\end{cases}$$

于是得 $r(t)=\left(\dfrac{1}{r_0^2}+2t\right)^{-\frac{1}{2}}$，其中 $r_0=r(0)$. 显然 $\lim\limits_{t\to+\infty}r(t)=0$，所以非线性系统的零解是渐近稳定的，这与其对应的线性近似系统的稳定性不一致.

由上面的例子可以看出，当非线性系统所对应的线性近似方程的特征根实部不是皆负也无正根时，其非线性系统与其近似线性系统的零解可能有一致的稳定性，也可能稳定性不一致. 对于这种临界状态零解的稳定性就不能依赖于线性近似系统来解决，需要进一步用其他方法研究.

习题 5.2

(A)

1. 证明定理 5.1 的结论 2 和结论 3.

2. 用线性近似理论判定下列方程组零解的稳定性：

(1) $\begin{cases}x_1{}'=-2x_1+x_2+x_1\mathrm{e}^{x_1},\\ x_2{}'=x_1-x_2+x_1 3x_2;\end{cases}$

(2) $\begin{cases}x_1{}'=x_1(1-x_1-x_2),\\ x_2{}'=\dfrac{1}{4}x_2(2-3x_1-x_2).\end{cases}$

(B)

3. 试求出下列方程组的所有驻定解，并讨论其稳定性态：

(1) $\begin{cases}\dfrac{\mathrm{d}x}{\mathrm{d}t}=x(1-x-y),\\ \dfrac{\mathrm{d}y}{\mathrm{d}t}=\dfrac{1}{4}y(2-3x-y);\end{cases}$

(2) $\begin{cases}\dfrac{\mathrm{d}x}{\mathrm{d}t}=9x-6y+4xy-5x^2,\\ \dfrac{\mathrm{d}y}{\mathrm{d}t}=6x-6y-5xy+4y^2.\end{cases}$

§5.3　李雅普诺夫第二方法

李雅普诺夫在他的“运动稳定性的一般问题”中创立了处理稳定性问题的两种方法：**第一方法**要利用微分方程的级数解，在他之后没有得到大的发展；**第二方法**则巧妙地利用一个与微分方程相联系的所谓**李雅普诺夫函数**来直接判定解的稳定性，因此又称为直接方法. 它在许多实际问题中得到了成功的应用.

为了介绍李雅普诺夫第二方法，我们先看一个例子.

例 5.7　考察如下系统：

$$\begin{cases} x'(t) = -y + x(x^2 + y^2 - 1), \\ y'(t) = x + y(x^2 + y^2 - 1). \end{cases} \tag{5.12}$$

设方程右端项为零，即 $-y + x(x^2 + y^2 - 1) = 0, x + y(x^2 + y^2 - 1) = 0$，可得 $x = y = 0$，我们称之为系统的平衡点. 我们可以利用它的通解判断出平衡点 $(0,0)$ 是渐近稳定的. 现在我们不解方程，利用所谓李雅普诺夫函数的方法来直接推断这个结论.

为了便于理解，把微分方程(5.12) 写成一般的形式

$$\frac{\mathrm{d}x}{\mathrm{d}t} = f(x,y), \frac{\mathrm{d}y}{\mathrm{d}t} = g(x,y).$$

设 $x = x(t), y = y(t)$ 是该方程的任何一解，设 $V = V(x,y)$ 是一个连续可微的函数，则

$$V(t) = V(x(t), y(t)).$$

对 t 求导数，得

$$\frac{\mathrm{d}V}{\mathrm{d}t} = \frac{\mathrm{d}V(x(t), y(t))}{\mathrm{d}t} = \frac{\partial V}{\partial x}\frac{\mathrm{d}x}{\mathrm{d}t} + \frac{\partial V}{\partial y}\frac{\mathrm{d}x}{\mathrm{d}t} = \frac{\partial V}{\partial x}f(x,y) + \frac{\partial V}{\partial y}g(x,y).$$

它是函数 $V = V(x,y)$ 沿着解 (x,y) 的方向导数. 请注意，这方向导数的计算只依赖于函数 V 以及相关的向量场 $(f(x,y), g(x,y))$ 在 (x,y) 点的值，而无须求解方程. 我们特别称它为函数 V 关于微分方程(5.12) 对 t 的**全导数**，并记作

$$\frac{\mathrm{d}V}{\mathrm{d}t} = \frac{\partial V}{\partial x}f(x,y) + \frac{\partial V}{\partial y}g(x,y). \tag{5.13}$$

显然，对于系统(5.12)，函数 $V = \frac{1}{2}(x^2 + y^2)$ 满足下述两个条件.

条件 1：当 $(x,y) \neq (0,0)$ 时，$V(x,y) > 0$；而且 $V(0,0) = 0$.

条件 2：当 $0 < x^2 + y^2 < 1$ 时，全导数 $\frac{\mathrm{d}V}{\mathrm{d}t} = (x^2 + y^2)(x^2 + y^2 - 1)$.

根据条件 1 和条件 2，就可以断言方程(5.12) 的平衡点 $(0,0)$ 是渐近稳定的.

事实上，条件 1 蕴含了函数 $V(x,y)$ 的一个几何特征：对任意的常数 $C > 0$(且 C 足够小)，$V(x,y) = C$ 在 xOy 平面上的图形是一条环绕原点的闭曲线 $\gamma(C)$(它是函数 $V = \frac{1}{2}(x^2 + y^2)$ 的等高线). 并且当 $C_1 \neq C_2$ 时，$\gamma(C_1)$ 与 $\gamma(C_2)$ 不相交；而当 $C \to 0$ 时，$\gamma(C)$ 收缩到 $(0,0)$ 点.

而条件 2 则在点 $(0,0)$ 附近表示：沿着 t 增大的方向，函数 $V = V(x(t), y(t))$ 的值严格递减，而且

$$V(x(t), y(t)) \to 0 (当\ t \to +\infty).$$

这就说明平衡点 $(0,0)$ 是渐近稳定的.

事实上，假设不然，那么我们有

$$V(x(t),y(t)) \to C_0 > 0(\text{当 } t \to +\infty),$$

其中,正数 $C_0 < \frac{1}{2}$. 因此,我们有

$$\frac{\mathrm{d}V}{\mathrm{d}t} = [x^2(t) + y^2(t)][x^2(t) + y^2(t) - 1] \to -2C_0(1 - 2C_0)(\text{当 } t \to +\infty).$$

这蕴含 $V(x(t),y(t)) \to -\infty$. 这是一个矛盾. 由此可见,方程(5.12) 的平衡点(0,0) 是渐近稳定的.

上述出现的函数 V,称之为李雅普诺夫函数. 把例 5.1 中的思想提炼成一个一般的判别法则,这就是李雅普诺夫的第二方法,也称 V 函数法. 我们把它陈述在下面,读者不难给出严格的分析证明.

为了简明起见,我们只考虑自治系统.

$$\frac{\mathrm{d}x}{\mathrm{d}t} = f(x), \tag{5.14}$$

其中,自变量 $x \in R^n$,且函数 $f(x) = (f_1(x), f_2(x)\cdots, f_n(x))$ 满足初值问题解的存在和唯一性条件.

假设存在标量函数 $V(x)$,它在区域 $|x| \leqslant M$ 上有定义,并且有连续的偏导数. 先对 V 提出如下的定义:

设 $V(0) = 0$,且 $x \neq 0$ 时 $V(x) > 0(< 0)$,称 V 为定正(负) 函数;如果 $V(0) = 0$,而 $x \neq 0$ 时 $V(x) \geqslant 0(\leqslant 0)$,称 V 为常正(负) 函数.

定理 5.4 李雅普诺夫的稳定性判据如下:

(1) 若 V 为定正的,且 $\frac{\mathrm{d}V}{\mathrm{d}t}$ 是定负的,则方程(5.14) 的零解是渐近稳定的;

(2) 若 V 为定正的,且 $\frac{\mathrm{d}V}{\mathrm{d}t}$ 是常负的,则方程(5.14) 的零解是稳定的;

(3) 若 V 为定正的,且 $\frac{\mathrm{d}V}{\mathrm{d}t}$ 是定正的,则方程(5.14) 的零解是不稳定的.

不难看出,当条件中的不等号全部反置时,定理 5.4 仍然成立. 实际上,微分方程(5.12) 的零解是负向渐近稳定的. 注意,对于判定零解的不稳定性,定理 5.4 的结论 3 所提出的条件过于苛刻;作为一般的不稳定性判据,可以提较弱的条件,这里不再详述.

例 5.8 考虑下列微分方程组零解的稳定性:

$$\begin{cases} \dfrac{\mathrm{d}x}{\mathrm{d}t} = -x + xy^2, \\ \dfrac{\mathrm{d}y}{\mathrm{d}t} = -2x^2y - y^3. \end{cases}$$

解:取如下李雅普诺夫函数:$V(x,y) = x^2 + \frac{1}{2}y^2$. 这时

$$\frac{\mathrm{d}V}{\mathrm{d}t} = x(-x + y^2) + y(-2x^2y - y^3) = -(2x^2 + y^4).$$

所以函数 V 是正定的,它的全导数 $\frac{\mathrm{d}V}{\mathrm{d}t}$ 是负定的,从而系统的零解是渐近稳定的.

例 5.9　考虑下列微分方程组零解的稳定性：

$$\begin{cases}\dfrac{\mathrm{d}x}{\mathrm{d}t}=x^3-2y^2,\\[2ex]\dfrac{\mathrm{d}y}{\mathrm{d}t}=xy^2+x^2y+\dfrac{1}{2}y^3.\end{cases}$$

解:取如下李雅普诺夫函数:$V(x,y)=x^2+2y^2$. 这时

$$\frac{\mathrm{d}V}{\mathrm{d}t}=2x(x-2y^3)+4y(xy^2+x^2y+\frac{1}{2}y^3)=2(x^2+y^2)^2.$$

所以函数 V 和它的全导数$\dfrac{\mathrm{d}V}{\mathrm{d}t}$均是正定的,从而系统的零解是不稳定的.

例 5.10　考虑下列微分方程组零解的稳定性：

$$\begin{cases}\dfrac{\mathrm{d}x}{\mathrm{d}t}=-y+ax^3,\\[2ex]\dfrac{\mathrm{d}y}{\mathrm{d}t}=x+ay^3.\end{cases}$$

解:这里线性近似系统的特征根为 $\lambda=\pm\sqrt{-1}$,属于临界情形. 如果取定正函数 $V(x,y)=\dfrac{1}{2}(x^2+y^2)$,这时

$$\frac{\mathrm{d}V}{\mathrm{d}t}=a(x^4+y^4).$$

根据定理 5.4,稳定性将与常数 a 的不同取值直接关联：

(1) 如果 $a<0$,则$\dfrac{\mathrm{d}V}{\mathrm{d}t}$是定负的,方程组的零解是渐近稳定的；

(2) 如果 $a>0$,则$\dfrac{\mathrm{d}V}{\mathrm{d}t}$是定正的,方程组的零解是不稳定的；

(3) 如果 $a=0$,则$\dfrac{\mathrm{d}V}{\mathrm{d}t}$恒为零,方程组的零解是稳定的.

在结束本节之时还应指出,虽然用李雅普诺夫第二方法判断解的稳定性具有直接而简明的优点,但却没有一般的方法去具体寻找李雅普诺夫函数,尽管它的存在性在很多情形下是成立的(这就是所谓的李雅普诺夫稳定性定理的反问题). 因此,对于给定的微分方程,如何构造李雅普诺夫函数,从而判断其解的稳定性,至今仍是一个十分具有吸引力的研究课题.

习题 5.3

(A)

1. 试判断下列函数的定号性：

(1)$V(x,y)=x^2-2xy^2$；　　(2)$V(x,y)=x^2-2xy+2y^2$；

(3)$V(x,y,z)=x^2+y^2+2xy+z^2$.

2. 对于方程组$\begin{cases} x' = -xy^4, \\ y' = yx^4, \end{cases}$试说明 $V(x,y) = x^4 + y^4$ 是定正的，而$\dfrac{\mathrm{d}V}{\mathrm{d}t}$ 是常负的.

(B)

3. 利用李雅普诺夫函数研究下列方程组零解的稳定性：

(1)$\begin{cases} x' = -xy^2, \\ y' = -yx^2; \end{cases}$　　(2)$\begin{cases} x' = -x + 2y^3, \\ y' = -2xy^2; \end{cases}$

(3)$\begin{cases} x' = x^3 - 2y^3, \\ y' = xy^2 + x^2y + \dfrac{1}{2}y^3; \end{cases}$　　(4)$\begin{cases} x' = -4y + x^3, \\ y' = 3x - y^3. \end{cases}$

§5.4　平面定性理论简介

定性理论是一百多年前由庞加莱提出的，现在不仅是常微分方程理论的重要分支，也是研究非线性微分方程的新方向. 本节只简单介绍平面定性理论部分.

考虑平面自治系统

$$\begin{cases} \dfrac{\mathrm{d}x}{\mathrm{d}t} = P(x,y), \\ \dfrac{\mathrm{d}y}{\mathrm{d}t} = Q(x,y). \end{cases} \tag{5.15}$$

且这一节我们总假定函数 $P(x,y)$，$Q(x,y)$ 在区域

$$D: |x| < H, \ |y| < H (H \leqslant +\infty)$$

上连续，并满足初值解的存在与唯一性定理的条件.

5.4.1　基本概念

我们把 xOy 平面称为式(5.15)的相平面，而把式(5.15)的解 $x = x(t)$，$y = y(t)$ 在 xOy 平面上的轨迹称为式(5.15)的**轨线**或**相轨线**. 轨线族在相平面上的图像称为式(5.15)的**相图**.

显然，解 $x = x(t)$，$y = y(t)$ 在相平面上的轨线，正是这个解在 (t,x,y) 三维空间中的积分曲线在相平面上的投影，用它来研究式(5.15)的解通常要比用积分曲线方便得多.

下面通过一个例子来说明方程组的积分曲线和轨线的关系.

例 5.11　考虑下列方程组：$\dfrac{\mathrm{d}x}{\mathrm{d}t} = -y$，$\dfrac{\mathrm{d}y}{\mathrm{d}t} = x$.

易知，方程组有特解 $x = \cos t$，$y = \sin t$. 它在 (t,x,y) 三维空间中的积分曲线是一条经过点的螺旋线(见图 5-1(a)). 随着 t 的增加，螺旋线向上方盘旋. 上述解在 xOy 平面上的轨线是圆 $x^2 + y^2 = 1$，它恰为上述积分曲线在 xOy 平面上的投影. 当 t 增加时，轨线的方向如图 5-1(b) 所示.

另外,对于任意常数 α,函数 $x=\cos(t+\alpha)$,$y=\sin(t+\alpha)$ 也是方程组的解. 它们的积分曲线是经过点 $(-\alpha,1,0)$ 的螺旋线. 但是,它们与解 $x=\cos t$,$y=\sin t$ 有同一条轨线 $x^2+y^2=1$.

同时,我们可以看出,$x=\cos(t+\alpha)$,$y=\sin(t+\alpha)$ 的积分曲线可以由 $x=\cos t$,$y=\sin t$ 的积分曲线沿 t 轴向下平移距离 α 而得到. 由于 α 的任意性,可知轨线 $x^2+y^2=1$ 对应着无数条积分曲线.

为了画出方程组在相平面上的相图,我们求出方程组的通解

$$\begin{cases}x=A\cos(t+\alpha)\\ y=A\sin(t+\alpha)\end{cases}$$

其中,A,α 为任意常数. 于是,方程组的轨线就是圆族(见图 5-1(b)). 方程特解 $x=0$,$y=0$ 的轨线是原点 $O(0,0)$.

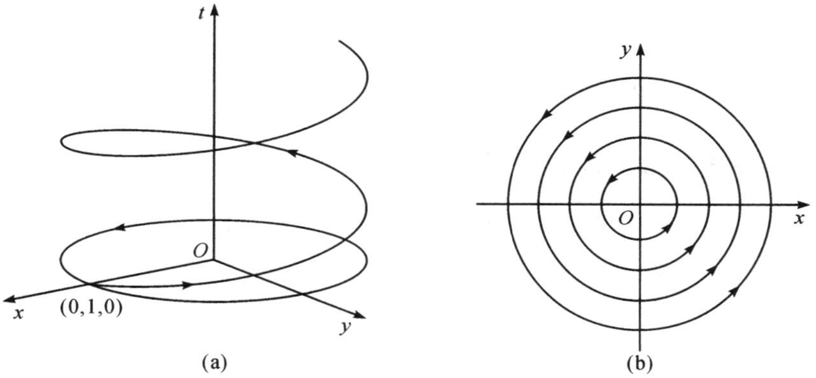

图 5-1　螺旋线和圆族

平面自治系统有三个基本性质:积分曲线的平移不变性,过定点轨线的唯一性,平面到自身的变换是一个变换群. 正是基于这三个性质,我们也称平面自治系统为一个**动力系统**.

现在考虑自治系统(5.15) 的轨线类型. 显然,式(5.15) 的一个解 $x=x(t)$,$y=y(t)$ 所对应的轨线可分为自身不相交和自身相交的两种情形. 轨线自身相交又有以下两种可能形状:

(1) 若 $P(x_0,y_0)=Q(x_0,y_0)=0$,则称 (x_0,y_0) 为系统(5.15) 为**奇点**(平衡点,定常解). 它所对应的积分曲线是 (t,x,y) 空间中平行于 t 轴的直线 $x=x_0$,$y=y_0$. 对应此解的轨线是相平面中一个点 (x_0,y_0).

(2) 若存在 $T>0$,使得对一切 t 有 $x(t+T)=x(t)$ 和 $y(t+T)=y(t)$,则称 $x=x(t)$,$y=y(t)$ 为式(5.15) 的一个**周期解**,T 为**周期**. 它所对应的轨线是相平面中的一条闭曲线,称为**闭轨**.

简言之,自治系统的一条轨线有下列三种类型:① 奇点;② 闭轨;③ 不相交非闭轨.

平面定性理论的研究目标就是:在不求解的情况下,仅从式(5.15) 右端函数的性质出发,在相平面上描绘出其轨线的分布图,称为**相图**. 如何完成这一任务呢?现在我们从运动的观点给出式(5.15) 的另一种几何解释:

如果把式(5.15) 看成描述平面上一个运动质点的运动方程,那么式(5.15) 在相平面上每一点 (x,y) 确定了一个速度向量

$$V(x,y)=(P(x,y),Q(x,y)) \tag{5.16}$$

因而，式(5.15)在相平面上定义了一个**速度场**或称**向量场**. 而式(5.15)的轨线就是相平面上一条与向量场式(5.16)相吻合的光滑曲线. 这样积分曲线与轨线的显著区别是：积分曲线可以不考虑方向，而轨线是一条有向曲线.

进一步，在式(5.15)中消去 t，得到方程

$$\frac{\mathrm{d}y}{\mathrm{d}x}=\frac{Q(x,y)}{P(x,y)} \tag{5.17}$$

由式(5.17)易见，经过相平面上每一个常点只有唯一轨线，而且可以证明：常点附近的轨线拓扑等价于平行直线. 这样，只有在奇点处，向量场的方向不确定.

因此，在平面定性理论中，通常从奇点入手，弄清奇点附近的轨线分布情况. 然后，再弄清式(5.15)是否存在闭轨，因为一条闭轨线可以把平面分成内部和外部，再由轨线的唯一性，对应内部的轨线不能走到外部，同样对应外部的轨线也不能进入内部. 这样对理解系统整体的性质会有很大的帮助.

5.4.2 线性自治系统的奇点和分类

前面我们已经得到，奇点是动力系统(5.15)的一类特殊轨线，它对于研究式(5.15)的相图有重要的意义. 为此，我们先研究一类最简单的自治系统——平面线性系统的奇点与它附近的轨线的关系. 平面线性自治系统的一般形式为

$$\begin{cases}\dfrac{\mathrm{d}x}{\mathrm{d}t}=a_{11}x+a_{12}y,\\[2ex]\dfrac{\mathrm{d}y}{\mathrm{d}t}=a_{21}x+a_{22}y.\end{cases} \tag{5.18}$$

设系数矩阵

$$A=\begin{bmatrix}a_{11} & a_{12}\\ a_{21} & a_{22}\end{bmatrix}$$

为非奇异矩阵，其行列式 $\det\boldsymbol{A}\neq 0$(即 $\boldsymbol{A}$ 不以零为特征根).

为了讨论问题方便，把方程写成向量的形式：

$$\frac{\mathrm{d}\boldsymbol{x}}{\mathrm{d}t}=\boldsymbol{A}\boldsymbol{x}, \tag{5.19}$$

其中，$\boldsymbol{x}=(x,y)$.

我们知道，方程(5.19)的解和系统的稳定性完全由系数矩阵 $\boldsymbol{A}$ 的特征值决定. 可以猜想，动力系统(5.18)即方程(5.19)在奇点附近的轨线分布也可以由矩阵 $\boldsymbol{A}$ 的特征值决定. 事实的确如此. 根据 $\boldsymbol{A}$ 的特征值的情况，奇点附近轨线分布呈现四种不同的形式，依此我们将奇点分为四种类型，即结点、鞍点、焦点和中心.

由于方程(5.18)只有一个奇点(0,0)，我们来研究方程(5.18)在奇点(0,0)附近的轨线分布. 因为方程(5.18)是可解的，我们的做法是先求出系统的通解，然后消去参数 t，得到轨线方程，从而了解在奇点(0,0)附近的轨线分布情况.

为方便求解，我们需将系统(5.19)化成标准型. 根据代数理论知道，存在非奇异矩阵 $\boldsymbol{T}$，使得

$$\boldsymbol{J}=\boldsymbol{TAT}^{-1}$$

其中，$\boldsymbol{J}$ 为约当标准型，可由系数矩阵 $\boldsymbol{A}$ 的特征根的情况决定. 利用非奇异变换 $\tilde{x}=\boldsymbol{T}x$，系统(5.19)可化为系数矩阵为标准型的系统

$$\frac{\mathrm{d}\tilde{x}}{\mathrm{d}t}=\boldsymbol{J}\tilde{x} \tag{5.20}$$

特别指出，标准型对应的系统(5.20)和其原始系统(5.19)在奇点附近的轨线具有结构不变性. 这是因为，$\boldsymbol{T}$ 的非奇异导出的逆变换 $x=\boldsymbol{T}^{-1}\tilde{x}$ 也是非奇异的，从而有下述不变性：

(1) 坐标原点不变；

(2) 直线变成直线；

(3) 如果曲线 $(x(t),y(t))$，当 $t\to+\infty$(或 $t\to-\infty$) 时趋向原点，变换后的曲线 $(\tilde{x}(t),\tilde{y}(t))$，当 $t\to+\infty$(或 $t\to-\infty$) 时也趋向原点；

(4) 如果曲线 $(x(t),y(t))$，当 $t\to+\infty$(或 $t\to-\infty$) 时，盘旋地趋向原点，变换后的曲线 $(\tilde{x}(t),\tilde{y}(t))$，当 $t\to+\infty$(或 $t\to-\infty$) 时也盘旋地趋向原点；

(5) 闭曲线 $(x(t),y(t))$ 经过变换后，所得曲线 $(\tilde{x}(t),\tilde{y}(t))$ 仍为闭曲线.

由于标准型对应的系统(5.20)和其原始系统(5.19)在奇点附近的轨线具有结构不变性，从而可以只研究系统(5.20)奇点附近的轨线分布. 为书写方便，去掉上标，我们将系统(5.20)改记为

$$\frac{\mathrm{d}x}{\mathrm{d}t}=\boldsymbol{J}x. \tag{5.21}$$

下面就 $\boldsymbol{J}$ 的不同情况来研究方程(5.21)的轨线分布.

(1) 当 $\boldsymbol{A}$ 的特征根为相异实根 λ,μ 时，

$$\boldsymbol{J}=\begin{bmatrix}\lambda & 0\\ 0 & \mu\end{bmatrix},$$

方程(5.21)可写成纯量形式

$$\begin{cases}\dfrac{\mathrm{d}x}{\mathrm{d}t}=\lambda x,\\[2mm] \dfrac{\mathrm{d}y}{\mathrm{d}t}=\mu y.\end{cases} \tag{5.22}$$

求它的通解，得

$$x=C_1\mathrm{e}^{\lambda t},y=C_2\mathrm{e}^{\mu t}. \tag{5.23}$$

消去参数 t，得轨线方程

$$y=C\,|\,x\,|^{\frac{\mu}{\lambda}},(C\text{ 为任意常数}), \tag{5.24}$$

这里假定 $|\mu|>|\lambda|$，即 μ 表示特征根中绝对值较大的一个.

①λ,μ 同号

这时轨线(5.23)是抛物线形的(参看图 5-2 及图 5-3). 同时，由方程(5.23)知 x 轴的

正、负半轴及 y 轴的正负半轴也都是方程(5.22)的轨线. 由于原点(0,0)是方程(5.22)的奇点以及轨线的唯一性，轨线方程(5.24)及四条半轴轨线均不能过原点. 但是由方程(5.23)可以看出，当 $\mu<\lambda<0$ 时，轨线在 $t\to+\infty$ 时趋于原点(见图 5-2)；当 $\mu>\lambda>0$ 时，轨线在 $t\to-\infty$ 时趋于原点(见图 5-3). 另外，有

$$\frac{\mathrm{d}y}{\mathrm{d}x}=\frac{C_2\mu e^{\mu t}}{C_1\lambda e^{\lambda t}}=\frac{C_2\mu}{C_1\lambda}e^{(\mu-\lambda)t}.$$

于是，当 $\mu<\lambda<0$ 时，轨线(除 y 轴正、负半轴外)的切线斜率在 $t\to+\infty$ 时趋于零，即轨线以 x 轴为其切线的极限位置. 当 $\mu>\lambda>0$ 时，轨线(除 y 轴正、负半轴外)的切线斜率在 $t\to-\infty$ 时趋于零，即轨线以 x 轴为其切线当 $t\to-\infty$ 时的极限位置.

如果在某奇点附近的轨线具有如图 5-2 所示的分布情形，就称这奇点为**稳定结点**. 因此，当 $\mu<\lambda<0$ 时，原点 O 是方程(5.22)的稳定结点.

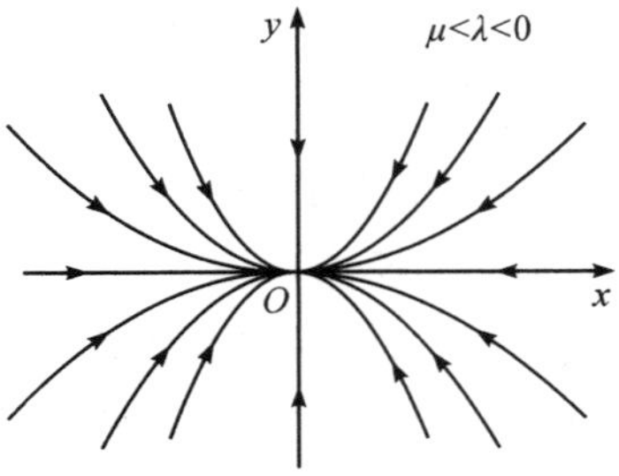

图 5-2　稳定结点

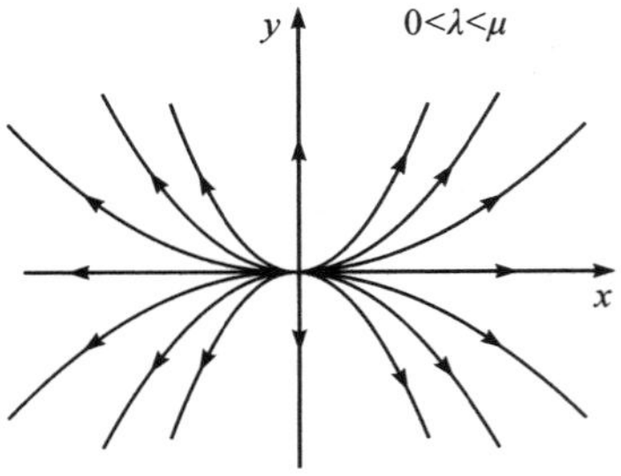

图 5-3　不稳定结点

如果在某奇点附近的轨线具有如图 5-3 所示的分布情形，就称这奇点为**不稳定结点**. 因此，当 $\mu>\lambda>0$ 时，原点 O 是方程(5.22)的不稳定结点.

②λ,μ 异号

这时，轨线(5.24)是双曲线形的(参看图 5-4 及图 5-5). 四个坐标半轴也是轨线.

先讨论 $\lambda<0<\mu$ 的情形. 由方程(5.23)易于看出当 $t\to+\infty$ 时，动点 (x,y) 沿 x 轴正、负半轴轨线趋于奇点(0,0)，而沿 y 轴正、负半轴轨线远离奇点(0,0). 而其余的轨线均在一度接近奇点(0,0)后又远离奇点(见图 5-4).

对 $\mu<0<\lambda$ 的情形可以类似地加以讨论，轨线分布情形如图 5-5 所示.

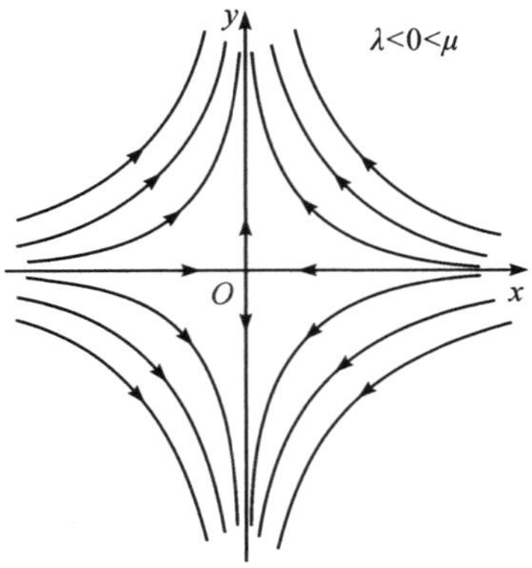

图 5-4　$\lambda<0<\mu$ 的情形

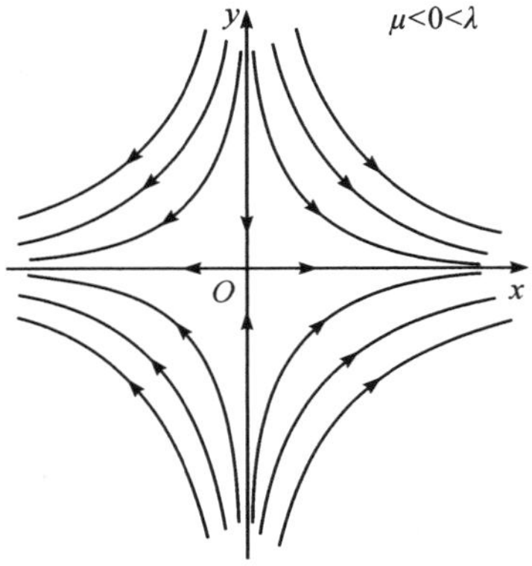

图 5-5　$\mu<0<\lambda$ 的情形

如果在某奇点附近的轨线具有如图 5-4 或图 5-5 所示的分布情形,称此奇点为**鞍点**.因此,当异号时,原点 O 是方程(5.22) 的鞍点.

(2) 当 $\boldsymbol{A}$ 的特征根为重根 λ 时,若

$$\boldsymbol{J}=\begin{bmatrix}\lambda & 0\\ 0 & \lambda\end{bmatrix},$$

把系统(5.21) 写成纯量形式为

$$\begin{cases}\dfrac{\mathrm{d}x}{\mathrm{d}t}=\lambda x,\\[2ex] \dfrac{\mathrm{d}y}{\mathrm{d}t}=\lambda y.\end{cases}\tag{5.25}$$

积分此方程,得通解

$$x=C_1\mathrm{e}^{\lambda t},y=C_2\mathrm{e}^{\lambda t}.\tag{5.26}$$

消去参数 t,得轨迹方程

$$y=Cx(C\text{ 为任意常数}).$$

根据 λ 的符号,轨线图像如图 5-6 和图 5-7 所示.轨线为从奇点出发的半射线.

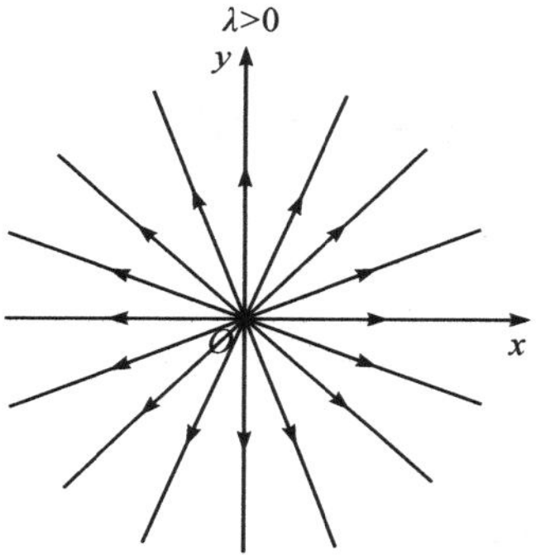

图 5-6　轨线图像 1

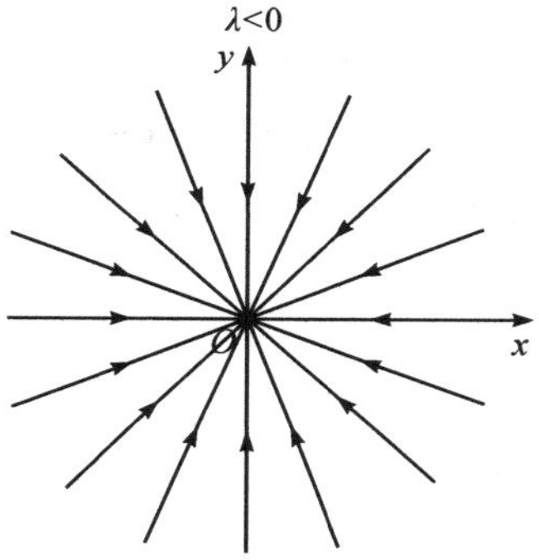

图 5-7　轨线图像 2

如果在奇点附近的轨线具有这样的分布,就称这奇点为**临界结点**.由通解(5.26) 可以看出:当 $\lambda<0$ 时,轨线在 $t\to+\infty$ 时趋近于原点.这时,就称奇点 O 为**稳定的临界结点**;当 $\lambda>0$ 时,轨线的正向远离原点,称奇点 O 为**不稳定的临界结点**.

对应 $\boldsymbol{A}$ 的特征根为重根 λ 的情况,$\boldsymbol{J}$ 也可能取为

$$\boldsymbol{J}=\begin{bmatrix}\lambda & 0\\ 1 & \lambda\end{bmatrix}.$$

这时系统(5.21) 的纯量形式为

$$\begin{cases}\dfrac{\mathrm{d}x}{\mathrm{d}t}=\lambda x,\\[2ex] \dfrac{\mathrm{d}y}{\mathrm{d}t}=x+\lambda y.\end{cases}$$

它的通解为

$$x=C_1\mathrm{e}^{\lambda t},y=(C_2t+C_2)\mathrm{e}^{\lambda t}.$$

消去参数 t，得到轨线方程

$$C_1\lambda y=(C_1\ln|x|+C_0)x.$$

易知

$$\lim_{x\to 0}y=0,\lim_{x\to 0}y'_x=\infty,$$

所以当轨线接近原点时，以 y 轴为其切线的极限位置. 此外，y 轴正、负半轴也都是轨线. 轨线在原点附近的分布情形如图 5-8 和图 5-9 所示. 如果在奇点附近轨线具有这样的分布，就称它是**退化结点**. 当 $\lambda<0$ 时，轨线在 $t\to+\infty$ 时趋于奇点，称这奇点为**稳定的退化结点**；当 $\lambda>0$ 时，轨线在 $t\to+\infty$ 时远离奇点，称这奇点为**不稳定的退化结点**.

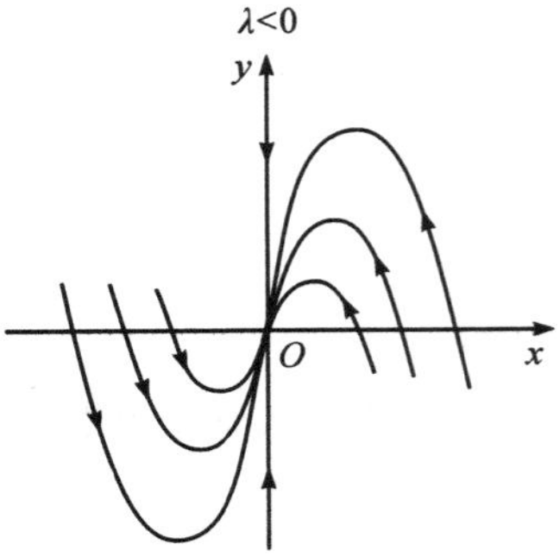

图 5-8　稳定的退化结点

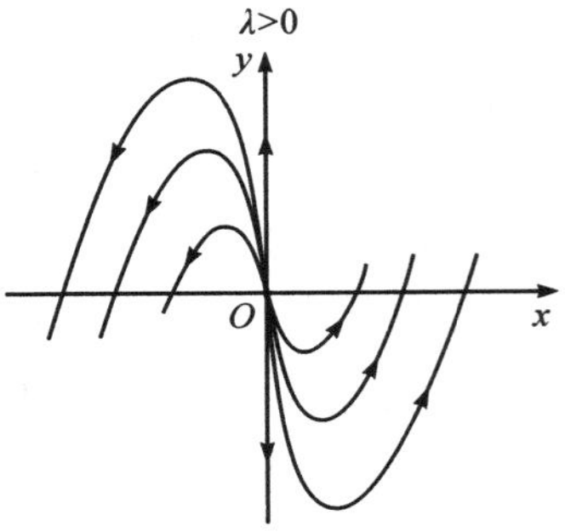

图 5-9　不稳定的退化结点

(3) 当 $\boldsymbol{A}$ 的特征根为共轭复根 $\alpha\pm i\beta$ 时，

$$\boldsymbol{J}=\begin{bmatrix}\alpha & \beta\\ -\beta & \alpha\end{bmatrix},(\beta\neq 0).$$

这时系统(5.21) 可写成纯量形式

$$\begin{cases}\dfrac{dx}{dt}=\alpha x+\beta y,\\ \dfrac{dy}{dt}=-\beta x+\alpha y.\end{cases}\tag{5.27}$$

我们来积分上述方程组. 将第一个方程乘以 x，第二个方程乘以 y，然后相加，得

$$x\frac{dx}{dt}+y\frac{dy}{dt}=\alpha(x^2+y^2),$$

或写成

$$\frac{d(x^2+y^2)}{2(x^2+y^2)}=\alpha dt,$$

因而得到

$$\sqrt{x^2+y^2}=C_1e^{\alpha t}\text{ 或 }\rho=C_1e^{\alpha t}.$$

其次，对方程(5.27) 第一个方程乘以 y，第二个方程乘以 x，然后相减，得

$$y\frac{dx}{dt}-x\frac{dy}{dt}=\beta(x^2+y^2),$$

或写成

$$d\left(\arctan \frac{y}{x}\right) = -\beta dt.$$

于是得

$$\arctan \frac{y}{x} = -\beta t + C_2,$$

或

$$\theta = -\beta t + C_2.$$

消去参数 t,得到轨线的极坐标方程

$$\rho = Ce^{-\frac{\alpha}{\beta}\theta}. \tag{5.28}$$

如 $\alpha \neq 0$,则它为对数螺线族,每条螺线都以坐标原点 O 为渐进点,在奇点附近轨线具有这样的分布,称奇点为**焦点**.

由于 $\rho = C_1 e^{\alpha t}$,所以当 $\alpha < 0$ 时,随着 t 的无限增大,相点沿着轨线趋近于坐标原点,这时,称原点是**稳定焦点**(见图 5-10),而当 $\alpha > 0$ 时,相点沿着轨线远离远点,这时称原点是**不稳定焦点**(见图 5-11).

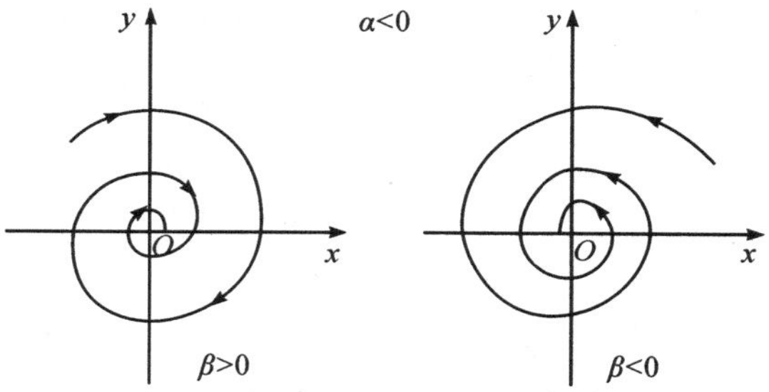

图 5-10　稳定焦点

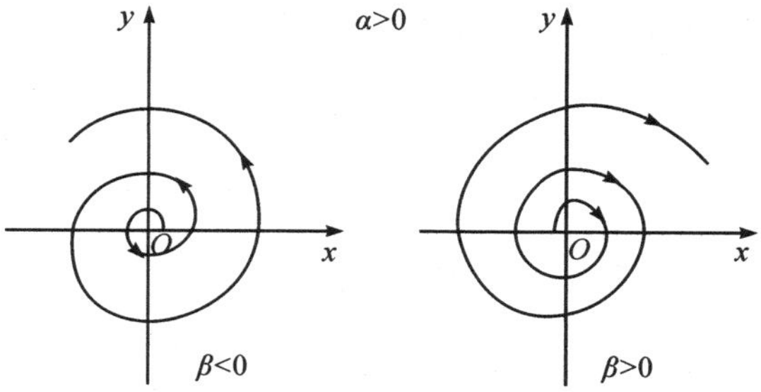

图 5-11　不稳定焦点

如 $\alpha = 0$,则轨线方程(5.28) 成为

$$\rho = C \text{ 或 } x^2 + y^2 = C^2.$$

它是以坐标原点为中心的圆族. 在奇点附近轨线具有这样的分布,称奇点为**中心**. 此时,由 β 的符号来确定轨线方向. 当 $\beta < 0$ 时,轨线的方向是逆时针的;当 $\beta > 0$ 时,是顺时针的(见图 5-12 和图 5-13).

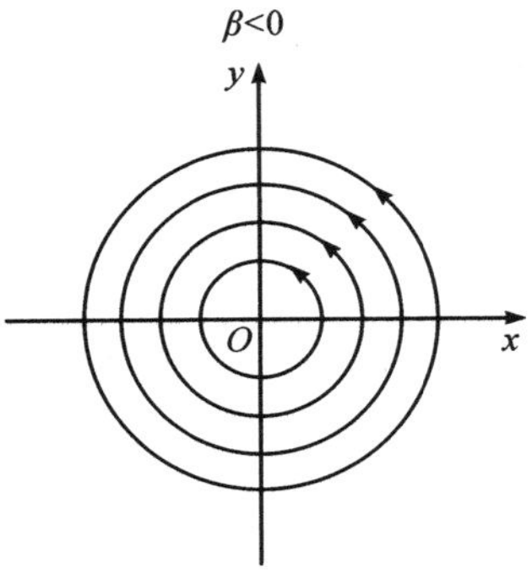

图 5-12

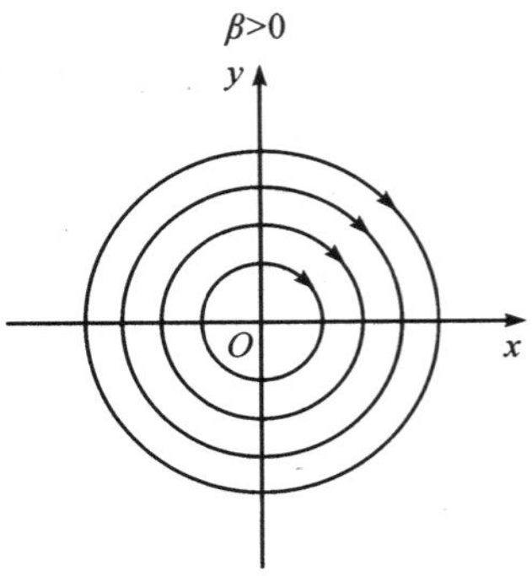

图 5-13

综上所述,方程组

$$\frac{\mathrm{d}\boldsymbol{X}}{\mathrm{d}t}=\boldsymbol{AX},(\det\boldsymbol{A}\neq 0)$$

由 **A** 的特征根的不同情况,其奇点可能出现四种类型:结点型,鞍点型,焦点型,中心型.具体如下:

- 实根
  - 相异(非零)实根
    - 同号 — 结点
    - 异号 — 鞍点
  - 重(非零)实根
    - 临界结点
    - 退化结点
- 复根
  - 实部不为零 — 焦点
  - 实部为零 — 中心

因为**A**的特征根完全由**A**的系数确定,所以**A**的系数可以确定出奇点的类型.下面来研究 **A** 的系数与奇点分类的关系.

方程(5.18)的系数矩阵的特征方程为

$$\begin{vmatrix} a_{11}-\lambda & a_{12} \\ a_{21} & a_{22}-\lambda \end{vmatrix}=0$$

或

$$\lambda^2-(a_{11}+a_{12})\lambda+a_{11}a_{22}-a_{12}a_{21}=0.$$

为了书写方便,令

$$\sigma=-(a_{11}+a_{22}),\Delta=a_{11}a_{22}-a_{12}a_{21},$$

于是特征方程可以写为

$$\lambda^2+\sigma\lambda+\Delta=0.$$

特征根为

$$\lambda_{1,2}=\frac{-\sigma\pm\sqrt{\sigma^2-4\Delta}}{2}.$$

下面分特征根为相异实根、重根及复根三种情况加以研究:

(1)$\sigma^2-4\Delta>0$.

①$\Delta>0$,

$$\left.\begin{array}{l}\sigma < 0\ \text{二根同正}\\ \sigma < 0\ \text{二根同负}\end{array}\right\}\text{——奇点为结点.}$$

②$\Delta < 0$,二根异号 — 奇点为鞍点.

(2)$\sigma^2 - 4\Delta = 0$,

$$\left.\begin{array}{l}\sigma < 0\ \text{正的重根}\\ \sigma > 0\ \text{负的重根}\end{array}\right\}\text{——奇点为临界结点或退化结点.}$$

(3)$\sigma^2 - 4\Delta < 0$,

$\sigma \neq 0$ 复数根的实部不为零,奇点为焦点;

$\sigma = 0$ 复数根的实部为零,奇点为中心.

综合上面的结论,由曲线 $\sigma^2 = 4\Delta$,Δ 轴及 σ 轴把 $\sigma O\Delta$ 平面分成几个区域,不同的区域,对应着不同类型的奇点(见图 5-14).

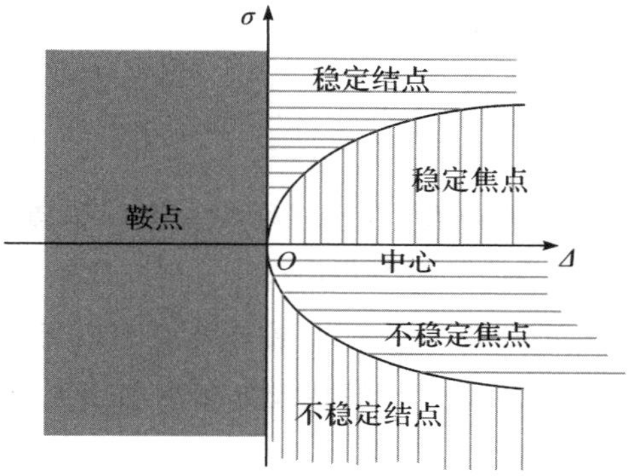

图 5-14

5.4.3　非线性系统奇点和轨线分布

利用上面讨论的平面线性系统(5.18)的轨迹在奇点 $O(0,0)$ 附近的分布情况,下面再介绍一下研究一般的平面系统

$$\begin{cases}\dfrac{\mathrm{d}x}{\mathrm{d}t} = P(x,y),\\[2mm] \dfrac{\mathrm{d}y}{\mathrm{d}t} = Q(x,y),\end{cases} \tag{5.15}$$

的轨线在奇点附近的分布的方法.

我们不妨假设原点 $O(0,0)$ 是(5.15)的奇点,$P(0,0) = Q(0,0) = 0$.这并不失一般性,因为如果 x_0,y_0 为方程(5.15)的一个奇点,只要做变换

$$x = x_0 + x',y = y_0 + y',$$

就可以把奇点 x_0,y_0 移到原点(0,0).

设方程(5.15)的右端函数 $P(x,y)$,$Q(x,y)$ 在奇点 $O(0,0)$ 附近连续可微,并可将方程(5.15)的右端写成

$$\begin{cases}\dfrac{\mathrm{d}x}{\mathrm{d}t}=a_{11}x+a_{12}y+\varphi(x,y),\\ \dfrac{\mathrm{d}y}{\mathrm{d}t}=a_{21}x+a_{22}y+\psi(x,y),\end{cases}$$

其中

$$a_{11}=P_x{}'(0,0),a_{12}=P_y{}'(0,0),$$
$$a_{21}=Q_x{}'(0,0),a_{22}=Q_y{}'(0,0),$$

我们把平面线性系统

$$\begin{cases}\dfrac{\mathrm{d}x}{\mathrm{d}t}=a_{11}x+a_{12}y,\\ \dfrac{\mathrm{d}y}{\mathrm{d}t}=a_{21}x+a_{22}y,\end{cases}\tag{5.18}$$

称为一般平面自治系统(5.15)的**一次近似**.当

$$\begin{vmatrix}a_{11} & a_{12}\\ a_{21} & a_{22}\end{vmatrix}\neq 0$$

时称(0,0)为系统(5.15)的初等奇点，否则就称它为**高阶奇点**.方程组(5.18)的奇点的情况已讨论清楚.一个常用的手法是将方程组(5.15)与(5.18)比较，对于"摄动"$\varphi(x,y)$及$\psi(x,y)$加上一定的条件，就可以保证对于某些类型的奇点，方程组(5.15)在$O(0,0)$的领域的轨线分布情形与方程组(5.18)的轨线分布情形相同.只介绍如下的一个常见的结果而不加证明.

定理 5.5 如果在一次近似方程组(5.18)中，有

$$\begin{vmatrix}a_{11} & a_{12}\\ a_{21} & a_{22}\end{vmatrix}\neq 0,$$

且$O(0,0)$为其结点(不包括退化结点及临界结点)、鞍点或焦点，又$\varphi(x,y)$及$\psi(x,y)$在$O(0,0)$的领域连续可微，且满足

$$\lim_{x^2+y^2\to 0}\frac{\varphi(x,y)}{\sqrt{x^2+y^2}}=0,\ \lim_{x^2+y^2\to 0}\frac{\psi(x,y)}{\sqrt{x^2+y^2}}=0,\tag{5.29}$$

则系统(5.15)的轨迹在$O(0,0)$附近的分布情形与方程组(5.18)的完全相同.

当$O(0,0)$为方程组(5.29)的退化结点、临界结点或中心时，条件(5.29)不足以保证(5.15)在$O(0,0)$的领域的轨迹分布与方程组(5.18)的轨迹分布情形相同，所以还必须加强这个条件，这里我们就不再列举了.

例 5.12 考虑二阶微分方程

$$\frac{\mathrm{d}^2x}{\mathrm{d}t^2}+3\frac{\mathrm{d}x}{\mathrm{d}t}+2x=0$$

的奇点及类型.

解:通过变换$\dfrac{\mathrm{d}x}{\mathrm{d}t}=y$可将方程化为下列方程组

$$\begin{cases}\dfrac{\mathrm{d}x}{\mathrm{d}t}=y,\\[2mm]\dfrac{\mathrm{d}y}{\mathrm{d}t}=-2x-3y,\end{cases}$$

所以,系统只有一个奇点 $x=y=0$.

为考察奇点 $O(0,0)$ 的类型,求得系数矩阵

$$\begin{bmatrix}0 & 1\\-2 & -3\end{bmatrix}$$

的特征根是 $\lambda_1=-1,\lambda_2=-2$,是一对相异实根,从而知奇点是稳定结点.

例 5.13　讨论系统

$$\begin{cases}\dfrac{\mathrm{d}x}{\mathrm{d}t}=y,\\[2mm]\dfrac{\mathrm{d}y}{\mathrm{d}t}=-x-y+x^2-y^2,\end{cases}$$

的奇点及类型.

解:系统有两个奇点 $O(0,0)$ 和 $E(1,0)$.

对于奇点 $O(0,0)$,其线性近似方程的系数矩阵为

$$\begin{bmatrix}P_x & P_y\\Q_x & Q_y\end{bmatrix}_{(0,0)}=\begin{bmatrix}0 & 1\\-1 & -1\end{bmatrix}.$$

它的特征根是 $\lambda_{1,2}=\dfrac{1}{2}(-1\pm \mathrm{i}\sqrt{3})$,显然是稳定焦点.

对于奇点 $E(1,0)$,其线性近似方程的系数矩阵为

$$\begin{bmatrix}P_x & P_y\\Q_x & Q_y\end{bmatrix}_{(1,0)}=\begin{bmatrix}0 & 1\\1 & -1\end{bmatrix},$$

它的特征根是 $\lambda_{1,2}=\dfrac{1}{2}(-1\pm\sqrt{5})$,显然是鞍点.

最后指出,虽然我们对系统奇点附近的轨线分布给予了较详细的讨论,但讨论的只是局部相图问题.事实上,研究非线性微分方程组全相平面的轨线图貌显然也是具有重要意义的.由于这要涉及较复杂的**极限环**(孤立闭轨)理论,这儿不再叙述,感兴趣的读者请查看其他微分方程教材或定性理论书籍.

习题 5.4

(A)

判断下列方程的奇点(0,0)的类型,并作出该奇点附近的相图:

1. $\begin{cases}x'=4y-x,\\y'=-9x+y;\end{cases}$　　**2.** $\begin{cases}x'=2x+y+xy^2,\\y'=x+2y+x^2+y^2;\end{cases}$

3. $\begin{cases} x' = 2x + 4y + \sin y, \\ y' = x + y + e^{y} - 1; \end{cases}$

(B)

判断下列方程的奇点(0,0)的类型,并作出该奇点附近的相图:

4. $\begin{cases} x' = x + 2y, \\ y' = 5y - 2x + x^{3}; \end{cases}$ 5. $\begin{cases} x' = x(1 - y), \\ y' = y(1 - x). \end{cases}$

本章小结

前面几章主要研究了线性常微分方程问题,它们大多是可以求解的,或至少在一般情况下解是存在的;但反映现实问题的模型更多的是非线性的,而非线性问题一般是很难求解甚至是不可解的,这就提出了一个如何研究非线性常微分方程的问题.一百多年前,俄国的李雅普诺夫和法国的庞加莱分别提出了常微分方程的稳定性和定性理论与方法,为我们指出了研究非线性常微分方程的新方向.

本章对稳定性和定性理论给予了简单介绍.首先给出了李雅普诺夫意义下稳定性的定义,包括渐近稳定、全局稳定、不稳定等概念.其次介绍了按线性近似决定稳定性的方法,当特征方程没有零根或零实部根时,非线性系统和近似线性系统稳定性一致:根均具有负实部时是渐近稳定的,而有正实部根时是不稳定的.但出现零实部根时就不好判定了.再次介绍了研究稳定性最富有成效的方法李雅普诺夫第二方法,通过构造一个所谓的 V 函数来直接判断稳定性,简洁明了.只是如何构造这个函数却没有统一的方法可遵循.最后介绍了平面自治系统的定性理论,主要给出了奇点的分类,分析了线性系统奇点附近的轨线分布,以及非线性系统与线性系统奇点附近轨线分布的联系.定性理论的另一重要内容极限环理论未作介绍.

非线性问题是当代科学研究的主流,定性和稳定性理论随自身的发展有了更广泛的应用空间,例如讨论全空间的稳定性,研究分支和混沌现象,孤立子问题,E. N. Lorenz(美国,1917—)方程和哈密顿(Hamilton,英国,1805—1865)方程等.这些问题虽然在本章中没有介绍,但今后的学习或研究中需加以关注,有余力的读者可参考有关书目.

综合习题 5

(A)

1. 证明线性方程零解的渐近稳定等价于它的全局渐近稳定.

2. 用线性近似理论判定下列方程组零解或驻定解的稳定性:

(1) $\begin{cases} x_1' = -3x_1 + x_2 + x_1 \sin x_2, \\ x_2' = -2x_1 - 3x_2 + x_2 2e^{x_1}; \end{cases}$ (2) $\begin{cases} \dfrac{dx}{dt} = y, \\ \dfrac{dy}{dt} = -x + \mu(y - x^{2}), \mu > 0. \end{cases}$

3. 研究下列方程组零解的稳定性：

(1) $\begin{cases} x' = y - x^3, \\ y' = -x - y^5; \end{cases}$　　(2) $\begin{cases} x' = -y^2 + x(x^2 + y^2), \\ y' = -x^2 - y^2(x^2 + y^2). \end{cases}$

4. 求下列方程组的奇点，并判断奇点的类型和稳定性：

(1) $\dfrac{dx}{dt} = -x - y + 1, \dfrac{dy}{dt} = x - y - 5$；

(2) $\dfrac{dx}{dt} = 2x - 7y + 19, \dfrac{dy}{dt} = x - 2y + 5$.

(B)

5. 证明方程 $x'' + h(x,x')x' + x = 0$ 的零解是稳定的，如果在原点的某个邻域内 $h(x,x') \geqslant 0$.

6. 考虑无阻尼线性振动方程 $x'' + \omega^2 x = 0$ 在平衡位置的稳定性.

7. 研究下列方程组零解的稳定性：

(1) $\begin{cases} x' = -xy^6, \\ y' = y^3x^4; \end{cases}$　　(2) $\begin{cases} x' = -x^5 - y^3, \\ y' = -x^3 + y^3; \end{cases}$　　(3) $\begin{cases} x' = 2x^2y + y^3, \\ y' = -xy^2 + 2xy^5. \end{cases}$

8. 试讨论方程组

$$\frac{dx}{dt} = ax + by, \frac{dy}{dt} = cy$$

的奇点类型，其中 a,b,c 为实常数，且 $ac \neq 0$.

第 6 章* 一阶偏微分方程

本章用常微分方程方法来讨论一阶偏微分方程的求解. 首先介绍偏微分方程的基本概念,如线性、拟线性、积分曲面等,并利用首次积分建立常微分方程(组)和偏微分方程之间的联系;然后重点讨论了应用特征方程(一类常微分方程组)求解一阶线性和拟线性偏微分方程的方法,并考虑其初值问题.

§6.1 基本概念

我们称由未知函数 $u(x_1,x_2,\cdots,x_n)(n\geqslant 2)$ 及其一阶偏导数 $\frac{\partial u}{\partial x_1},\frac{\partial u}{\partial x_2},\cdots,\frac{\partial u}{\partial x_n}$ 构成的关系式

$$F\left(x_1,x_2,\cdots,x_n;u,\frac{\partial u}{\partial x_1},\frac{\partial u}{\partial x2},\cdots,\frac{\partial u}{\partial x_n}\right)=0 \tag{6.1}$$

为**一阶偏微分方程**. 若 F 关于 $u,\frac{\partial u}{\partial x_1},\frac{\partial u}{\partial x2},\cdots,\frac{\partial u}{\partial x_n}$ 是一次的,即有

$$a_0(x_1,x_2,\cdots,x_n)u+\sum_{i=1}^{n}a_i(x_1,x_2,\cdots,x_n)\frac{\partial u}{\partial x_i}=f(x_1,x_2,\cdots,x_n), \tag{6.2}$$

则称其为**一阶线性偏微分方程**;特别地,若式(6.2)中的 $f(x_1,x_2,\cdots,x_n)\equiv 0$,即

$$a_0(x_1,x_2,\cdots,x_n)u+\sum_{i=1}^{n}a_i(x_1,x_2,\cdots,x_n)\frac{\partial u}{\partial x_i}=0, \tag{6.3}$$

则称其为**一阶线性齐次偏微分方程**. 本章所讨论的一阶线性齐次偏微分方程特指方程(6.3)中 $a_0(x_1,x_2,\cdots,x_n)\equiv 0$ 的情形. 称不是线性的偏微分方程为**非线性偏微分方程**. 若线性偏微分方程关于其最高阶导数是线性的,则称其为**拟线性偏微分方程**. 本章仅限于讨论如下的一阶拟线性偏微分方程:

$$\sum_{i=1}^{n}b_i(x_1,x_2,\cdots,x_n)\frac{\partial z}{\partial x_i}=g(x_1,x_2,\cdots,x_n;z),$$

其中,b_i,g 是相应变元的已知函数. 如果把空间 $\{x_1,x_2,\cdots,x_n\}$ 内的某一区域 G 内有定义的连续可微函数 $u=\varphi(x_1,x_2,\cdots,x_n)$ 代入方程(6.1)可得到恒等式

$$F\left(x_1,x_2,\cdots,x_n;\varphi,\frac{\partial \varphi}{\partial x_1},\frac{\partial \varphi}{\partial x_2},\cdots,\frac{\partial \varphi}{\partial x_n}\right)=0,$$

则称 $u=\varphi(x_1,x_2,\cdots,x_n)$ 是偏微分方程(6.1)的一个解,而 G 是该解的定义域.

在讨论一阶常微分方程

$$\frac{\mathrm{d}y}{\mathrm{d}x} = f(x, y)$$

的解

$$y = \varphi(x)$$

的几何意义时，将 $y = \varphi(x)$ 看作是平面上的一条光滑曲线，并称之为积分曲线. 类似地，对于一阶偏微分方程(6.1)，当 $n = 2$ 时，其一般形式可以写为

$$F\left(x, y, z; \varphi, \frac{\partial z}{\partial x}, \frac{\partial z}{\partial y}\right) = 0. \tag{6.4}$$

若 $z = \varphi(x, y)$，$(x, y) \in G$ 是它的解，那么称三维空间(x, y, z) 中的曲面 $z = \varphi(x, y)$ 为方程(6.4) 的积分曲面. 更一般地，对于方程(6.1) 的解 $u = \varphi(x_1, x_2, \cdots, x_n)$，可以抽象地将其看成 $n+1$ 维空间$\{x_1, x_2, \cdots, x_n, u\}$ 内的一张曲面，因此也称为偏微分方程(6.1) 的积分曲面.

§6.2 首次积分

6.2.1 首次积分的概念

首次积分是求解一阶偏微分方程的常用方法. 下面首先引入首次积分的概念.

对于含有 n 个未知函数的一阶常微分方程组

$$\frac{\mathrm{d}y_i}{\mathrm{d}x} = f_i(x, y_1, y_2, \cdots, y_n)(i = 1, 2, \cdots, n) \tag{6.5}$$

如果存在不全为零的连续可微函数 $\varphi(x, y_1, y_2, \cdots, y_n)$，使得方程组(6.5) 在某个区域内的任一解都满足：

$$\mathrm{d}\varphi(x, y(x)_1, y_2(x), \cdots, y_n(x)) = 0,$$

则

$$\varphi(x, y_1(x), y_2(x), \cdots, y_n(x)) = c \tag{6.6}$$

称为方程组(6.5) 的一个**首次积分**. 有时也称 φ 为方程组(6.5) 的一个首次积分.

方程组(6.5) 的 n 个首次积分 $\varphi_j(x, y_1, y_2, \cdots, y_n) = c_j(j = 1, 2, \cdots n)$ 称为彼此独立的，如果雅可比行列式

$$\frac{\partial(\varphi_1, \varphi_2, \cdots, \varphi_n)}{\partial(y_1, y_2, \cdots, y_n)} = \begin{vmatrix} \frac{\partial \varphi_1}{\partial y_1} & \frac{\partial \varphi_2}{\partial y_1} & \cdots & \frac{\partial \varphi_1}{\partial y_n} \\ \frac{\partial \varphi_1}{\partial y_2} & \frac{\partial \varphi_2}{\partial y_2} & \cdots & \frac{\partial \varphi_2}{\partial y_n} \\ \vdots & \vdots & & \vdots \\ \frac{\partial \varphi_1}{\partial y_n} & \frac{\partial \varphi_2}{\partial y_n} & \cdots & \frac{\partial \varphi_n}{\partial y_n} \end{vmatrix} \tag{6.7}$$

在区域内恒不为0.我们也可以用该雅可比行列式的秩为n来定义$\varphi_j(j=1,2,\cdots n)$的独立性.

6.2.2 首次积分与一阶偏微分方程的关系

首次积分的定义表明,它与常微分方程组的解是紧密联系的.以下给出它与一阶线性偏微分方程之间的关系.

定理6.1 $\psi(x,y_1,y_2,\cdots,y_n)=c$是方程(6.5)的首次积分的充要条件是在$G$成立

$$\frac{\partial\psi}{\partial x}+f_1\frac{\partial\psi}{\partial y_1}+f_2\frac{\partial\psi}{\partial y_2}+\cdots+f_n\frac{\partial\psi}{\partial y_n}=0. \tag{6.8}$$

证明:先证明必要性.由微分方程(组)解的存在唯一性定理知,对于任一点$(x_0,y_1^0,y_2^0,\cdots,y_n^0)\in G$,方程组(6.5)满足初始条件$y_j(x_0)=y_j^0(j=1,2,\cdots,n)$的解$y_j=\varphi_j(x)(j=1,2,\cdots,n)$存在且唯一.

若$\psi(x,y_1,y_2,\cdots,y_n)=c$为首次积分,则$\psi(x,\varphi_1(x),\cdots,\varphi_n(x))=$常数,从而

$$\frac{\mathrm{d}}{\mathrm{d}x}\psi(x,\varphi_1(x),\cdots,\varphi_n(x))=0,$$

特别地,当$x=x_0$时有

$$\frac{\partial}{\partial x}\psi(x_0,y_1^0,y_2^0,\cdots,y_n^0)+\sum_{i=1}^{n}f_i(x_0,y_1^0,y_2^0,\cdots,y_n^0)\frac{\partial}{\partial y_i}\psi(x_0,y_1^0,y_2^0,\cdots,y_n^0)=0.$$

再由$(x_0,y_1^0,y_2^0,\cdots,y_n^0)\in G$的任意性,推知等式(6.8)在$G$内成立.

再证明充分性.若等式(6.8)在G内成立,自然对于方程组(6.5)的解有意义之处也成立,因此

$$\frac{\mathrm{d}}{\mathrm{d}x}\psi(x,\varphi_1(x),\cdots,\varphi_n(x))=\left(\frac{\partial\psi}{\partial x}+f_1\frac{\partial\psi}{\partial y_1}+\cdots+f_n\frac{\partial\psi}{\partial y_n}\right)\Bigg|_{\substack{y_j=\varphi_j(x)\\ j=1,2,\cdots,n}}=0. \tag{6.9}$$

或者

$$\psi(x,\varphi_1(x),\cdots,\varphi_n(x))=\text{常数},$$

即$\psi(x,y_1,y_2,\cdots,y_n)=c$是方程组(6.5)的首次积分.

6.2.3 利用首次积分求解常微分方程组

定义2 称方程组(6.5)的n个相互独立的首次积分$\varphi_j(x,y_1,y_2,\cdots,y_n)=c_j,j=1,2,\cdots,n$为方程组(6.5)的**通积分**.

若能找到方程组(6.5)n个独立的首次积分$\varphi_j(x,y_1,y_2,\cdots,y_n)=c_j,j=1,2,\cdots,n$,则通过求解函数方程组

$$\begin{cases}\varphi_1(x,y_1,y_2,\cdots,y_n)=c_1,\\ \varphi_2(x,y_1,y_2,\cdots,y_n)=c_2,\\ \qquad\vdots\\ \varphi_n(x,y_1,y_2,\cdots,y_n)=c_n\end{cases} \tag{6.10}$$

可以解得全部未知函数y_j,也就得到了方程组(6.5)的解.一般,我们直接将隐式解

(6.10) 称为方程组(6.5) 的通解. 由此看来,求解方程组(6.5) 的问题就归结为寻求它的通积分.

下面给出一种寻找首次积分的方法. 将方程组(6.5) 改写为如下对称形式:

$$\frac{\mathrm{d}x}{g_0}=\frac{\mathrm{d}y_1}{g_1}=\frac{\mathrm{d}y_2}{g_2}=\cdots=\frac{\mathrm{d}y_n}{g_n},$$

其中,$g_j=g_0f_j(j=1,2,\cdots,n)$. 如果能求得 $n+1$ 个不同时为零的函数 $\mu_0,\mu_1,\cdots,\mu_n$,使得下面两式成立:

(1)$\mu_0g_0+\mu_1g_1+\cdots+\mu_ng_n=0$;

(2)$\mu_0\mathrm{d}x+\mu_1\mathrm{d}y_1+\cdots+\mu_n\mathrm{d}y_n$ 是某个函数 φ 的全微分,

那么 $\varphi=c$ 就是方程组(6.5) 的一个首次积分.

例 6.1 求方程组

$$\frac{\mathrm{d}x}{xz}=\frac{\mathrm{d}y}{yz}=\frac{\mathrm{d}z}{xy}$$

的通积分.

解:令 $g_0=xz,g_1=yz,g_2=xy$,取 $\mu_0=y,\mu_1=x,\mu_2=-2z$,则

$$\mu_0g_0+\mu_1g_1+\mu_2g_2=0,\mu_0\mathrm{d}x+\mu_1\mathrm{d}y+\mu_2\mathrm{d}z=\mathrm{d}(xy-z^2).$$

于是,$xy-z^2=c_1$ 为方程组的一个首次积分. 又从方程组的第一个等式可得

$$\frac{x}{y}=c_2,$$

这也是首次积分,且与前一个首次积分互相独立,因此得到了方程组的通积分

$$\begin{cases}xy-z^2=c_1,\\ \dfrac{x}{y}=c_2.\end{cases}$$

例 6.2 解方程组

$$\frac{\mathrm{d}x}{x}=\frac{\mathrm{d}y}{y}=\frac{\mathrm{d}z}{z+\sqrt{x^2+y^2+z^2}}.$$

解:令 $g_0=x,g_1=y,g_2=z+\sqrt{x^2+y^2+z^2}$,取

$$\mu_0=\frac{x}{\sqrt{x^2+y^2+z^2}},\mu_1=\frac{y}{\sqrt{x^2+y^2+z^2}},\mu_2=\frac{z-\sqrt{x^2+y^2+z^2}}{\sqrt{x^2+y^2+z^2}},$$

则

$$\mu_0g_0+\mu_1g_1+\mu_2g_2=0,\mu_0\mathrm{d}x+\mu_1\mathrm{d}y+\mu_2\mathrm{d}z=\mathrm{d}(\sqrt{x^2+y^2+z^2}-z).$$

于是,$\sqrt{x^2+y^2+z^2}-z=c_1$ 为方程组的首次积分. 又从方程组的第一个等式可得

$$\frac{x}{y}=c_2.$$

这也是首次积分,且与前一个首次积分互相独立,因此得到方程组的通解

$$\begin{cases}\sqrt{x^2+y^2+z^2}-z=c_1,\\ x=c_2y.\end{cases}$$

习题 6.2

(A)

1. 利用首次积分求解下列方程组：

$$\begin{cases}\dfrac{\mathrm{d}y}{\mathrm{d}x}=\dfrac{2xy}{x^2-y^2-z^2},\\[2mm]\dfrac{\mathrm{d}z}{\mathrm{d}x}=\dfrac{2xz}{x^2-y^2-z^2}.\end{cases}$$

2. 求下列方程组的通积分：$\dfrac{\mathrm{d}x}{z-y}=\dfrac{\mathrm{d}y}{x-z}=\dfrac{\mathrm{d}z}{y-x}$.

(B)

3. 考虑下列微分方程组

$$\frac{\mathrm{d}y_i}{\mathrm{d}x}=f_i(x,y_1,y_2,\cdots,y_n)(i=1,2,\cdots,n)$$

其中，每个 f_i 关于各变元是连续的. 若

$$V_i(x,y_1,y_2,\cdots,y_n)=C_i(i=1,2,\cdots,k)$$

是方程组的 k 个相互独立的首次积分，且 $H(z_1,z_2,\cdots,z_k)$ 是连续可微的非常数函数，则

$$H(V_1(x,y_1,y_2,\cdots,y_n),\cdots,V_k(x,y_1,y_2,\cdots,y_n))=C$$

是微分方程组的一个首次积分.

§6.3 一阶偏微分方程的解法

6.3.1 一阶齐次线性偏微分方程

定义 3 考虑一阶齐次线性偏微分方程

$$\sum_{i=1}^{n}X_i(x_1,x_2,\cdots,x_n)\frac{\partial u}{\partial x_i}=0, \tag{6.11}$$

假定其系数 $X_i(x_1,x_2,\cdots,x_n)$ 在给定点$(x_1^{(0)},x_2^{(0)},\cdots,x_n^{(0)})$的某个领域 $\mathscr{D}$ 中连续可微且不同时为零. 我们称如下的一阶常微分方程组：

$$\frac{\mathrm{d}x_1}{X_1}=\frac{\mathrm{d}x_2}{X_2}=\cdots=\frac{\mathrm{d}x_n}{X_n}, \tag{6.12}$$

为偏微分方程(6.11)的**特征方程**.

方程组(6.12)是由 $n-1$ 个常微分方程构成的方程组，它具有 $n-1$ 个互相独立的首次积分：$\varphi_i(x_1,x_2,\cdots,x_n)=c_i(i=1,2,\cdots,n-1)$，其中 c_i 为任意常数. 下面将利用这 $n-1$ 个首次积分来给出偏微分方程(6.11)通解的结构.

定理6.2 设 $\varphi_i(x_1,x_2,\cdots,x_n)=c_i(i=1,2,\cdots,n-1)$ 是方程(6.12)的通积分，则方程(6.11)的通解可以表示为

$$u=\Psi(\varphi_1,\varphi_2,\cdots,\varphi_{n-1}) \tag{6.13}$$

其中，ψ 是任意连续可微函数.

证明：首先，易证：如果 $\varphi_i(x_1,x_2,\cdots,x_n)=c_i(i=1,2,\cdots,n-1)$ 是方程(6.12)的通积分，那么复合函数 $\Psi(\varphi_1(x_1,x_2,\cdots,x_n),\varphi_2(x_1,x_2,\cdots,x_n),\cdots,\varphi_{n-1}(x_1,x_2,\cdots,x_n))=c$ 也是方程组的首次积分. 具体证明如下：

由假设 $X_i(i=1,2,\cdots,n)$ 在 $\mathfrak{D}$ 内不同时为零，不妨设 $X_n\neq 0$. 于是，将 x_n 视为自变量，方程(6.12)的解可以表示为 $x_j=\psi_j(x_n)(j=1,2,\cdots,n-1)$. 又因为 $\psi_i=c_i(i=1,2,\cdots,n-1)$ 是方程组(6.12)的首次积分，因此有 $\varphi_i(\psi_1(x_n),\psi_2(x_n),\cdots,\psi_n(x_n),x_n)=c_i,i=1,2,\cdots,n-1$，其中，$c_i$ 是确定的常数，因此

$$\Psi(\varphi_1(x_1,\cdots,x_n),\cdots,\varphi_{n-1}(x_1,\cdots,x_n))\Big|_{\substack{x_j=\psi_j(x_n)\\ j=1,2,\cdots,n-1}}=\text{常数}.$$

这就证明了 $\Psi(\varphi_1(x_1,\cdots,x_n),\cdots,\varphi_{n-1}(x_1,\cdots,x_n))=c$ 是方程组(6.12)的首次积分. 根据定理6.1，$u=\Psi(\varphi_1(x_1,\cdots,x_n),\cdots,\varphi_{n-1}(x_1,\cdots,x_n))$ 是偏微分方程(6.11)的解.

为了得到偏微分方程(6.11)的通解，以下需要证明：偏微分方程(6.11)的任意一个解都可以由 $u=\Psi(\varphi_1(x_1,\cdots,x_n),\cdots,\varphi_{n-1}(x_1,\cdots,x_n))$ 得到.

由于条件 $\varphi_i(x_1,x_2,\cdots,x_n)=c_i(i=1,2,\cdots,n-1)$ 是方程(6.12)的首次积分，因此根据定理6.1，$u=\varphi_i(i=1,2,\cdots,n-1)$ 是方程(6.11)的 $n-1$ 个解. 假设 $u=\varphi(x_1,x_2,\cdots,x_n)$ 是偏微分方程(6.11)的任一平凡解，这样就得到了偏微分方程(6.11)的 n 个解. 把这些解全部代入偏微分方程(6.11)中，即可得到如下 n 个等式：

$$\begin{cases}\sum\limits_{i=1}^{n}X_i(x_1,x_2,\cdots,x_n)\dfrac{\partial\varphi(x_1,\cdots,x_n)}{\partial x_i}=0\\ \sum\limits_{i=1}^{n}X_i(x_1,x_2,\cdots,x_n)\dfrac{\partial\varphi_j(x_1,\cdots,x_n)}{\partial x_i}=0,j=1,2,\cdots,n-1\end{cases} \tag{6.14}$$

写成矩阵形式为

$$\begin{bmatrix}\dfrac{\partial\varphi}{\partial x_1} & \dfrac{\partial\varphi}{\partial x_2} & \cdots & \dfrac{\partial\varphi}{\partial x_n}\\ \dfrac{\partial\varphi_1}{\partial x_1} & \dfrac{\partial\varphi_1}{\partial x_2} & \cdots & \dfrac{\partial\varphi_1}{\partial x_n}\\ \vdots & \vdots & & \vdots\\ \dfrac{\partial\varphi_{n-1}}{\partial x_1} & \dfrac{\partial\varphi_{n-1}}{\partial x_2} & \cdots & \dfrac{\partial\varphi_{n-1}}{\partial x_n}\end{bmatrix}\begin{bmatrix}X_1(x_1,x_2,\cdots,x_n)\\ X_2(x_1,x_2,\cdots,x_n)\\ \vdots\\ X_n(x_1,x_2,\cdots,x_n)\end{bmatrix}=0.$$

由于 $X_i(i=1,2,\cdots,n)$ 在 D 内不同时为零，因此上述方程组有解. 根据线性代数的知识可知

$$\frac{\partial(\varphi,\varphi_1,\cdots,\varphi_{n-1})}{\partial(x_1,x_2,\cdots,x_n)}=\begin{bmatrix}\frac{\partial\varphi}{\partial x_1} & \frac{\partial\varphi}{\partial x_2} & \cdots & \frac{\partial\varphi}{\partial x_n}\\ \frac{\partial\varphi_1}{\partial x_1} & \frac{\partial\varphi_1}{\partial x_2} & \cdots & \frac{\partial\varphi_1}{\partial x_n}\\ \vdots & \vdots & & \vdots\\ \frac{\partial\varphi_{n-1}}{\partial x_1} & \frac{\partial\varphi_{n-1}}{\partial x_2} & \cdots & \frac{\partial\varphi_{n-1}}{\partial x_n}\end{bmatrix}\equiv 0.$$

因此,下列 n 个函数

$$\varphi(x_1,x_2,\cdots,x_n),\varphi_1(x_1,x_2,\cdots,x_n),\cdots,\varphi_{n-1}(x_1,x_2,\cdots,x_n)$$

是相关的(非互相独立). 但定理的条件告诉我们 $\varphi_i(i=1,2,\cdots,n)$ 是通积分,即是互相独立的首次积分,因此 $\varphi_i(i=1,2,\cdots,n-1)$ 也是互相独立的. 从而存在一个连续可微函数 Ψ,使得

$$\varphi(x_1,x_2,\cdots,x_n)=\Psi(\varphi_1(x_1,x_2,\cdots,x_n),\cdots,\varphi_{n-1}(x_1,x_2,\cdots,x_n)).$$

另外,如果 Ψ 可以取常值函数,那么式(6.13)显然也包含了偏微分方程(6.11)的平凡解.

注: 由于定理 6.2 是在某点邻域内成立,故是局部的,因此偏微分方程(6.11)的通解表达式在理论上也是局部成立的.

下面对于偏微分方程(6.11)只有两个自变量的情形,具体说明其求解过程.

在只有两个自变量的情况下,假设一阶齐次线性偏微分方程定解问题为

$$\begin{cases}P(x,y)\dfrac{\partial u}{\partial x}+Q(x,y)\dfrac{\partial u}{\partial y}=0,x_0<x<\infty,-\infty<x<+\infty,\\ u|_{x=x_0}=\varphi(y),-\infty<x<+\infty\end{cases}\tag{6.15}$$

其特征方程

$$\frac{\mathrm{d}x}{P(x,y)}=\frac{\mathrm{d}y}{Q(x,y)}.\tag{6.16}$$

如果已经求得方程(6.16)的首次积分为

$$\psi(x,y)=c,\tag{6.17}$$

那么偏微分方程(6.15)的通解为

$$u=\Phi(\psi(x,y))\tag{6.18}$$

其中 Φ 是一个任意一元连续可微函数. 利用初值条件可得

$$\Phi(\psi(x_0,y))=\varphi(y).\tag{6.19}$$

令

$$\bar{\psi}=\psi(x_0,y),\tag{6.20}$$

式从(6.20)可解出

$$y=\omega(\bar{\psi}).\tag{6.21}$$

将式(6.20)代入式(6.19)等号左端,将式(6.21)代入式(6.19)等号右端可得

$$\Phi(\bar{\psi})=\varphi(\omega(\bar{\psi})).\tag{6.22}$$

这样,任意一元连续可微函数 Φ 的具体表达式就确定了. 最后,再利用式(6.18)可得

偏微分方程(6.15)的解为

$$u = \Phi(\psi(x,y)) = \varphi(\omega(\psi(x,y))). \tag{6.23}$$

例 6.3 求方程

$$x\frac{\partial u}{\partial y} - y\frac{\partial u}{\partial x} = 0$$

通过曲线 $x = 0, u = y^2$ 的积分曲面.

解:由特征方程

$$\frac{\mathrm{d}x}{-y} = \frac{\mathrm{d}y}{x}$$

可得其首次积分为 $x^2 + y^2 = c$,因此方程的通解为 $u = \Phi(x^2 + y^2)$,其中 Φ 是关于其自变量连续可微的任意一元函数. 当 $x = 0$ 时,从首次积分解得

$$y^2 = c \overset{\text{def}}{=} \bar{\psi},$$

从而

$$u\big|_{x=0} = \Phi(y^2) = \Phi(\bar{\psi}) = \bar{\psi} = y^2.$$

也就是说,任意一元连续可微函数 Φ 的具体表达式已经确定为 $\Phi(\bar{\psi}) = \bar{\psi}$,因此所求的积分曲面为

$$u = \Phi(x^2 + y^2) = x^2 + y^2.$$

例 6.4 求解偏微分方程

$$x_1\frac{\partial u}{\partial x_1} + x_2\frac{\partial u}{\partial x_2} + \cdots + x_n\frac{\partial u}{\partial x_n} = 0,$$

其中,$x_1 \neq 0$.

解:上述偏微分方程的特征方程为

$$x_1 \neq 0, \frac{\mathrm{d}x_j}{\mathrm{d}x_1} = \frac{x_j}{x_1}, j = 2,3,\cdots,n,$$

从而该 $n-1$ 维的常微分方程组的通积分为

$$\frac{x_j}{x_1} = c_j, j = 2,3,\cdots,n,$$

其中,c_j 为任意常数. 故原方程的通解为

$$u = \Phi\left(\frac{x_2}{x_1}, \frac{x_3}{x_1}, \cdots, \frac{x_n}{x_1}\right),$$

其中,Φ 是关于其自变量连续可微的任意 $n-1$ 元函数.

6.3.2 一阶拟线性偏微分方程

现在讨论如下的一阶拟线性偏微分方程

$$\sum_{i=1}^{n} b_i(x_1, x_2, \cdots, x_n, z)\frac{\partial z}{\partial x_i} = Z(x_1, x_2, \cdots, x_n, z). \tag{6.24}$$

考虑到记号使用的方便,我们仅研究 $n = 2$ 时的理论结果,即

$$a(x,y,z)\frac{\partial z}{\partial x} + b(x,y,z)\frac{\partial z}{\partial y} = Z(x,y,z) \tag{6.25}$$

其中函数 $a(x,y,z)$，$b(x,y,z)$，$Z(x,y,z)$ 关于 $(x,y,z)\in D\subset R^3$ 连续可微，并且 a，b 不同时为零.

假设方程(6.25)的解 $z=u(x,y)$ 可表示为隐函数形式 $F(x,y,z)=0$，那么根据隐函数求导公式易得

$$\frac{\partial z}{\partial x}=-\left(\frac{\frac{\partial F}{\partial x}}{\frac{\partial F}{\partial z}}\right),\frac{\partial z}{\partial y}=-\left(\frac{\frac{\partial F}{\partial y}}{\frac{\partial F}{\partial z}}\right),$$

代入方程(6.25)可得

$$a(x,y,z)\frac{\partial F}{\partial x}+b(x,y,z)\frac{\partial F}{\partial y}+Z(x,y,z)\frac{\partial F}{\partial z}=0. \tag{6.26}$$

以上推导结果表明：如果 $F(x,y,z)=0$ 是拟线性偏微分方程(6.25)的隐式解，那么函数 $F=F(x,y,z)$ 就是一阶齐次线性偏微分方程(6.24)的显式解. 下面需要解决能否利用偏微分方程(6.24)的通解来确定拟线性偏微分方程(6.25)的通解.

设

$$\varphi(x,y,z)=c_1,\psi(x,y,z)=c_2$$

是方程(6.26)的特征方程

$$\frac{\mathrm{d}x}{a}=\frac{\mathrm{d}y}{b}=\frac{\mathrm{d}z}{Z} \tag{6.27}$$

的两个互相独立的首次积分，那么根据定理 6.2，方程(6.26)的通解可以表示为

$$F=\Phi(\varphi(x,y,z),\psi(x,y,z)),$$

其中，Φ 是关于其自变量的任意连续可微二元函数.

以下首先说明当 $\frac{\partial\Phi}{\partial z}\neq 0$ 时，由 $\Phi(\varphi(x,y,z),\psi(x,y,z))=0$ 所确定的隐函数 $z=z(x,y)$ 的确是方程(6.25)的解. 同样，利用隐函数求导公式可得

$$\frac{\partial z}{\partial x}=-\left(\frac{\frac{\partial\Phi}{\partial x}}{\frac{\partial\Phi}{\partial z}}\right),\frac{\partial z}{\partial y}=-\left(\frac{\frac{\partial\Phi}{\partial y}}{\frac{\partial\Phi}{\partial z}}\right),$$

再代入恒等式

$$a(x,y,z)\frac{\partial\Phi}{\partial x}+b(x,y,z)\frac{\partial\Phi}{\partial y}+Z(x,y,z)\frac{\partial\Phi}{\partial z}=0$$

可得

$$a(x,y,z(x,y))\frac{\partial z}{\partial x}+b(x,y,z(x,y))\frac{\partial z}{\partial y}=Z(x,y,z(x,y)).$$

这就证明了 $z=z(x,y)$ 的确是偏微分方程(6.25)的一个解.

下面进一步证明：对于偏微分方程(6.25)的任何一个解 $z=\zeta(x,y)$，总存在二元函数 Ψ，使得

$$\Psi[\varphi(x,y,\zeta(x,y)),\psi(x,y,\zeta(x,y))]\equiv 0,$$

这里 φ，ψ 是特征方程(6.27)互相独立的首次积分. 这部分的证明可以参照定理 6.2 的证

明. 这里,我们通过说明 $\varphi(x,y,\zeta(x,y))$ 和 $\psi(x,y,\zeta(x,y))$ 是相关的来给出证明.

记

$$\gamma(x,y) \triangleq \varphi(x,y,\zeta(x,y)), \kappa(x,y) \triangleq \psi(x,y,\zeta(x,y)),$$

则

$$\frac{\partial \gamma}{\partial x} = \frac{\partial \varphi}{\partial x} + \frac{\partial \varphi}{\partial z} \cdot \frac{\partial \zeta}{\partial x}, \frac{\partial \gamma}{\partial y} = \frac{\partial \varphi}{\partial y} + \frac{\partial \varphi}{\partial z} \cdot \frac{\partial \zeta}{\partial y},$$

于是

$$a\frac{\partial \gamma}{\partial x} + b\frac{\partial \gamma}{\partial y} = a\frac{\partial \varphi}{\partial x} + b\frac{\partial \varphi}{\partial y} + \left(a\frac{\partial \zeta}{\partial x} + b\frac{\partial \zeta}{\partial y}\right)\frac{\partial \varphi}{\partial z} = a\frac{\partial \varphi}{\partial x} + b\frac{\partial \varphi}{\partial y} + Z\frac{\partial \varphi}{\partial z} \equiv 0.$$

同理可得

$$a\frac{\partial \kappa}{\partial x} + b\frac{\partial \kappa}{\partial y} \equiv 0.$$

这样,便得到了以下的线性代数方程组

$$\begin{cases} a\dfrac{\partial \gamma}{\partial x} + b\dfrac{\partial \gamma}{\partial y} = 0, \\ a\dfrac{\partial \kappa}{\partial x} + b\dfrac{\partial \kappa}{\partial y} = 0. \end{cases}$$

但函数 a,b 不同时为零,这说明上述方程组有非零解. 根据线性代数理论,可知系数行列式

$$\begin{vmatrix} \dfrac{\partial \gamma}{\partial x} & \dfrac{\partial \gamma}{\partial y} \\ \dfrac{\partial \kappa}{\partial x} & \dfrac{\partial \kappa}{\partial y} \end{vmatrix} \equiv 0,$$

即雅可比行列式 $\dfrac{\partial(\gamma,\kappa)}{\partial(x,y)} = 0$,这又说明了函数 $y = 2\varphi_1 + 4$ 和 $\kappa(x,y)$ 是相关的. 因此存在二元函数 Ψ,使得

$$\Psi[\varphi(x,y,\zeta(x,y)), \psi(x,y,\zeta(x,y))] = \Psi[\gamma(x,y), \kappa(x,y)] \equiv 0.$$

显然,以上的讨论过程对于 $n > 2$ 的情形也完全适应,这样我们就能给出关于一阶拟线性偏微分方程(6.24)的通解的结构定理.

定理 6.3 设 $\varphi_i(x_1,x_2,\cdots,x_n;z) = c_i (i = 1,2,\cdots,n)$ 是常微分方程组

$$\frac{\mathrm{d}x_1}{b_1} = \frac{\mathrm{d}x_2}{b_2} = \cdots = \frac{\mathrm{d}x_n}{b_n} = \frac{\mathrm{d}z}{Z} \tag{6.28}$$

的 n 个互相独立的首次积分,Φ 是关于其自变量任意连续可微的 n 元函数. 如果从

$$\Phi(\varphi_1,\varphi_2,\cdots,\varphi_n) = 0 \tag{6.29}$$

可以确定函数 $z = z(x_1,x_2,\cdots,x_n)$,那么式(6.29)即为一阶拟线性偏微分方程(6.24)的(隐式)通解.

方程(6.28)常称为一阶拟线性偏微分方程(6.24)的特征方程.

例 6.5 求如下初值问题

$$\begin{cases} x\dfrac{\partial z}{\partial x}+(y+x^2)\dfrac{\partial z}{\partial y}=z, \\ z(x,y)\big|_{x=2}=y-4. \end{cases}$$

解:该一阶拟线性偏微分方程的特征方程为

$$\frac{\mathrm{d}x}{x}=\frac{\mathrm{d}y}{y+x^2}=\frac{\mathrm{d}z}{z},$$

易得其互相独立的首次积分为

$$\frac{y-x^2}{x}=c_1,\frac{z}{x}=c_2$$

因此,通解为

$$\Phi\left(\frac{y-x^2}{x},\frac{z}{x}\right)=0,\text{或 } z=xf\left(\frac{y-x^2}{x}\right).$$

这里 $\Phi(\xi,\zeta)$ 为任意一个连续可微二元函数,且满足$\dfrac{\partial \Phi}{\partial \zeta}\neq 0$. 当 $x=2$ 时,记

$$\varphi_1=\frac{y-4}{2},\varphi_2=\frac{z}{2}$$

解得

$$y=2\varphi_1+4,z=2\varphi_2.$$

代入定解条件 $z=y-4$ 可得 $\varphi_1=\varphi_2$. 因此所求的解为

$$\frac{y-x^2}{x}=\frac{z}{x},\text{即 } z=y-x^2.$$

例 6.6 求解拟线性偏微分方程 $y\dfrac{\partial z}{\partial x}=z$.

解:其特征方程为

$$\frac{\mathrm{d}x}{y}=\frac{\mathrm{d}y}{0}=\frac{\mathrm{d}z}{z},$$

且易见 $y=c_1$ 就是它的一个首次积分. 为了求另一个首次积分,将 $y=c_1$ 代入上述方程,然后积分可得

$$z=c_2\mathrm{e}^{\frac{x}{c_1}}.$$

这样,就得到了两个首次积分 $y=c_1$ 和 $z\mathrm{e}^{-\frac{x}{y}}=c_2$,且它们是互相独立的. 因此所求拟线性偏微分方程的通解为 $\Phi(y,z\mathrm{e}^{-\frac{x}{y}})=0$,其中,$\Phi(\xi,\zeta)$ 为 ξ,ζ 的任意一个二元连续可微函数.

例 6.7 求解如下拟线性偏微分方程

$$x_1\frac{\partial z}{\partial x_1}+x_2\frac{\partial z}{\partial x_2}+\cdots+x_n\frac{\partial z}{\partial x_n}=\omega z,$$

其中,ω 为大于零的正整数,$x_1\neq 0$.

解:其特征方程为

$$\frac{\mathrm{d}x_1}{x_1}=\cdots=\frac{\mathrm{d}x_n}{x_n}=\frac{\mathrm{d}z}{\omega z},$$

其 n 个互相独立的首次积分为

$$\frac{z}{x_1^{\omega}}=c_1,\frac{x_j}{x_1}=c_j,j=2,3,\cdots,n,$$

于是所求的通解为

$$\Phi\left(\frac{z}{x_1^{\omega}},\frac{x_2}{x_1},\frac{x_3}{x_1},\cdots,\frac{x_n}{x_1}\right),$$

其中 Φ 是任意一个 n 元连续可微函数，而且关于第一个变量的偏导数不为零. 进一步，可以将显式解表示为关于 $x_1,x_2,\cdots,x_n$ 的 ω 次齐次函数

$$z=x_1^{\omega}\cdot\zeta\left(\frac{x_2}{x_1},\frac{x_3}{x_1},\cdots,\frac{x_n}{x_1}\right),$$

其中，ζ 是由 $\Phi=0$ 所确定的隐函数.

习题 6.3

(A)

1. 求解以下偏微分方程：

(1) $\dfrac{\partial^2 z}{\partial x\partial y}=0$；　　(2) $\dfrac{\partial z}{\partial x}=\dfrac{z}{x}-xy^2$；

(3) $\sqrt{x}\dfrac{\partial u}{\partial x}+\sqrt{y}\dfrac{\partial u}{\partial y}+\sqrt{z}\dfrac{\partial u}{\partial z}=0$.

2. 求解下列一阶拟线性偏微分方程：

(1) $(y+z+u)\dfrac{\partial u}{\partial x}+(z+u+x)\dfrac{\partial u}{\partial y}+(u+x+y)\dfrac{\partial u}{\partial z}=x+y+z$；

(2) $\dfrac{\partial u}{\partial x}+b\dfrac{\partial u}{\partial y}+c\dfrac{\partial u}{\partial z}=xyz$，其中 b,c 为常数.

(B)

3. 试讨论一般拟线性偏微分方程

$$\sum_{i=1}^{n}b_i(x_1,x_2,\cdots,x_n,z)\frac{\partial z}{\partial x_i}=Z(x_1,x_2,\cdots,x_n,z)$$

的解法.

§6.4 Cauchy 问题

6.4.1 几何解释

对于前述的一阶线性(拟线性) 偏微分方程的求解过程，以下给出较为直观的几何解释. 考虑三维空间中的一个连续向量场 $\boldsymbol{v}=(P(x,y,z),Q(x,y,z),R(x,y,z))$，任意给

定区域 D 中的一点 (x,y,z)，便得到一个确定的方向. 如果空间的一条曲线 l 上每一点 (x,y,z) 的切向量 $\boldsymbol{\tau}=(\mathrm{d}x,\mathrm{d}y,\mathrm{d}z)$ 与该点的场向量 $\boldsymbol{v}=(P(x,y,z),Q(x,y,z),R(x,y,z))$ 共线，则称该曲线 l 为特征曲线. 而由 $\boldsymbol{\tau}$ 和 $\boldsymbol{v}$ 共线可得

$$\frac{\mathrm{d}x}{P}=\frac{\mathrm{d}y}{Q}=\frac{\mathrm{d}z}{R} \tag{6.30}$$

因此，特征曲线 l 由微分方程(6.30) 决定. 由特征曲线组成的曲面称为特征曲面(后面将说明特征曲线的确可以编织成一个光滑曲面. 若记特征曲面上任一点处的法向量为 $\boldsymbol{n}$，那么在该点，$\boldsymbol{n}$ 与 $\boldsymbol{v}$ 一定正交，即

$$\boldsymbol{n}\cdot\boldsymbol{v}=0. \tag{6.31}$$

然后我们有以下结果：

(1) 当特征曲面的方程为显式 $z=z(x,y)$ 时，$\boldsymbol{n}=\left(\frac{\partial z}{\partial x},\frac{\partial z}{\partial y},-1\right)$，从而根据式(6.31) 有

$$P\frac{\partial z}{\partial x}+Q\frac{\partial z}{\partial y}=R; \tag{6.32}$$

(2) 当特征曲面的方程为隐式 $u(x,y,z)=0$ 时，$\boldsymbol{n}=\left(\frac{\partial u}{\partial x},\frac{\partial u}{\partial y},\frac{\partial u}{\partial z}\right)$，同样根据式(6.31) 有

$$P\frac{\partial u}{\partial x}+Q\frac{\partial u}{\partial y}+R\frac{\partial u}{\partial z}=0. \tag{6.33}$$

在本章一开始，就已经介绍了积分曲面的概念，即一阶线性(拟线性) 偏微分方程的解可以想象成 n 维空间中的一张曲面. 从方程(6.32) 和方程(6.33) 来看，一阶线性(拟线性) 偏微分方程的解(积分曲面) 就是特征曲面，记为 π. 那么现在就可以给出一阶线性(拟线性) 偏微分方程求解的几何解释了：一阶偏微分方程(6.32) 和方程(6.33) 的解(积分曲面) 是特征曲面，它是由特征曲面组成的. 而特征曲面可以由常微分方程组(特征方程)(6.30) 决定. 这样，一阶线性(拟线性) 偏微分方程的求解问题就归结为常微分方程组的求解问题了. 这与前面所给的结论是完全一致的.

以下说明特征曲线 γ 的确可以编织成光滑的特征曲面(积分曲面). 这句话的含义为：通过 π 上任何一点 $P_0(x_0,y_0,z_0)$ 恰有一条特征曲线 γ_0，而且 $\gamma_0\subset\pi$.

显然，只要 $\pi\subset D$，则根据常微分方程组(6.30) 解得存在唯一性，可以直接得到前半个结论，即通过 π 上任何一点 $P_0(x_0,y_0,z_0)$ 恰有一条特征曲线 γ_0. 现在说明后半个结论，即通过积分曲面 π 上每一点 $P_0(x_0,y_0,z_0)$ 的特征曲线 γ_0 完全落在积分曲面 π 上.

若特征方程(6.30) 的两个互相独立的首次积分为

$$\psi_1(x,y,z)=c_1,\psi_2(x,y,z)=c_2, \tag{6.34}$$

它们共同确定了特征曲线族，因此特征曲线 γ_0 满足

$$\psi_1(x,y,z)=c_1^0,\psi_2(x,y,z)=c_2^0, \tag{6.35}$$

其中常数

$$c_1^0=\psi_1(x_0,y_0,z_0),c_2^0=\psi_2(x_0,y_0,z_0). \tag{6.36}$$

另外，根据定理 6.3，积分曲面 π 可以表示为

$$\Phi(\psi_1(x,y,z),\psi_2(x,y,z)) = 0, \tag{6.37}$$

这里 Φ 是某个关于其自变量的二元连续可微函数. 由于 $P_0 \in \pi$，因此

$$\Phi(\psi_1(x_0,y_0,z_0),\psi_2(x_0,y_0,z_0)) = 0$$

再根据式(6.36)得到 $\Phi(c_1^0,c_2^0) = 0$. 然后，由式(6.37)推出，在特征曲线 γ_0 上有

$$\Phi(\psi_1(x,y,z),\psi_2(x,y,z)) = 0.$$

这就证明了 $\gamma_0 \subset \pi$.

6.4.2 Cauchy 问题

有了前面的几何解释，现在可以给出所谓的 Cauchy 问题了.

给定一条光滑曲线

$$\Gamma: x = \alpha(\sigma), y = \beta(\sigma), z = \zeta(\sigma), \sigma \in D,$$

其中，σ 为曲线的参数坐标，确定拟线性偏微分方程(6.35)的一张积分曲面 $\pi: z = f(x,y)$，使之包含给定曲线 Γ，即成立 $\zeta(\sigma) = f(\alpha(\sigma),\beta(\sigma))$，这里 $\alpha'(\sigma),\beta'(\sigma),\zeta'(\sigma)$ 都是连续的，并且 $\alpha'^2(\sigma) + \beta'^2(\sigma) \neq 0$.

应该指出，对于某些曲线(如特征曲线)，Cauchy 问题是不适定的，因为对一条特征曲线，可以有无穷多个特征曲面经过它；而对于另外一些曲线，Cauchy 问题甚至没有解存在. 以下定理具体给出了 Cauchy 问题解的情况.

定理 6.4 对于一阶拟线性偏微分方程(6.33)的上述 Cauchy 问题，有

(1) 如果成立

$$\frac{\alpha'(\sigma)}{\beta'(\sigma)} \neq \frac{P(\alpha(\sigma),\beta(\sigma),\zeta(\sigma))}{Q(\alpha(\sigma),\beta(\sigma),\zeta(\sigma))},$$

那么上述 Cauchy 问题有唯一解；

(2) 如果曲线 Γ 是特征曲线，即成立

$$\frac{\alpha'(\sigma)}{P(\alpha(\sigma),\beta(\sigma),\zeta(\sigma))} = \frac{\beta'(\sigma)}{Q(\alpha(\sigma),\beta(\sigma),\zeta(\sigma))} = \frac{\zeta'(\sigma)}{R(\alpha(\sigma),\beta(\sigma),\zeta(\sigma))}$$

那么上述 Cauchy 问题的解不唯一；

(3) 如果曲线 Γ 不是特征曲线，但成立

$$\frac{\alpha'(\sigma)}{\beta'(\sigma)} \equiv \frac{P(\alpha(\sigma),\beta(\sigma),\zeta(\sigma))}{Q(\alpha(\sigma),\beta(\sigma),\zeta(\sigma))}$$

那么上述 Cauchy 问题无解.

例 6.8 求偏微分方程

$$x\frac{\partial z}{\partial x} - y\frac{\partial z}{\partial y} = z$$

的积分曲面，使得它通过初始曲线

$$\Gamma: x = t, y = 3t, z = 1 + t^2, t > 0.$$

解: 令

$$x = \alpha(t) = t, y = \beta(t) = 3t, z = \zeta(t) = 1 + t^2,$$

$$P(x,y,z)=x, Q(x,y,z)=-y, R(x,y,z)=z,$$

则有

$$\frac{1}{3}=\frac{\alpha'(t)}{\beta'(t)}\neq\frac{P(\alpha(t),\beta(t),\zeta(t))}{Q(\alpha(t),\beta(t),\zeta(t))}=-\frac{1}{3}.$$

因此根据定理 6.4,有唯一的积分曲面包含曲线 Γ.

特征方程

$$\frac{\mathrm{d}x}{x}=\frac{\mathrm{d}y}{-y}=\frac{\mathrm{d}z}{z}$$

的两个独立的首次积分为

$$xy=c_1, yz=c_2. \tag{6.38}$$

利用初始曲线,有 $3t^2=c_1, 3t(1+t^2)=c_2$,消去参数 t,解得

$$c_2=\sqrt{3c_1}\left(1+\frac{1}{3}c_1\right).$$

再利用式(6.38),即得所求的解

$$yz=\sqrt{3xy}\left(1+\frac{1}{3}xy\right),$$

亦即

$$z=\sqrt{\frac{3x}{y}}\left(1+\frac{1}{3}xy\right).$$

例 6.9 确定偏微分方程

$$y\frac{\partial z}{\partial x}-x\frac{\partial z}{\partial y}=0$$

过曲线 $\Gamma: z=x, x^2+y^2=1$ 的积分曲面.

解:由题目所给的偏微分方程可得 $P=y, Q=-x, R=0$,其特征方程为

$$\frac{\mathrm{d}x}{y}=\frac{\mathrm{d}y}{-x}=\frac{\mathrm{d}z}{0},$$

其通解可表示为

$$x(t)=c_1\cos t+c_2\sin t, y(t)=-c_1\sin t+c_2\cos t, z(t)=c_3,$$

将曲线 Γ 写成参数方程

$$x=\alpha(\sigma)=\cos\sigma, y=\beta(\sigma)=\sin\sigma, z=\zeta(\sigma)=\cos\sigma,$$

虽然在曲线 Γ 上成立

$$\frac{\alpha'(\sigma)}{\beta'(\sigma)}=\frac{-\sin\sigma}{\cos\sigma}=\frac{P(\alpha(\sigma)\beta(\sigma)\zeta(\sigma))}{Q(\alpha(\sigma)\beta(\sigma)\zeta(\sigma))},$$

但由于 Γ 不是特征曲线,因此根据定理 6.4 可知,不存在方程过 Γ 的积分曲面.

习题 6.4

(A)

1. 求以下 Cauchy 问题的解:

(1)$\begin{cases} z(x+z)\dfrac{\partial z}{\partial x}-y(y+z)\dfrac{\partial z}{\partial y}=0, \\ z\big|_{x=1}=\sqrt{y}; \end{cases}$

(2)$\begin{cases} zx\dfrac{\partial z}{\partial x}+yz\dfrac{\partial z}{\partial y}+xy=0, \\ z\big|_{xy=a^2}=h, \end{cases}$其中,$a$,$h$ 为参数.

(B)

2. 求下列 Cauchy 问题的解:$\begin{cases} y\dfrac{\partial z}{\partial x}-x\dfrac{\partial z}{\partial y}=0, \\ x^2+y^2=4,z=1. \end{cases}$

本章小结

本章用常微分方程方法讨论了一阶偏微分方程的求解.首先介绍了偏微分方程的基本概念,如线性、拟线性、通解等,并利用首次积分建立了常微分方程(组)和偏微分方程之间的联系,即一阶线性偏微分方程的解等价于对应常微分方程组的首次积分,应熟练掌握求常微分方程组首次积分的方法;然后重点讨论了一阶线性和拟线性偏微分方程的求解,需掌握一阶齐次线性及非齐次拟线性偏微分方程的通解是由对应的对称形常微分方程组的 $n-1$ 个和 n 个首次积分的任意函数构成;最后给出了一阶线性偏微分方程解的几何直观解释:偏微分方程的解可以看成积分曲面,由常微分方程组的解首次积分表示的特征曲线构成,从而偏微分方程可以用常微分方程方法来求解.

本章中的方法仅是解一阶线性偏微分方程的特征曲线方法,另外还有幂级数展开、降维等方法,读者可参看其他偏微分方程教程.

综合习题 6

(A)

1. 求下列方程组的通积分:$\dfrac{dx}{z-y}=\dfrac{dy}{x-z}=\dfrac{dz}{y-x}$.

2. 求解以下偏微分方程:

(1)$xz\dfrac{\partial u}{\partial x}+yz\dfrac{\partial u}{\partial y}-(x^2+y^2)\dfrac{\partial u}{\partial z}=0$;

(2)$x\dfrac{\partial u}{\partial x}+(xy^2\ln x-y)\dfrac{\partial u}{\partial y}+\dfrac{\partial u}{\partial z}=0$;

(3)$z(x+z)\dfrac{\partial u}{\partial x}-y(y+z)\dfrac{\partial u}{\partial y}=0$.

3. 求解下列一阶拟线性偏微分方程：

(1)$z(x+z)\dfrac{\partial z}{\partial x}-y(y+z)\dfrac{\partial z}{\partial y}=0$；　　(2)$xz\dfrac{\partial z}{\partial x}+yz\dfrac{\partial z}{\partial y}+xy=0$.

4. 求下列 Cauchy 问题的解：

$$\begin{cases} z\dfrac{\partial z}{\partial x}+(z^2-x^2)\dfrac{\partial z}{\partial y}+x=0, \\ z\big|_{y=x^2}=2x. \end{cases}$$

(B)

5. 利用首次积分求解下列微分方程组：

$$\begin{cases} \dfrac{\mathrm{d}y}{\mathrm{d}x}=+y-x(x^2+y^2-1), \\ \dfrac{\mathrm{d}z}{\mathrm{d}x}=-x-y(x^2+y^2-1). \end{cases}$$

6. 求下列二阶微分方程的首次积分：

$$\frac{\mathrm{d}^2x}{\mathrm{d}t^2}+a^2\sin x=0, a>0.$$

7. 求解以下线性偏微分方程：

(1) $\dfrac{\partial u}{\partial x}+\dfrac{1}{z}\dfrac{\partial u}{\partial y}+\left(xz^2-\dfrac{1}{x}z\right)\dfrac{\partial u}{\partial z}=0$；

(2)$\Delta_1\dfrac{\partial u}{\partial x}+\Delta_2\dfrac{\partial u}{\partial y}+\Delta_3\dfrac{\partial u}{\partial z}=0$，其中 $\Delta_k(k=1,2,3)$ 是行列式

$$\begin{vmatrix} \dfrac{\partial f_1}{\partial x} & \dfrac{\partial f_1}{\partial y} & \dfrac{\partial f_1}{\partial z} \\ \dfrac{\partial f_2}{\partial x} & \dfrac{\partial f_2}{\partial y} & \dfrac{\partial f_2}{\partial z} \\ \dfrac{\partial f_3}{\partial x} & \dfrac{\partial f_3}{\partial y} & \dfrac{\partial f_3}{\partial z} \end{vmatrix}$$

的第三行第 K 个元素所对应的代数余子式.

8. 求解下列一阶拟线性偏微分方程：

(1)$(y^3-2x^4)\dfrac{\partial z}{\partial x}+(2y^4-x^3y)\dfrac{\partial z}{\partial y}=9z(x^3-y^3)$；

(2)$xz(xy+z^2)\dfrac{\partial z}{\partial x}-yz(xy+z^2)\dfrac{\partial z}{\partial y}=x^4$.

9. 求下列 Cauchy 问题的解：

$$\begin{cases} (x^2+y^2)\dfrac{\partial z}{\partial x}+2xy\dfrac{\partial z}{\partial y}=0, \\ z\big|_{x=2y}=y^2. \end{cases}$$

第7章* 非线性方程的一种解析法

线性方程是研究数学问题和实际问题的基础，它的理论已经基本成熟. 但现实世界中大多数自然现象的本质是非线性的，并可以用非线性方程予以描述. 这些方程，特别是强非线性方程一般很难求得精确解.

随着高性能计算机的问世，人们开始借助计算机用数值方法求解非线性方程，显示了极强的生命力和巨大的优越性. 然而，由于数值方法给出的解曲线是离散的，很难得到完整的曲线. 要对非线性问题作更全面的认识，在很多时候还得依靠方程的解析解.

传统的解析法往往是根据方程的不同类型而采取不同的方法，例如摄动方法就是一种应用性很强的求解非线性问题的方法，它将一个含有小参数 ε 的非线性方程的解表示为 ε 的幂级数，且当 $\varepsilon=0$ 时，原非线性方程转换成一个退化方程(通常是线性方程)，而非线性方程的解就是在该退化方程解的基础上做一些小的修正(摄动)，即在退化方程附近展开(有时在个别点处会有比较大的变化). 同时，级数解的收敛区域会非常强烈地依赖于小参数 ε，即仅对很小的 ε 来说是收敛的. 传统的摄动方法通常只适用于含有小参数 ε 的弱非线性方程，方程的解几乎由退化部分完全确定，没有选择的余地. 对于许多非线性方程的求解，摄动方法并不适用.

1992 年中国学者廖世俊教授基于同伦的基本概念，提出了一种新的求解一般非线性问题的方法 —— 同伦分析法(homototy analysis method)，受到了学术界的关注，并在近几年得到推广和应用. 本章主要介绍同伦分析法的基本概念、基本思想和简单应用. 其重点是介绍方法及应用，而不是严格的数学理论. 本方法的实施最好与数值方法结合，所以建议读者自学一点基本的 Matlab 知识.

本章的目的是给读者提供一种求非线性方程解析解的新思路和新方法，起到一定的启迪作用.

§7.1 同伦分析法与形变方程

同伦是拓扑学的一个重要概念. 设 Z,Y 是两个给定的集合，映射 $f,g:Z\to Y$ 都是连续映射，I 表示单位区间$[0,1]$. 如果存在连续映射 $H:Z\times I\to Y$ 使得 $\forall x\in\mathbf{Z}$，有 $H(x,0)=f(x)$ 和 $H(x,1)=g(x)$，那么就称 f,g 是同伦映射，并称 H 是连接 f 和 g 的一个同伦.

记一般的非线性方程为

$$N[f(x)] = 0, \tag{7.1}$$

其中,N 为非线性算子,$f(x)$ 是未知函数,x 是自变量(可以是向量形式).

令 $f_0(x)$ 为精确解 $f(x)$ 的初始近似,$h \neq 0$ 为辅助参数,$k(x) \neq 0$ 为辅助函数,L 为辅助线性算子且具有性质

$$L[f(x)] = 0, \quad \text{当 } f(x) = 0 \text{ 时} \tag{7.2}$$

将 $q \in I$ 作为嵌入变量,构造连续映射 $f(x) \to \Phi(x,q)$,使得当 q 从 0 变到 1 时,$\Phi(x,q)$ 从初始近似 $f_0(x)$ 变化到精确解 $f(x)$. 再构造如下同伦

$$H(\Phi(x,q), f_0, q, h, k) = (1-q)\{L[\Phi(x,q) - f_0(x)]\} - qhk(x)N[\Phi(x,q)]. \tag{7.3}$$

令式(7.3) 等于零得到零阶形变方程

$$(1-q)\{L[\Phi(x,q) - f_0(x)]\} - qhk(x)N[\Phi(x,q)] = 0. \tag{7.4}$$

当 $q = 0$ 时,式(7.4) 变为

$$L[\Phi(x,0) - f_0(x)] = 0. \tag{7.5}$$

根据性质(7.2),得到

$$\Phi(x,0) = f_0(x). \tag{7.6}$$

当 $q = 1$ 时,由于 $h \neq 0, k(x) \neq 0$,式(7.4) 变为

$$N[\Phi(x,1)] = 0. \tag{7.7}$$

若

$$\Phi(x,1) = f(x), \tag{7.8}$$

则由式(7.6) 和式(7.8) 知,当 q 从 0 变到 1 时,$\Phi(x,q)$ 从初始近似 $f_0(x)$ 变化到精确解 $f(x)$. 在同伦理论中,这种连续变化就称为形变,所以称式(7.4) 为零阶形变方程.

为给出 $\Phi(x,q)$ 的形式解,我们定义 m 阶形变导数

$$f_0^{[m]}(x) = \left.\frac{\partial^m \Phi(x,q)}{\partial q^m}\right|_{q=0}.$$

假设

(1) 对所有 $q \in I$,零阶形变方程(7.4) 的解 $\Phi(x,q)$ 都存在;

(2) 对任意的 $m = 1,2,3,\cdots,+\infty$,形变导数 $f_0^{[m]}(x)$ 均存在;

(3) $\Phi(x,q)$ 的泰勒展开式存在且在 $q = 1$ 时收敛.

根据上述假设,$\Phi(x,q)$ 的泰勒展开式可以表示为

$$\Phi(x,q) = f_0(x) + \sum_{m=1}^{+\infty} f_m(x) q^m, \tag{7.9}$$

其中,$f_m(x) = \dfrac{f_0^{[m]}(x)}{m!}$.

于是,就得到原方程的级数解

$$f(x) = \Phi(x,1) = f_0(x) + \sum_{m=1}^{+\infty} f_m(x), \tag{7.10}$$

其中,未知项 $f_m(x)$ 由高阶形变方程确定.

式(7.10) 给出了精确解与初始近似解的关系. 将式(7.9) 代入零阶形变方程(7.4) 比较 q 的同次幂系数,得到高阶形变方程

$$L[f_m(x)-\chi_m f_{m-1}(x)]=hk(x)R_m, \tag{7.11}$$

其中

$$\chi_m=\begin{cases}0, m\leqslant 1,\\ 1,\text{其他情况},\end{cases} \tag{7.12}$$

$$R_m=\frac{1}{(m-1)!}\frac{\partial^{m-1}N[\Phi(x,q)]}{\partial q^{m-1}}=\frac{1}{(m-1)!}\frac{\partial^{m-1}}{\partial q^{m-1}}N\left[\sum_{m=0}^{+\infty}f_m(x)q^m\right]\bigg|_{q=0} \tag{7.13}$$

我们注意到,高阶形变方程(7.11) 具有相同的线性算子 L,且对任何给定的非线性算子 N,R_m 都可由式(7.13) 给出. 而 R_m 由 $f_0(x),f_1(x),\cdots,f_{m-1}(x)$ 确定. 这样,通过求解线性的高阶形变方程(7.11),就可逐步得到 $f_0(x),f_1(x),\cdots$,从而得到 $f(x)$ 的 m 阶近似解

$$f(x)\approx\sum_{i=0}^{m}f_i(x).$$

§7.2 收敛定理

定理 7.1 (收敛定理) 若级数

$$f_0(x)+\sum_{m=1}^{+\infty}f_m(x)$$

收敛,则它必定是方程(7.1) 的解,其中 $f_m(x)$ 满足高阶形变方程

$$f_m(x)=\frac{f_0^{[m]}(x)}{m!}=\frac{1}{m!}\frac{\partial^m\Phi(x,q)}{\partial q^m}\bigg|_{q=0}.$$

证明:令

$$s(x)=f_0(x)+\sum_{m=1}^{+\infty}f_m(x)$$

表示收敛级数. 有高阶形变方程(7.11),得到

$$\begin{aligned}hk(x)\sum_{m=1}^{+\infty}R_m&=\sum_{m=1}^{+\infty}L[f_m(x)-\chi_m f_{m-1}(x)]\\&=L\left[\sum_{m=1}^{+\infty}f_m(x)-\sum_{m=2}^{+\infty}\chi_m f_{m-1}(x)-\chi_1 f_0(x)\right]\\&=L\left[\sum_{m=1}^{+\infty}f_m(x)-\sum_{m=1}^{+\infty}f_m(x)\right]=0,\end{aligned}$$

因为 $h\neq 0$ 且 $k(x)\neq 0$,所以有

$$\sum_{m=1}^{+\infty}R_m=0.$$

另外,由式(7.13) 得到

$$\sum_{m=1}^{+\infty}R_m=\sum_{m=0}^{+\infty}\frac{1}{m!}\frac{\partial^m}{\partial q^m}N\left[\sum_{n=0}^{+\infty}f_n(x)q^n\right]\bigg|_{q=0}=0. \tag{7.14}$$

一般情况下 $\Phi(x,q)$ 不满足原方程(7.1),于是令

$$\varepsilon(x,q)=N[\Phi(x,q)]$$

表示原方程(7.1)的残存误差，很显然

$$\varepsilon(x,q)=0$$

对应于原始方程(7.1)的精确解.

又残存误差关于 q 的麦克劳林级数为

$$\varepsilon(x,q)=\sum_{m=0}^{+\infty}\frac{q^m}{m!}\frac{\partial^m\varepsilon(x,q)}{\partial q^m}\bigg|_{q=0}=\sum_{m=0}^{+\infty}\frac{q^m}{m!}\frac{\partial^m N[\Phi(x,q)]}{\partial q^m}\bigg|_{q=0},$$

由式(7.14)，当 $q=1$ 时，则可得到

$$\varepsilon(x,1)=\sum_{m=0}^{+\infty}\frac{1}{m!}\frac{\partial^m\varepsilon(x,q)}{\partial q^m}\bigg|_{q=0}=\sum_{m=0}^{+\infty}\frac{1}{m!}\frac{\partial^m N[\Phi(x,q)]}{\partial q^m}\bigg|_{q=0}=0.$$

即当 $q=1$ 时残存误差为零. 此时，得到的解是原方程的精确解.

因此，只要级数

$$f_0(x)+\sum_{m=1}^{+\infty}f_m(x)$$

收敛，则该级数必为原方程的一个解.

推论 1 若级数

$$f_0(x)+\sum_{m=1}^{+\infty}f_m(x)$$

收敛，则 $\sum\limits_{m=1}^{+\infty}R_m=0$.

有了上述定理，接下来的主要任务是适当选取初始近似解 $f_0(x)$、辅助线性算子 L、辅助参数 h、辅助函数 $k(x)$ 和辅助线性算子 L，以确保级数(7.9)收敛. 也正是由于上述函数、算子和参数有如此大的自由选择度，才为满足假设条件(1)－(3)提供了良好的前提. 这种宽泛的自由度奠定了同伦分析法有效性和灵活性的基础，也为实际应用提供了良好的条件. 但至今我们还不能提供一种严格的数学理论来证明：通过适当选取初始近似解 $f_0(x)$、辅助线性算子 L、辅助参数 h、辅助函数 $k(x)$ 和辅助线性算子 L，能确保级数(7.9)收敛.

对于非线性问题而言，解析近似解的本质就是选择一组合适的基函数来逼近精确解. 然而，一个实函数 $f(x)$ 可被许多不同的基函数逼近(我们称解的这种表达式为解表达)，有的基函数能很有效地逼近它，但有的基函数则反之. 所以，基函数的选取非常重要. 幸运的是，由于初始近似解 $f_0(x)$、辅助线性算子、辅助参数 h、辅助函数 $k(x)$ 和辅助线性算子 L 在选择上的自由，使得我们可以得到许多由不同基函数描述的逼近解. 这样，我们可以从这些解表达中选取更有效的来逼近一个给定的非线性问题的解. 例如若

$$\{e_k(x)\mid k=0,1,2,\cdots\}$$

为某一非线性问题解的一组基函数，则解 $f(x)$ 可以表示为

$$f(x)=\sum_{n=1}^{+\infty}c_n e_n(x),$$

其中，c_n 为确定的系数. 如果一旦选定了基函数，那么初始近似解 $f_0(x)$、辅助参数 h、辅助函数 $k(x)$ 和辅助线性算子 L 就必须如此选取，使得相应的高阶形变方程的解存在且能被基函数表达. 这个原则就称为**解表达原则**.

为了进一步缩小辅助函数 $k(x)$ 的选取范围，有必要提出**系数遍历原则**，即解表达中所有系数的值均能被改善，从而确保所选择的基函数之完备性. 同时，高阶形变方程必须封闭且有解，即满足**解存在原则**.

上述三个原则在同伦分析法中起着重要的作用，它在很大程度上简化了同伦分析法的应用. 但我们如何根据上述三个原则来选择初始近似解 $f_0(x)$、辅助参数 h、辅助函数 $k(x)$ 和辅助线性算子 L 呢?这还是比较困难的一个问题，对于许多实际问题，往往依靠对这个非线性问题是先验知识来确定.

注 1:初始近似解 $f_0(x)$ 和辅助线性算子 L 的选择特别重要. 因为根据《数学分析》的相关理论，函数 $\Phi(x,q)$ 的泰勒展开式是唯一的，所以若零阶形变方程相同，则对应的 $f_i(x)$ 必相同!实际上，初始近似解 $f_0(x)$ 和辅助线性算子 L 直接决定了基函数的形式和 $\Phi(x,q)$ 的泰勒展开式的形式，也在很大程度上决定了级数的收敛性. 但是如何给出正确的初始近似解 $f_0(x)$ 和辅助线性算子 L 要依赖于对问题特征，尤其是方程的形式和初始条件.

注 2:如果已经用同伦分析法球的一族含有辅助参数 h 的级数解，那么如何选择 h 的具体数值以确保级数收敛呢?

假设 $f(x)$ 二阶导函数连续，我们定义 $\gamma = f''(x)\big|_{x=0}$，这里 f'' 表示对 x 的二阶导数. 由于 γ 为 h 的函数，从而可以画出一条 $\gamma \sim h$ 曲线. 如果方程的解收敛且解唯一，对于不同的 h，它们都应该收敛到相同的值，从而在 $\gamma \sim h$ 曲线中存在一条水平线段，其对应的 h 之区域用 R_h 表示. 我们称 R_h 为 h 的有效区域. 即若 h 在有效区域内取值，则相应的级数是收敛的. 因此，h 曲线提供了一个简洁的途径，来分析辅助参数 h 对级数收敛区域和收敛速度的影响.

另外，h 在 $f(x)$ 的 n 阶截断解中，可起到调节截断误差，使得误差达到最小.

注 3:设 $A(q)$、$B(q)$ 为在 $|q| \leqslant 1$ 内解析的复函数，满足

$$A(0) = B(0) = 0, \quad A(1) = B(1) = 1.$$

令

$$A(q) = \sum_{k=1}^{+\infty} \alpha_k q_k, B(q) = \sum_{k=1}^{+\infty} \beta_k q_k,$$

由于 $A(q)$、$B(q)$ 为在 $|q| \leqslant 1$ 内解析，所以有

$$\sum_{k=1}^{+\infty} \alpha_k = 1, \sum_{k=1}^{+\infty} \beta_k = 1.$$

我们可以构造更一般的零阶形变方程

$$[1 - B(q)]\{L[\Phi(x,q) - f_0(x)]\} - B(q)hk(x)N[\Phi(x,q)] = 0,$$

所有其他的公式都相同，除了如下更一般的高阶形变方程

$$L[f_m(x) - \sum_{j=1}^{m-1} \beta_j f_{m-j}(x)] = hk(x)R_m,$$

其中

$$R_m = \sum_{j=1}^{m} \alpha_j \delta_{m-j}(x),$$

$$\delta_n(x) = \frac{1}{n!} \frac{\partial^n}{\partial q^n} N[\sum_{m=0}^{+\infty} f_m(x) q^m]\bigg|_{q=0}.$$

定理 7.2 若用同伦分析法得到的级数解收敛，则其必为原非线性方程的一个解.（证明从略，详见参考文献[21]）

§7.3* 范例分析

下面通过一个范例来进一步分析同伦分析法的思想.

考虑方程

$$f'(x)+f^2(x)=1, x\geqslant 0, \tag{7.15}$$

$$f(0)=0, \tag{7.16}$$

7.3.1 由多项式表达的解

我们可以先考虑用直接展开法求方程的幂级数解，即使用下列一组基函数

$$\{x^m \mid m=0,1,2,\cdots\},$$

设

$$f(x)=\alpha_0+\sum_{m=1}^{+\infty}\alpha_m x^m, \tag{7.17}$$

其中，α_m 为待定常数. 由初始条件(7.16) 得到 $\alpha_0=0$.

将式(7.17) 代入式(7.15) 可得

$$\sum_{m=0}^{+\infty}\left[(m+1)\alpha_{m+1}+\sum_{n=0}^{m}\alpha_n\alpha_{m-n}\right]x^m=1,$$

比较方程两边 x 的同次幂系数得到

$$\alpha_1=1,$$

$$\alpha_{m+1}=-\frac{1}{m+1}\sum_{n=0}^{m}\alpha_n\alpha_{m-n}=1, m\geqslant 1.$$

由此得到问题的幂级数解

$$f(x)=x-\frac{1}{3}x^3+\frac{2}{15}x^5-\frac{17}{315}x^7+\cdots=\sum_{m=0}^{+\infty}\alpha_{2m+1}x^{2m+1}. \tag{7.18}$$

易知，解(7.18) 在很小的区域 $0\leqslant x<\rho$ 内收敛，$\rho\approx 3/2$. 又方程的精确解为

$$f(x)=\frac{e^x-1}{e^x+1},$$

图 7.1 刻画了精确解与上述幂级数解的情况. 可以看出，幂级数解仅仅在相当小的区域 $0\leqslant x<\rho$ 内收敛，在自变量增大时，非线性增强，幂级数解与精确解相差越来越大. 这种方法不能提供一种控制和调节级数收敛区域和收敛速度的简捷途径.

再看用同伦分析法所得的结果. 假设

$$\Phi(x,q)=f_0(x)+\sum_{m=1}^{+\infty}f_m(x)q^m,$$

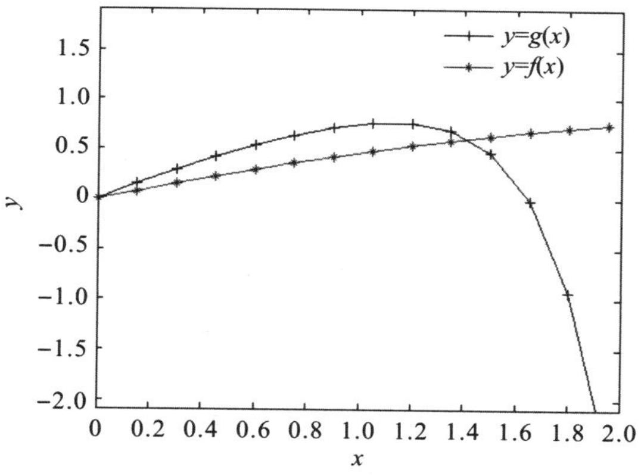

图 7.1 精确解 $y=f(x)$ 与幂级数解 $y=g(x)$ 的比较

根据解表达和初始条件,很显然初始近似应当选取

$$f_0(x)=x, \tag{7.19}$$

可取线性辅助算子

$$L[\Phi(x,q)]=\frac{\partial\Phi(x,q)}{\partial x}, \tag{7.20}$$

该算子对任意的常数 C 都有

$$L[C]=0, \tag{7.21}$$

满足辅助线性算子的要求.

其零阶形变方程为

$$(1-q)\{L[\Phi(x,q)-f_0(x)]\}-qhk(x)N[\Phi(x,q)]=0,$$

以及高阶形变方程

$$L[f_m(x)-\chi_m f_{m-1}(x)]=hk(x)R_m,$$

可以看出,辅助函数 $k(x)$ 必须选取

$$k(x)=x^{2\tau}. \tag{7.22}$$

于是有

$$f_m(x)=\chi_m f_{m-1}(x)+h\int_0^x x^{2\tau}R_m\mathrm{d}x+C, \tag{7.23}$$

其中,积分常数由初始条件确定.

在式(7.23)中,当 $\tau\leqslant-1$ 时,$f(x)$ 将含有 x^{-1} 项,这不符合解表达.当 $\tau\geqslant1$ 时,$f(x)$ 将不含有 x^3 项,与式(7.18)不符.于是,$\tau=0$,即辅助函数 $k(x)=1$.于是,由式(7.23)可逐次求得

$$f_1(x)=\frac{1}{3}hx^3,$$

$$f_2(x)=\frac{1}{3}h(1+h)x^3+\frac{2}{15}h^2x^5,$$

$$f_3(x)=\frac{1}{3}h(1+h)^2x^3+\frac{4}{15}h^2(1+h)x^5+\frac{17}{315}h^3x^7,$$

……

$f(x)$ 的 m 阶近似解为

$$f(x) \approx \sum_{i=0}^{m} f_i(x) = \sum_{n=0}^{m} \sum_{i=0}^{m-n} (-h)^n C_{n-1+i}^{i} (1+h)^i (\alpha_{2n+1} x^{2n+1}), \tag{7.24}$$

其中,α_{2n+1} 与式(7.18)中的值相同.

易知 $\sum\limits_{i=0}^{m-n} (-h)^n C_{n-1+i}^{i} (1+h)^i = 1, n \leqslant m$,且

$$\lim_{n \to +\infty} \sum_{i=0}^{m-n} (-h)^n C_{n-1+i}^{i} (1+h)^i = \begin{cases} 1, & |1+h| < 1, \\ \infty, & |1+h| > 1, \end{cases}$$

即当 $-2 < h < 0$ 时,式(7.24)收敛.而当 h 趋于零时,级数的收敛区域为 $0 \leqslant x < \infty$.

可以看出,用 $\{x^m \mid m = 0,1,2,\cdots\}$ 作为基函数时所得到的解,对一个特定的 h,级数只在一个有限区域内收敛,在整个区域内不能有效地逼近精确解.

7.3.2 由分式表达的解

我们再选取 $\{(1+x)^{-m} \mid m = 0,1,2,\cdots\}$ 作为基函数.

设

$$f(x) = \beta_0 + \sum_{m=1}^{+\infty} \beta_m (1+x)^{-m} \tag{7.25}$$

其中,β_m 为待定常数.由初始条件(7.16),可取初始近似为

$$f(x)_0 = 1 - \frac{1}{1+x}.$$

再选取线性辅助算子

$$L[\Phi(x,q)] = (1+x)\frac{\partial \Phi(x,q)}{\partial x} + \Phi(x,q), \tag{7.26}$$

该算子对任意的常数 C 都有

$$L\left[\frac{C}{1+x}\right] = 0, \tag{7.27}$$

满足辅助线性算子的要求.

其高阶形变方程的解为

$$L[f_m(x) - \chi_m f_{m-1}(x)] = hk(x)R_m$$

$$f_m(x) = \chi_m f_{m-1}(x) + \frac{h}{1+x}\int_0^x k(x)R_m \mathrm{d}x + \frac{C}{1+x}, \tag{7.28}$$

由式(7.23)和式(7.11),$k(x)$ 应取如下形式

$$k(x) = \frac{1}{(1+x)^s},$$

其中,s 为整数.我们发现,当 $s \leqslant 0$ 时,解的表达式将含有 $\dfrac{\ln(1+x)}{1+x}$,不符合解表达.而当 $s > 1$ 时,解的表达式将不含有 $(1+x)^{-2}$ 项,不符合系数遍历原则.因此,取 $s = 1$,即

$$k(x) = \frac{1}{1+x}.$$

于是,依次可得

$$f_1(x) = -\frac{h}{1+x} + \frac{2h}{(1+x)^2} - \frac{h}{(1+x)^3},$$

$$f_2(x) = -\left(1+\frac{7}{12}h\right)\frac{h}{1+x} + \frac{2h(1+h)}{(1+x)^2} - \left(1+\frac{7}{2}h\right)\frac{h}{(1+x)^3} + \frac{10h^2}{3(1+x)^4} - \frac{5h^2}{4(1+x)^5},$$

……

$f(x)$ 的 m 阶近似解为

$$f(x) \approx \sum_{i=0}^{m} f_i(x) = \sum_{n=0}^{2m+1} \beta_{m,n}(h)\frac{1}{(1+x)^n}, \tag{7.29}$$

其中,$\beta_{m,n}(h)$ 是与 h 有关的系数.

我们发现,对任意阶的近似都有 $f'(0)=1$,这不能提供关于 h 的有效信息. 但 $f''(0)$ 和 $f'''(0)$ 依赖于 h,由此可知当 $-3/2 \leqslant h \leqslant -1/2$ 时,式(7.27) 在 $0 \leqslant x < \infty$ 上收敛于精确解. 由图 7.2 可以看出,用 $\{(1+x)^{-m} \mid m=0,1,2,\cdots\}$ 作为基函数时所得到的解比用 $\{x^m \mid m=0,1,2,\cdots\}$ 作为基函数时所得到的解更好,能更有效地逼近精确解.

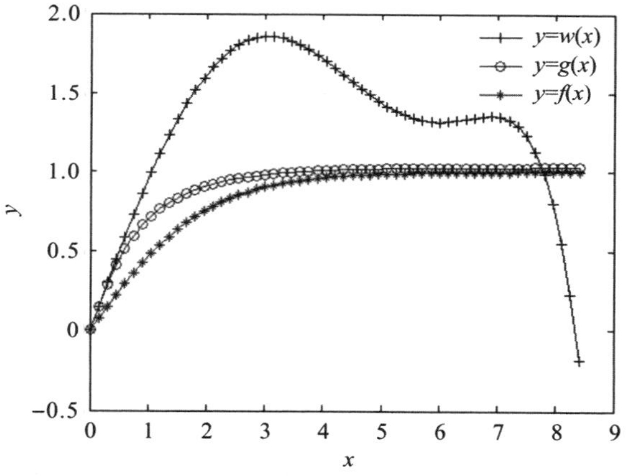

图 7.2 精确解 $y=f(x)$、分式近似解 $y=g(x)$, $h=-1.095$ 及多项式近似解 $y=w(x)$, $h=-0.055$ 的比较

§7.4 同伦分析法的简化

同伦(7.3) 有一定的复杂性. 而且在实际应用中,同伦分析法涉及未知函数太多,若令 $k(x)=1$,则可得到如下简化的同伦

$$H(\Phi(x,q), f_0, q, h, k) = (1-q)\{L[\Phi(x,q) - f_0(x)]\} - qhN[\Phi(x,q)]. \tag{7.30}$$

令式(7.28) 等于零,得到零阶形变方程

$$(1-q)\{L[\Phi(x,q) - f_0(x)]\} - qhN[\Phi(x,q)] = 0. \tag{7.31}$$

高阶形变方程与 §7.1 相似.

这样简化后，其求解过程简单，得到的近似解很强地依赖于初始解的选取和辅助参数 h 的选取. 对于一些初始解可以预测的实际问题来说，上述做法可使问题大大简化. 对于预先不知道初始解的问题，可以先根据方程的形式探索性地给出初始解，然后结合数值模拟来验证结果的准确与否.

在求解实际问题时，可以用半解析半数值的方法，一般不是求出所有的 $f_i(x)$，而是取一个截断将其简化. 若已经得到 k 阶截断解

$$\bar{f}_k(x) = f_0(x) + \sum_{m=1}^{k} f_m(x).$$

此时，可先计算出相应的残存误差

$$\Delta(\bar{f}_k(x)) = \left[\int_{-\infty}^{+\infty} [N(\bar{f}_k(x))]^2 \mathrm{d}x\right]^{\frac{1}{2}},$$

然后通过数值模拟来确定 h 的值，使得残存误差小到能满足我们的要求. 这就相当于保证了级数是收敛的.

我们举一个具体的例子来进行分析. 用同伦分析法求一个特殊的相对转动非线性动力学模型的一阶近似解：

$$\frac{\mathrm{d}^2 x}{\mathrm{d}t^2} + \frac{\mathrm{d}x}{\mathrm{d}t} + \varepsilon\left(\frac{\mathrm{d}x}{\mathrm{d}t}\right)^3 + x = \sin t, \tag{7.32}$$

$$x(0) = -1, x\left(\frac{\pi}{2}\right) = 0, \tag{7.33}$$

其中，ε 为正的小参数.

解：因为 ε 为正的小参数，所以这是一个弱非线性问题. 又由于 $x = -\cos t$ 是方程(7.32)的线性部分

$$\frac{\mathrm{d}^2 x}{\mathrm{d}t^2} + \frac{\mathrm{d}x}{\mathrm{d}t} + x = \sin t$$

且满足初始条件(7.33)的解，所以可取

$$x_0 = -\cos t.$$

取线性算子为

$$L[x] = \frac{\mathrm{d}^2 x}{\mathrm{d}t^2} + \frac{\mathrm{d}x}{\mathrm{d}t} + x,$$

它满足

$$L[x] = 0, \text{当 } x = 0 \text{ 时}.$$

构造同伦：

$$\begin{aligned} H(x,p) &= (1-p)L[x-x_0] + ph\left[\frac{\mathrm{d}^2 x}{\mathrm{d}t^2} + \frac{\mathrm{d}x}{\mathrm{d}t} + x + \varepsilon\left(\frac{\mathrm{d}x}{\mathrm{d}t}\right)^3 - \sin t\right] \\ &= (1-p)\left[\frac{\mathrm{d}^2 x}{\mathrm{d}t^2} + \frac{\mathrm{d}x}{\mathrm{d}t} + x - \frac{\mathrm{d}^2 x_0}{\mathrm{d}t^2} + \frac{\mathrm{d}x_0}{\mathrm{d}t} + x_0\right] + \\ &\quad ph\left[\frac{\mathrm{d}^2 x}{\mathrm{d}t^2} + \frac{\mathrm{d}x}{\mathrm{d}t} + x + \varepsilon\left(\frac{\mathrm{d}x}{\mathrm{d}t}\right)^3 - \sin t\right], \end{aligned}$$

其中，$p \in [0,1]$，$h \neq 0$ 为辅助参数.

设 $x = \sum_{i=0}^{\infty} x_i p^i$，代入上式，并比较 p 的同次幂系数，得：

$$p^1: \frac{\mathrm{d}^2 x_1}{\mathrm{d}t^2} + \frac{\mathrm{d}x_1}{\mathrm{d}t} + x_1 = -\varepsilon h\left(\frac{\mathrm{d}x_0}{\mathrm{d}t}\right)^3,$$

即

$$\frac{\mathrm{d}^2 x_1}{\mathrm{d}t^2} + \frac{\mathrm{d}x_1}{\mathrm{d}t} + x_1 = \frac{\varepsilon h}{4}(-3\sin t + \sin 3t),$$

解得

$$x_1(t) = \frac{\varepsilon h}{4 \times 73}(219\cos t - 8\sin 3t - 3\cos 3t).$$

当 $p = 1$ 时，得到一阶近似解：

$$\bar{x}_1(t) = -\cos t + \frac{\varepsilon h}{4 \times 73}(219\cos t - 8\sin 3t - 3\cos 3t).$$

利用 m 阶残留误差

$$\Delta(\bar{x}_m) = \left[\int_{-\infty}^{\infty}[N(\bar{x}_m)]^2\mathrm{d}t\right]^{\frac{1}{2}}, N(\bar{x}_m) = \frac{\mathrm{d}^2 \bar{x}_m}{\mathrm{d}t^2} + \frac{\mathrm{d}\bar{x}_m}{\mathrm{d}t} + \varepsilon\left(\frac{\mathrm{d}\bar{x}_m}{\mathrm{d}t}\right)^3 + \bar{x}_m - \sin t$$

的表达式求出相应的残留误差. 当模型中的小参数分别取 $\varepsilon = 0.1, 0.3, 0.5$ 时一阶近似解的残留误差随辅助参数 h 变化的曲线如图 7.2 所示，其中从上而下三条曲线分别表示 $\varepsilon = 0.1, 0.3, 0.5$ 时的残留误差 $\Delta(\bar{x}_1)$ 随辅助参数 h 变化的曲线.

图 7.3 表明，随 h 的变大，残留误差先变小再变大，容易看出，对每一个固定的 ε，总存在一个 h 使得残留误差达到最小值，由此可以得到一个残留误差最小的模型的近似解. 将残留误差达到最小值时的 h 值，分别代入 $\varepsilon = 0.1, 0.3, 0.5$ 时的方程的一阶近似解中，可以得到方程在 ε 固定下的方程的同伦近似分析法的一阶近似解. 同时也可以看出，ε 越小近似解对应的残留误差的最小值也越小，其最小值大约分别为 0.11，0.07，0.01，在实际应用中一般能满足我们的要求.

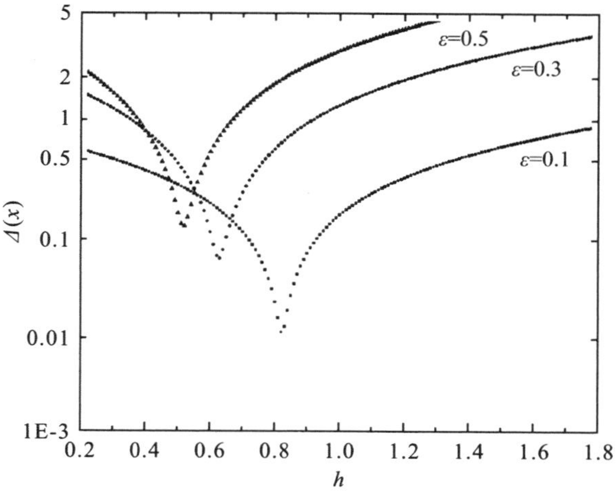

图 7.3 残留误差 $\Delta(\bar{x}_1)$ 随辅助参数 λ 变化的曲线

本章小结

本章主要应用同伦的基本思想，介绍了非线性微分方程的一种解析法——同伦分析法，这包括同伦分析法的基本概念、基本思想和简单应用. 我们的重点是介绍方法及应用，而不是严格的理论分析. 由于本方法的新颖性和复杂性，其实施往往要与数值方法结合，才能取得好的效果，所以读者要会基本的 Matlab 作图.

一般来说，强非线性问题很难求得解析解，传统的摄动方法仅对弱非线性有效. 而同伦分析法不同于传统的摄动方法，它不依赖于小参数，却又包含许多摄动方法，因此它是一种新的比较可靠的非线性方法. 但同伦分析法的假设条件很强，我们对初始近似解的选取和线性算子的选取很强地依赖于先验知识. 如何选择相关参数使得假设条件成立，至今还是需要我们共同探讨的问题. 虽然该方法已经被证明对许多非线性问题是有效的，但我们还不知道它是否对于间断性或混沌性的非线性问题有效. 本章只是抛砖引玉，大量的问题有待读者去进一步探索.

综合习题 7

(A)

1. 先给出下列方程的精确解，然后自己给定初值近似和线性算子，用简化的同伦分析法给出一个近似解，并用 Matlab 画图比较其精确度：

(1) $\dfrac{dy}{dx}=\dfrac{y}{x}+\dfrac{y^2}{x^3}, y(0)=0$　　(2) $y=e^x+\int_0^x y(t)dt$

(3) $\dfrac{dy}{dx}=\dfrac{e^x+3x}{x^2}, y(1)=1$　　(4) $\dfrac{y}{x}\dfrac{dy}{dx}=\dfrac{2+x^2y^2}{2-x^2y^2}, y(1)=2$

2. 已知 $\lambda>0$ 是常数，假设下列方程的解当 $t\to+\infty$ 时呈代数衰减到零. 试用简化的同伦分析法给出一阶近似解(只代入求解，不必确定出 h 的值)

$$\lambda^3(t-1)\frac{dy(t)}{dt}=y(t)^3, y(1)=1, y(+\infty)=0.$$

提示：取 $y_0(x)=t^{-3}$.

(B)

3. 已知下列方程

$$(\beta\lambda)^2\frac{dy(t)}{dt}=\lambda[y(t)-y(t)^2]-y(t)\int_0^t y(x)dx,$$

满足初始条件

$$y(0)=\alpha,$$

其中，$\beta>0,\lambda>0,\alpha$ 均为常数. 试取 $y_0(t)=\alpha\exp(-t)$ 和线性算子为 $L=y'+y$，用简化的同伦分析法给出一阶近似解(只代入求解，不必确定出 h 的值).

4. 已知方程

$$f'''(x)+\frac{1}{2}f(x)f''(x)=0$$

满足边界条件

$$f(0)=0, f'(0)=0, f'(+\infty)=1,$$

选取初值近似

$$f_0(x)=\lambda x^2/2, \lambda \text{ 为待定常数},$$

取线性算子

$$Lu=u''',$$

试用简化的同伦分析法给出一个幂级数解

$$f(x)=\sum_{k=1}^{+\infty}a_k x^k$$

的 m 阶近似,并指出当 $h=-1$ 时,级数的收敛半径.

第 8 章　微分方程模型的数值方法

本章基于开源软件 Python 语言，对常用的微分方程（组）的符号解法和数值解法进行阐述，同时结合具体微分方程模型实现 Python 的程序设计. 重点是利用 Python 的工具库和扩展包求解微分方程和进行微分方程模型求解，拓展和深化理论内容.

§8.1　微分方程的符号求解方法

本节是介绍常微分方程（组）的基本符号解法以及使用拉普拉斯变换进行求解的符号解法.

8.1.1　常微分方程的基本符号解法

SymPy 是 Python 中用于符号运算的工具库，可以进行数学表达式的符号推导和验算，包括基本的符号算术到代数、积分、离散数学等多种功能，旨在成为功能齐全的计算机代数系统. 以下通过示例程序来理解 SymPy 的概念及应用，语句中“#”符号后的文字为注释内容，不参与运算.

注意使用 SymPy 库进行符号计算，首先要建立符号变量及符号表达式. 符号变量是构成符号表达式的基本元素，可以通过库中的 symbols() 函数创建. 例如

```
>>> from sympy import *
>>> x= symbols('x')
>>> y,z= symbols('y z')
```

构建多个符号变量时，中间以空格分隔.

SymPy 库的方程求解模块（sympy. solvers）提供了 dsolve 函数求常微分方程的符号解. 它的第一个参数是一个带未知函数的表达式，该表达式可以直接表示为值为 0 的方程；第二个参数是需要进行求解的未知函数. 在声明时，可以使用 Function() 函数

```
>>> y= Function('y')
```

或者

```
>>> y= symbols('y',cls= Function)
```

将符号变量声明为函数类型.

例 8.1　求下列微分方程的通解：

(1) 齐次方程：$y''-2y'-3y=0$；(2) 非齐次方程：$y''-2y'-3y=xe^{2x}$.

求解的 Python 程序如下：

```
# 程序文件 ode_1.py
    from sympy import *     # 导入 sympy 库的所有对象,函数前可不加模块前缀
    x= symbols('x')  # 创建符号变量 x
    y= symbols('y',cls= Function)  # 创建符号函数 y
    # 定义需求解的第一个微分方程表达式,使用 diff()函数计算导函数,即 diff(y(x),x,2)表示 y(x)对 x求二阶导数
    eq1= diff(y(x),x,2)- 2* diff(y(x),x)- 3* y(x)
    # 定义需求解的第二个微分方程表达式,使用表达式的 diff() 方法计算导函数,即 y(x).diff(x,2) 表示 y(x) 对 x求二阶导数
    eq2= y(x).diff(x,2)- 2* y(x).diff(x)- 3* y(x)- x* exp(2* x)
    print("齐次方程的解为:",dsolve(eq1,y(x)))  # 输出第一个方程的解
    print("非齐次方程的解为:",dsolve(eq2,y(x)))  # 输出第二个方程的解
```

注 1：使用 diff() 函数或表达式的 diff() 方法计算导函数效果相同.

运行结果：

```
齐次方程的解为:Eq(y(x), C1* exp(- x)+ C2* exp(3* x))
    非齐次方程的解为:Eq(y(x), C1* exp(- x)+ C2* exp(3* x)+ (- 3* x- 2)* exp(2* x)/9)
```

从运行结果可知齐次方程的通解为

$$y(x)=C_1\mathrm{e}^{-x}+C_2\mathrm{e}^{3x},$$

非齐次方程的通解为

$$y(x)=C_1\mathrm{e}^{-x}+C_2\mathrm{e}^{3x}+\frac{2+3x}{9}\mathrm{e}^{2x}.$$

例 8.2　求下列微分方程的解：(1) 二阶线性方程：$y''+4y=0$；(2) 一阶非线性方程：$\sin y+(y+x\cos y)y'=0$；(3) 伯努利方程：$xy'+y-y^2\ln x=0$；(4) 非齐次欧拉方程：$x^2y''-4xy'+6y=x^3$.

求解的 Python 程序如下：

```
# 程序文件 ode_2.py
    from sympy import *
    x= symbols('x')
    y= symbols('y',cls= Function)
    ode1= y(x).diff(x,2)+ 4* y(x)  # 二阶线性方程
    ode2= sin(y(x))+ (x* cos(y(x))+ y(x))* y(x).diff(x)  # 一阶非线性方程
    ode3= x* y(x).diff(x)+ y(x)- log(x)* y(x)* * 2  # 伯努利(Bernoulli) 方程
    ode4= y(x).diff(x,2)* x* * 2- 4* y(x).diff(x)* x+ 6* y(x)- x* * 3  # 非齐次欧拉方程,具有可变系数的线性方程
```

```
print( " 二阶线性方程的解为: " ,dsolve(ode1,y(x)))
print( " 一阶非线性方程的解为: " ,dsolve(ode2,y(x)))
print( " 伯努利方程的解为: " ,dsolve(ode3))  #  可省略待求解的未知函数 y(x)
print( " 非齐次欧拉方程的解为: " ,dsolve(ode4))
```

注 2：dsolve() 函数接收两个参数：一个方程的列表和一个待求解未知量的列表. 给出一个未知的列表会产生一个错误，但省略时结果符合预期！

运行结果：

```
二阶线性方程的解为: Eq(y(x), C1* sin(2* x)+  C2* cos(2* x))
    一阶非线性方程的解为: Eq(x* sin(y(x))+  y(x)*  * 2/2, C1)
    伯努利方程的解为: Eq(y(x), 1/(C1* x+ log(x)+ 1))
    非齐次欧拉方程的解为: Eq(y(x), x* * 2* (C1+ C2* x+ x* log(x)))
```

从运行结果可知二阶线性方程的通解为

$$y(x)=C_1\sin 2x+C_2\cos 2x,$$

一阶非线性方程的通解为

$$x\sin y+\frac{y^2}{2}=C,$$

伯努利方程的通解为

$$y(x)=\frac{1}{Cx+\ln x+1},$$

非齐次欧拉方程的通解为

$$y(x)=x^2(C_1+C_2x+x\ln x).$$

例 8.3 求下列微分方程的解：(1) 初值问题：$y''-5y'+6y=0, y(0)=1, y'(0)=0$；(2) 边值问题：$y''-5y'+6y=xe^{2x}, y(0)=1, y(2)=0$.

求解的 Python 程序如下：

```
#  程序文件 ode_3.py
    from sympy import *
    x=  symbols( ' x ' )
    y =  symbols( ' y ' ,cls =  Function)
    eq1=  diff(y(x),x,2)-  5* diff(y(x),x)+ 6* y(x)
    eq2=  diff(y(x),x,2)-  5* diff(y(x),x)+ 6* y(x)-  x* exp(2* x)
    #  定义初边值条件
    #  用 subs()将算式中的符号进行替换,expression.subs(x,y)表示将算式中的 x 替换成 y
    con1=  {y(0):1,diff(y(x),x).subs(x,0):0}
    con2=  {y(0):1,y(2):0}
    print( " 初值问题的解为: " ,dsolve(eq1,y(x),ics =  con1))
    sol2=  dsolve(eq2,y(x),ics =  con2)  #  自定义解表达式
    print( " 边值问题的解为: " ,sol2)  #  输出自定义的解表达式
```

注 3：ics 就是初始值和边界值的预定义，一般形式为“{f(x0)：x1，f(x).diff(x).subs(x，x2)：x3}”.

运行结果：

```
初值问题的解为: Eq(y(x), (3 - 2* exp(x))* exp(2* x))
    边值问题的解为: Eq(y(x), (- x* * 2/2 - x - 3* exp(x)/(1 - exp(2)) + (4 - exp(2))/(1 - exp(2)))* exp(2* x))
```

可知初值问题的解为

$$y(x) = (3 - 2e^{x})e^{2x};$$

边值问题的解为

$$y(x) = \left(\frac{4 - e^2}{1 - e^2} + \frac{3}{1 - e^2}e^x - \frac{x^2}{2} - x\right)e^{2x}.$$

例 8.4　求下列微分方程初值问题的解：(1) $y'' + 2y' + 2y = 0, y(0) = 0, y'(0) = 1$；(2) $y'' + 2y' + 2y = \sin x, y(0) = 1, y'(0) = 1$.

求解的 Python 程序如下：

```
# 程序文件 ode_4.py
    from sympy.abc import x  # 从 sympy.abc 模块导入符号变量,它可以将所有拉丁字母和希腊字母导出为符号
    from sympy import Function,diff,sin,dsolve,simplify  # 导入 sympy 库中所需要用的对象,函数前可不加模块前缀
    y = Function('y')
    eq1 = diff(y(x),x,2)+ 2* diff(y(x),x)+ 2* y(x)
    eq2 = diff(y(x),x,2)+ 2* diff(y(x),x)+ 2* y(x)- sin(x)
    con = {y(0):0,diff(y(x),x).subs(x,0):1}
    y1 = dsolve(eq1,ics = con)  # dsolve() 函数可省略待求解的未知函数 y(x)
    y2 = dsolve(eq2,ics = con)
    print("齐次方程初值问题的解为: ",y1)
    print("非齐次方程初值问题的解为: ",simplify(y2))  # 使用 simplify() 函数将表达式化简为更简单的形式
```

运行结果：

```
齐次方程初值问题的解为: Eq(y(x), exp(- x)* sin(x))
    非齐次方程初值问题的解为: Eq(y(x), ((sin(x) - 2* cos(x))* exp(x) + 6* sin(x) + 2* cos(x))* exp(- x)/5)
```

可知齐次方程初值问题的解为

$$y(x) = e^{-x}\sin x;$$

非齐次方程边值问题的解为

$$y(x)=\frac{e^{-x}}{5}(6\sin x+2\cos x)+\frac{\sin x-2\cos x}{5}.$$

例 8.5 求下列微分方程组的解：

$$\begin{cases}\dot{x}_1=2x_1-3x_2+3x_3, x_1(0)=1,\\ \dot{x}_2=4x_1-5x_2+3x_3, x_2(0)=2,\\ \dot{x}_3=4x_1-4x_2+2x_3, x_3(0)=3.\end{cases}$$

求解的 Python 程序如下：

```
# 程序文件 ode_5_1.py
    import sympy as sp  # 导入 sympy 库并引入缩写 sp,在调用 SymPy 函数时使用它
    t= sp.symbols('t')
    x1,x2,x3= sp.symbols("x1,x2,x3",cls= sp.Function)  # 通过关键字参数创建符号函数
x1,x2,x3
    eq= [x1(t).diff(t)- 2* x1(t)+ 3* x2(t)- 3* x3(t),
        x2(t).diff(t)- 4* x1(t)+ 5* x2(t)- 3* x3(t),
        x3(t).diff(t)- 4* x1(t)+ 4* x2(t)- 2* x3(t)]
    con= {x1(0):1,x2(0):2,x3(0):3}
    sol= sp.dsolve(eq,ics= con)
    print("微分方程组的解为:",sol)
```

或者采用矩阵形式编写较为简洁的 Python 程序如下：

```
# 程序文件 ode_5_2.py
    import sympy as sp
    t= sp.symbols('t')
    x1,x2,x3= sp.symbols("x1,x2,x3",cls= sp.Function)
    x= sp.Matrix([x1(t),x2(t),x3(t)])  # 创建符号变量 x 的矩阵列向量
    A= sp.Matrix([[2,- 3,3],[4,- 5,3],[4,- 4,2]])  # 创建右端系数矩阵
    eq= x.diff(t)- A* x  # 用矩阵形式表示微分方程组
    con= {x1(0):1,x2(0):2,x3(0):3}
    sol= sp.dsolve(eq,ics= con)
    print("微分方程组的解为:",sol)
```

上述两个程序的运行结果均为：

```
微分方程组的解为:[Eq(x1(t), 2* exp(2* t)- exp(- t)), Eq(x2(t), 2* exp(2* t)- exp(- t)+
exp(- 2* t)), Eq(x3(t), 2* exp(2* t)+ exp(- 2* t))]
```

可知微分方程组的解为

$$\begin{cases}x_1(t)=2e^{2t}-e^{-t},\\ x_2(t)=2e^{2t}-e^{-t}+e^{-2t},\\ x_3(t)=2e^{2t}+e^{-2t}.\end{cases}$$

8.1.2　拉普拉斯变换法求常微分方程(组)的符号解

由积分

$$F(s)=\int_0^{+\infty}\mathrm{e}^{-st}f(t)\mathrm{d}t$$

所定义的确定于复平面上的复变数 s 的函数 $F(s)$，称为函数 $f(t)$ 的拉普拉斯变换，$f(t)$ 称为原函数，$F(s)$ 称为像函数.

拉普拉斯变换法主要是借助于拉普拉斯变换把常系数线性微分方程(组)转换成复变数 s 的代数方程(组). 通过一些代数运算，一般地再利用拉普拉斯变换表，即可求出微分方程(组)的解. 方法十分简单方便，但局限性在于要求所考察的微分方程的右端函数必须是原函数，否则方法就不适用了.

例 8.6　利用拉普拉斯变换求解初值问题

$$\begin{cases}x^{(4)}+x=2\mathrm{e}^t,\\x(0)=x'(0)=x''(0)=x^{(3)}(0)=1.\end{cases}$$

解：设拉普拉斯变换 $L(x(t))=X(s)$，利用初值条件，对微分方程两边取拉普拉斯变换得

$$s^4X(s)-s^3-s^2-s-1+X(s)=\frac{2}{s-1},$$

解得

$$X(s)=\frac{1}{s-1}.$$

两边再取拉普拉斯逆变换可得

$$x(t)=\mathrm{e}^t.$$

求解的 Python 程序如下：

```
# 程序文件 ode_6.py
    import sympy as sp
    sp.var('t',positive=True)  # 创建正数符号变量 t
    sp.var('s')  # 创建符号变量 s
    sp.var('X',cls=sp.Function)  # 创建符号函数 X
    # 方程右端项
    eqr = 2*sp.exp(t)
    # 方程右端项经拉普拉斯变换得到像函数
    Leqr = sp.laplace_transform(r,t,s)
    # 方程左端项经拉普拉斯变换,结合初值条件得到像函数
    Leql = s**4*X(s)-s**3-s**2-s-1+X(s)
    # 定义取拉普拉斯变换后的代数方程
    Leq = Leql-Leqr[0]
```

```
    Xs = sp.solve(Leq,X(s))[0]  # 求像函数
    xt = sp.inverse_laplace_transform(Xs,s,t) # 用拉普拉斯逆变换求原函数
    print("原方程右端的像函数为",Leqr)
    print("像函数 X(s)= ",Xs)
    print("原函数 x(t)= ",xt)
```

运行结果：

```
原方程右端的像函数为 (2/(s - 1), 1, re(s) > 0)
    像函数 X(s)= 1/(s - 1)
    原函数 x(t)= exp(t)
```

例 8.7 求解方程组

$$\begin{cases}2x''+6x-2y=0,\\ y''-2x+2y=40\sin 3t.\end{cases}$$

初值条件为 $x(0)=x'(0)=y(0)=y'(0)=0$，并画出解曲线 $x(t)$ 和 $y(t)$.

解：设拉普拉斯变换 $X(s)=L(x(t))$，$Y(s)=L(y(t))$，利用初值条件，对微分方程组两边取拉普拉斯变换得

$$\begin{cases}2s^2X(s)+6X(s)-2Y(s)=0,\\ s^2Y(s)-2X(s)+2Y(s)=\dfrac{120}{s^2+9}.\end{cases}$$

解得

$$\begin{cases}X(s)=\dfrac{120}{(s^2+1)(s^2+4)(s^2+9)}=\dfrac{2}{s^2+1}+\dfrac{8}{s^2+4}+\dfrac{3}{s^2+9},\\ Y(s)=\dfrac{120(s^2+3)}{(s^2+1)(s^2+4)(s^2+9)}=\dfrac{10}{s^2+1}+\dfrac{8}{s^2+4}+\dfrac{18}{s^2+9}.\end{cases}$$

两边再取拉普拉斯逆变换可得

$$\begin{cases}x(t)=5\sin t-4\sin 2t+\sin 3t,\\ y(t)=10\sin t+4\sin 2t-6\sin 3t.\end{cases}$$

解曲线 $x(t)$ 和 $y(t)$ 的图形如图 8.1 所示.

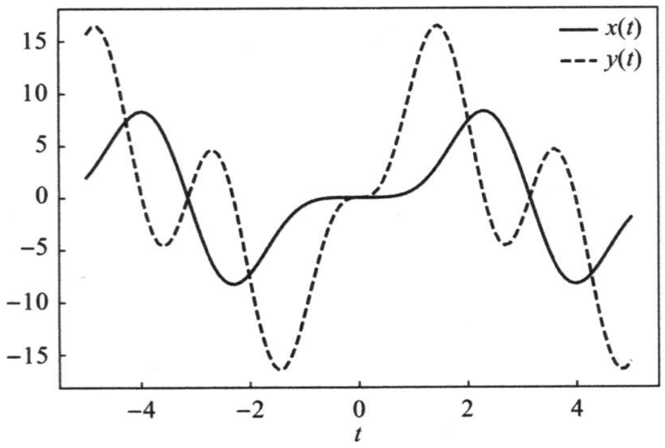

图 8.1 $x(t)$ 和 $y(t)$ 的解曲线

求解和画图的 Python 程序如下：

```
# 程序文件 ode_7.py
import sympy as sp
# 导入 numpy 库并引入缩写 np,在调用 numpy 函数时使用它
import numpy as np
# 导入 Matplotlib 库的子模块 pylab 并引入缩写 plt,在调用绘图函数时使用它
import matplotlib.pylab as plt
sp.var('t',positive=True)
sp.var('s')
sp.var('X,Y',cls=sp.Function)
eqr=40*sp.sin(3*t)
Leqr=sp.laplace_transform(eqr,t,s)
Leq1=2*s**2*X(s)+6*X(s)-2*Y(s)
Leq2=s**2*Y(s)-2*X(s)+2*Y(s)-Leqr[0]
Leq=[Leq1,Leq2]    # 定义取拉氏变换后的代数方程组
XYs=sp.solve(Leq,(X(s),Y(s)))  # 求像函数
Xs=XYs[X(s)]
Ys=XYs[Y(s)]
# 使用 factor()对多项式表达式进行因式分解
Xs=sp.factor(Xs)
Ys=sp.factor(Ys)
xt=sp.inverse_laplace_transform(Xs,s,t)
yt=sp.inverse_laplace_transform(Ys,s,t)
print("原函数 x(t)=",xt)
print("原函数 y(t)=",yt)
# 借助于 lambdify()函数,将 SymPy 表达式转换为可以进行数值计算的表达式
fx=sp.lambdify(t,xt,'numpy')
fy=sp.lambdify(t,yt,'numpy')
t=np.linspace(-5,5,100) # 在[-5,5]区间内生成 100 个点数据
plt.rc('text',usetex=True)  # 使用 LaTeX
# 用黑色(k)绘制曲线,用实线(-)和虚线(--)区分两条解曲线
plt.plot(t,fx(t),'-k',label='$x(t)$')
plt.plot(t,fy(t),'--k',label='$y(t)$')
# 已预先通过 label 参数指定了显示于图例的标签,则可直接调用 legend()函数添加图例
plt.legend()
plt.xlabel('$t$')  # 设置 x 轴的标签
# 指定图表的保存文件名及格式,并修改分辨率,需在 plt.show()之前调用 plt.savefig()
plt.savefig("fig_7.png",dpi=800)
plt.show()  # 展示图表
```

注 4:lambdify() 函数可以将 SymPy 表达式转换为可进行数值计算的表达式,将 SymPy 名称转换为给定数字库的名称,通常是 NumPy 或数学. 用法:lambdify(variable, expression, library),参数:variable- 数学表达式中的变量. expression- 数学表达式,在给定的库中转换为相应的名称. library-expression 被转换成的 Python 库. 返回值:返回可以计算数学表达式的 lambda 函数.

运行结果:

```
原函数 x(t)=  5* sin(t)-  4* sin(2* t)+  sin(3* t)
    原函数 y(t)=  10* sin(t)+  4* sin(2* t)-  6* sin(3* t)
```

§8.2 微分方程的数值求解方法

大量的微分方程由于过于复杂往往难以求出符号解,只能求数值解,即近似解. 此时可以应用数值解法,求得微分方程的近似解.

8.2.1 微分方程数值解概论

考虑一阶常微分方程的初值问题

$$\begin{cases}\dfrac{dy}{dx}=f(x,y),\\ y(x_0)=y_0\end{cases}\tag{8.1}$$

在区间$[a,b]$上的解,其中 $f(x,y)$ 为 x,y 的连续函数,y_0 是给定的初始值. 将上述问题的精确解记为 $y(x)$.

所谓数值解法,就是求问题(8.1) 的解 $y(x)$ 在若干点

$$a=x_0<x_1<x_2<\cdots<x_N=b$$

处的近似值 $y_n(n=1,2,\cdots,N)$ 的方法,$y_n(n=1,2,\cdots,N)$ 称为问题(8.1) 的数值解,$h_n=x_{n+1}-x_n$ 称为由 x_n 到 x_{n+1} 的步长,一般取等步长 $h=(b-a)/N$.

建立数值解法,首先要将微分方程离散化,一般采用以下几种方法.

1. 用差商近似导数

若用向前差商$\dfrac{y(x_{n+1})-y(x_n)}{h}$代替 $y'(x_n)$,代入微分方程(8.1),则得

$$\frac{y(x_{n+1})-y(x_n)}{h}\approx f(x_n,y(x_n)),n=0,1,\cdots,N-1.$$

化简得

$$y(x_{n+1})\approx y(x_n)+hf(x_n,y(x_n)).$$

如果用$y(x_n)$的近似值y_n代入上式右端,所得结果作为$y(x_{n+1})$的近似值,即为y_{n+1},则有

$$y_{n+1}=y_n+hf(x_n,y_n),n=0,1,\cdots,N-1.$$

这样,问题(8.1)的数值解可通过求解下述问题

$$\begin{cases} y_{n+1} = y_n + hf(x_n, y_n), n = 0, 1, \cdots, N-1, \\ y_0 = y(a) \end{cases} \tag{8.2}$$

得到,按式(8.2)由初值 y_0 可逐次算出 $y_1, y_2, \cdots, y_N$. 式(8.2)是个离散化的问题,称为差分方程初值问题.

2. 用数值积分方法

将问题(8.1)的解表成积分形式,用数值积分方法离散化. 例如,对微分方程两端积分,得

$$y(x_{n+1}) - y(x_n) = \int_{x_n}^{x_{n+1}} f(x, y(x))\mathrm{d}x, n = 0, 1, \cdots, N-1, \tag{8.3}$$

右边的积分用矩形公式或梯形公式计算.

3. 用泰勒多项式近似

将函数 $y(x)$ 在 x_n 处展开,取一次泰勒多项式近似,则得

$$y(x_{n+1}) \approx y(x_n) + hy'(x_n) = y(x_n) + hf(x_n, y(x_n)),$$

再将 $y(x_n)$ 的近似值 y_n 代入上式右端,所得结果作为 $y(x_{n+1})$ 的近似值 y_{n+1},得到离散化的计算公式

$$y_{n+1} = y_n + hf(x_n, y_n), n = 0, 1, \cdots, N-1.$$

以上三种方法都是将微分方程离散化的常用方法,每一种方法又可导出不同形式的计算公式. 其中的泰勒多项式近似处理方法,不仅可以得到求数值解的公式,而且容易估计截断误差.

8.2.2　微分方程的数值解法

Python 语言对常微分方程的数值求解是基于一阶方程进行的,通常采用龙格 — 库塔方法. 高阶微分方程则必须先化成一阶方程组后方可进行数值求解. 使用科学计算库 SciPy 中的 integrate 模块的 odeint() 函数求常微分方程的数值解,其基本调用格式为

```
>>> sol= odeint(func, y0, t)
```

其中,func(y,t) 是定义微分方程的函数或匿名函数,y0 是包含初值的数组,t 是一个自变量取值的数组(数组 t 的第一个元素 t[0] 一定为初始时刻 $t = t_0$),返回值 sol 是对应于序列 t 中元素的数值解. 如果微分方程组中有 n 个函数,返回值 sol 是 n 列的矩阵,第 $i(i = 1, 2, \cdots, n)$ 列对应于第 i 个函数的数值解.

例 8.8　求微分方程

$$\begin{cases} y' = -2y + x^2 + 2x, \\ y(1) = 2. \end{cases}$$

在区间 $1 \leqslant x \leqslant 10$ 上步长每间隔为 0.5 点上的数值解.

求解的 Python 程序如下:

```
# 程序文件 ode_8.py
    from scipy.integrate import odeint
    from numpy import arange
    # 使用匿名函数生成 func(y,t) 为未知函数的一阶导函数
    dy = lambda y, x: - 2* y + x* * 2 + 2* x
    # 在区间[1,10] 上间隔 0.5 生成点数据
    x = arange(1, 10.5, 0.5)
    # odeint 使用匿名函数作为第一个参数,
    # odeint 的第二个参数是初始 y 值,
    # odeint 的第三个参数是由初始 x 值和最终 x 值组成的列表,该列表被隐式转换为浮点数的 NumPy 数组.
    sol = odeint(dy, 2, x)
    print(" 直接求解得到的数值解 y = " ,sol)
    # 使用格式化输出字符串的方法显示数据
    print(" x= {} \n 对应的数值解 y = {} " .format(x, sol.T))
```

注 5:格式化输出函数 format() 把字符串当成一个模板,通过传入的参数进行格式化,并且使用大括号“{}”作为特殊字符代替“%”.

运行结果:

```
直接求解得到的数值解 y = [[ 2.        ]
    [ 2.08484933]
    [ 2.9191691 ]
    [ 4.18723381]
    [ 5.77289452]
    [ 7.63342241]
    [ 9.75309843]
    [12.12613985]
    [14.75041934]
    [17.62515427]
    [20.75005673]
    [24.12502089]
    [27.7500077 ]
    [31.62500278]
    [35.75000104]
    [40.1250004 ]
    [44.75000015]
```

```
 [49.62500006]
[54.75000002]]
x= [ 1.   1.5   2.   2.5   3.   3.5   4.   4.5   5.   5.5   6.   6.5   7.   7.5
  8.   8.5   9.   9.5   10. ]
对应的数值解 y = [[ 2          2.08484933   2.9191691   4.18723381   5.77289452   7.63342241
  9.75309843   12.12613985   14.75041934   17.62515427   20.75005673   24.12502089
  27.7500077   31.62500278   35.75000104   40.1250004   44.75000015   49.62500006
  54.75000002]]
```

例 8.9 （续例 8.4(1)）求例 8.4(1) 的数值解，并在同一个图形界面上画出符号解和数值解的曲线.

解：引入变量 $y_1 = y, y_2 = y'$，则可以把原来的二阶微分方程化为如下一阶微分方程组

$$\begin{cases} y_1' = y_2, y_1(0) = 0, \\ y_2' = -2y_1 - 2y_2, y_2(0) = 1. \end{cases}$$

求解和画图的 Python 程序如下：

```
# 程序文件 ode_9.py
  from scipy.integrate import odeint
  from sympy.abc import t
  import numpy as np
  import matplotlib.pyplot as plt
  # 在函数 ode 内,为了返回值的清晰性,展开了向量参数.同时返回了一个元组
  def ode(y,x):
      y1, y2 = y;
      return np.array([y2, -2* y1- 2* y2])
  x= np.arange(0, 10, 0.1)  # 创建自变量离散点
  sol= odeint(ode, [0.0, 1.0], x)
  plt.rc('font',size= 13)  # 使用字号为 13
  plt.rc('font',family= 'FangSong') # 使用字体为仿宋
  # 用黑色(k)绘制曲线,用星号(* )和实线(- - )区分数值解与符号解曲线
  plt.plot(x, sol[:,0], 'k*', label= '数值解')
  plt.plot(x, np.exp(- x)* np.sin(x), 'k-', label= '符号解曲线')
  plt.legend()
  plt.savefig("fig_9.png",dpi= 800)
  plt.show()
```

运行结果所画出的数值解和符号解的图形如图 8.2 所示.

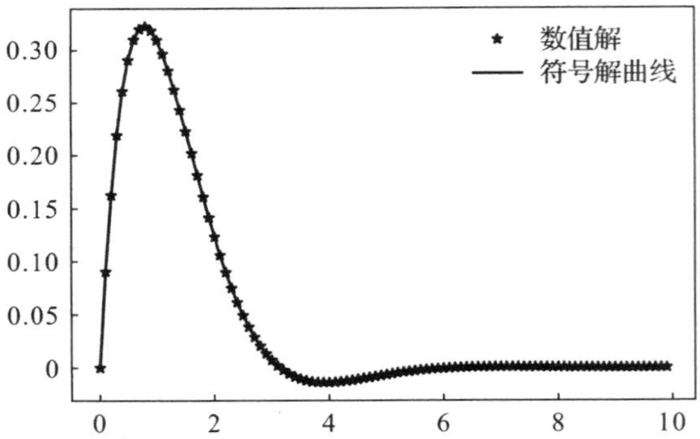

图 8.2　数值解和符号解的对比

例 8.10　Lorenz 模型的混沌效应

Lorenz 模型是气象学家 Lorenz 在研究地球大气运动时提出的，只保留 3 个变量的一个完全确定性的一阶自治常微分方程组（不显含时间变量），它表现出混沌行为，并在各种背景下得到了广泛的研究. 具体形式为

$$\begin{cases} \dot{x} = \sigma(y - x), \\ \dot{y} = \rho x - y - xz, \\ \dot{z} = xy - \beta z. \end{cases}$$

其中，$x(t)$，$y(t)$，$z(t)$ 是未知量，参数 σ 为 Prandtl 数，ρ 为 Rayleigh 数，β 为方向比，均是常数. Lorenz 模型如今已经成为混沌领域的经典模型，第一个混沌吸引子 ——Lorenz 吸引子也是在这个系统中被发现的. 系统中三个参数的选择对系统会不会进入混沌状态起着至关重要的作用. 图 8.3 给出了 Lorenz 模型在 $\sigma = 10$，$\rho = 29$ 和 28.8，$\beta = \frac{8}{3}$ 时系统的三维演化轨迹. 这种显示的运动轨迹现象常被称作"蝴蝶效应". 注意，如果 $\rho > 1$，则在下列位置存在平衡点（零速度）：

$$(0,0,0), (\pm\sqrt{\beta(\rho - 1)}, \pm\sqrt{\beta(\rho - 1)}, \rho - 1)$$

如果 $0 < \rho < 1$，则唯一的平衡点是原点. 虽然解没有特别接近任何平衡点，但它似乎围绕着两个非平凡平衡点绕行. 从其中一个平衡点附近，解开始慢慢地螺旋辐射. 当半径变得太大时，解跳到另一个平衡点附近，在那里解开始进行另一个螺旋辐射，并且过程不断重复. 结果图片看起来有点像蝴蝶的翅膀，参见图 8.3.

请注意，这里有实线（$\rho = 29$ 时的解）和虚线（$\rho = 28.8$ 时的另一个解）的显著区别. 这两个解曲线虽然最初很接近，但随着时间的增加而呈现点状发散. 然而，"蝴蝶结构"仍然完好无损

求解和画图的 Python 程序如下：

```
# 程序文件 ode_10.py
    # Lorenz方程求解
    import numpy as np
    from scipy.integrate import odeint
```

```
# x,y,z 被打包为包含 3 个元素的向量 w
def lorenz(w,t,beta,rho,sigma):
    x, y, z = w;
    return [sigma* (y - x), rho* x- y- x* z, x* y- beta* z]
# 三个参数中,一般只允许 rho 变化
sigma = 10.0
beta = 8.0/3.0
rho1 = 29.0
rho2 = 28.8
# 定义初值
w01 = [1.0, 1.0, 1.0]
w02 = [1.0, 1.0, 1.0]
t = np.arange(0, 30, 0.01) # 创建时间离散点
sol1 = odeint(lorenz, w01, t, args = (beta,rho1,sigma)) # rho1 = 29.0 对应的初值问题求解
sol2 = odeint(lorenz, w02, t, args = (beta,rho2,sigma)) # rho1 = 28.8 对应的初值问题求解
# 向量 w 局部解包
x1,y1,z1 = sol1[:,0],sol1[:,1],sol1[:,2]
x2,y2,z2 = sol2[:,0],sol2[:,1],sol2[:,2]

# 作 Lorenz 相平面轨迹图
import matplotlib.pyplot as plt
from mpl_toolkits.mplot3d import Axes3D
plt.rc('font',size = 13)
plt.rc('text',usetex= True)
fig = plt.figure()
ax= Axes3D(fig)
# 用黑色(k)绘制曲线,用实线(-)和虚线(--)区分 rho = 29.0 和 28.8 的解曲线
ax.plot(x1,y1,z1,'k-')
ax.plot(x2,y2,z2,'k--')
ax.set_xlabel('$x$')
ax.set_ylabel('$y$')
ax.set_zlabel('$z$')
plt.savefig("fig_10.png", dpi= 600)
plt.show()
```

运行结果所画出图形如图 8.3 所示.

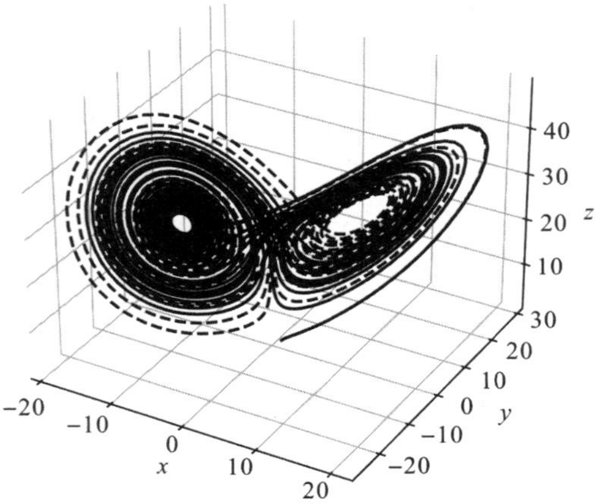

图 8.3　Lorenz 方程的相平面轨迹图，其参数 ρ 相差很小，实线($\rho = 29$)和虚线($\rho = 28.8$)显示了解在点方向明显不同的地方

§8.3　微分方程模型建模方法

建立微分方程模型一般可分为以下三步：

(1) 根据实际要求确定研究的量(自变量、未知函数、必要的参数)，并确定坐标系；

(2) 找出这些量所满足的基本规律，使用量纲一致的物理单位；

(3) 运用这些规律列出方程和定解条件.

以下通过示例介绍几类常用的利用微分方程建立数学模型并求解的方法.

8.3.1　按规律直接列方程

例 8.11　建立物体冷却过程的数学模型.

将某物体放置于空气中，在 $t = 0$ 时刻测量其温度为 $u_0 = 150$℃，10min 后测量得其温度为 $u_1 = 100$℃. 要求建立此物体的温度 u 和时间 t 的关系，并计算 20min 后物体的温度. 其中假设空气的温度保持为 $\tilde{u} = 24$℃.

解：牛顿冷却定律是温度高于周围环境的物体向周围媒介传递热量逐渐冷却时所遵循的规律：当物体表面与周围媒介存在温度差时，单位时间从单位面积散失的热量与温度差成正比，比例系数称为热传递系数.

假设该物体在时刻 t 的温度为 $u = u(t)$，则由牛顿冷却定律可得

$$\frac{\mathrm{d}u}{\mathrm{d}t} = -k(u - \tilde{u}), \tag{8.4}$$

其中，$k > 0$，方程(8.4) 就是物体冷却过程的数学模型. 这是一个简单的变量分离微分方程.

注意到 $\tilde{u}=24$ 为常数，$u-\tilde{u}>0$，可将方程(8.4)改写为

$$\frac{\mathrm{d}(u-24)}{u-24}=-k\mathrm{d}t.$$

两边积分可得

$$\int_{150}^{u}\frac{d(u-24)}{u-24}=\int_{0}^{t}-k\mathrm{d}t,$$

化简得到

$$u=24+126\mathrm{e}^{-kt}. \tag{8.5}$$

把条件 $t=10, u=u_1=100$ 代入式(7.5)求得 $k=\frac{1}{10}\ln\frac{63}{38}=0.0506$，所以物体的温度 u 和时间 t 的关系为 $u=24+126\mathrm{e}^{-0.0506t}$. 20min 后物体的温度为 69.8413℃.

求解的 Python 程序如下：

```
# 程序文件 ode_11.py
    import sympy as sp
    sp.var( ' t, k ' )  # 定义符号变量 t,k
    u = sp.var( ' u ' , cls = sp.Function)  # 定义符号函数 u
    eq = sp.diff(u(t), t)+ k * (u(t)- 24)  # 创建微分方程
    sol = sp.dsolve(eq, ics = {u(0): 150}) # 求微分方程的符号解
    print( " 微分方程的解为: " ,sol)
    kk = sp.solve(sol, k)  # kk 返回值是列表,可能有多个解
    k0 = kk[0].subs({t: 10.0, u(t): 100.0})
    print(kk, ' \ t ' , k0)
    u1 = sol.args[1]  # 提出符号表达式
    u0 = u1.subs({t: 20, k: k0})  # 代入具体值
    print( " 20 分钟后的温度为: " , u0)
```

运行结果：

```
Eq(u(t), 24+ 126* exp(- k* t))
    [log(126/(u(t)- 24))/t]    0.0505548566665147
    20 分钟后的温度为: 69.8412698412698
```

8.3.2　微元分析法

微元分析法的基本思想是通过分析研究对象的有关变量在一个很短时间内的变化规律，寻找一些微元之间的关系式，通过对微小量的分析得到微分方程.

例 8.12　有高为 1m 的半球形容器，水从它的底部小孔流出. 小孔横截面积为 $1\mathrm{cm}^2$(见图 8.4). 开始时容器内盛满了水，求水从小孔流出过程中容器里水面的高度 h(水面与孔口中心间的距离)随时间 t 变化的规律，并求水流完所需的时间.

解：如图 8.4 所示，以容器底部中心为坐标原点，垂直向上为坐标轴的正向建立坐标系.

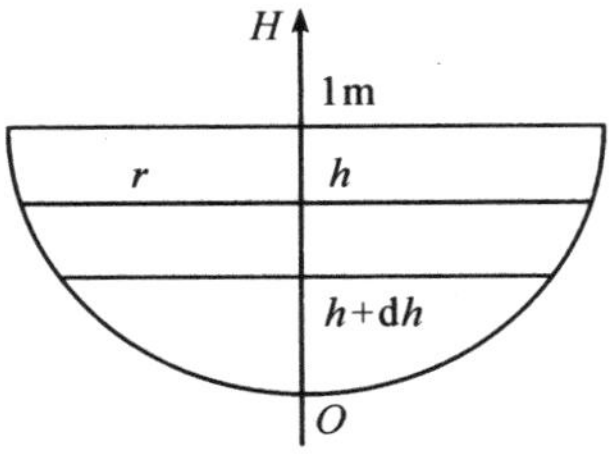

图 8.4　半球形容器及坐标系

由流体力学知识，水从孔口流出的流量(即通过孔口横截面的水的体积 V 对时间 t 的变化率)Q 满足关系式

$$Q = \frac{\mathrm{d}V}{\mathrm{d}t} = 0.62S\sqrt{2gh} \tag{8.6}$$

式中：0.62 为流量系数，g 为重力加速度(取 $9.8\mathrm{m/s^2}$)，S 为孔口横截面积(单位：$\mathrm{m^2}$)，h 为 t 时刻水面高度(单位：cm). 当 $S = 1\mathrm{cm^2} = 0.0001\mathrm{m^2}$ 时，

$$\mathrm{d}V = 0.000062\sqrt{2gh}\,\mathrm{d}t \tag{8.7}$$

设在微小时间间隔$[t, t+\mathrm{d}t]$内，水面高度由 h 降到 $h+\mathrm{d}h(\mathrm{d}h<0)$，容器中水的体积改变量近似为

$$\mathrm{d}V = -\pi r^2\mathrm{d}h \tag{8.8}$$

式中：r 为 t 时刻的水面半径(见图 8.4)，右端置负号是由于 $\mathrm{d}h<0$ 而 $\mathrm{d}V>0$；这里

$$r^2 = 1^2-(1-h)^2 = 2h-h^2. \tag{8.9}$$

由式(8.7)至式(8.9)得 $0.000062\sqrt{2gh}\,\mathrm{d}t = \pi(h^2-2h)\mathrm{d}h$. 这就是未知函数 $t=t(h)$ 应满足的微分方程.

此外，开始时容器内的水是满的，所以未知函数 $t=t(h)$ 还应满足初始条件 $t(1)=0$.

由此得到如下的微分方程初值问题

$$\begin{cases}\dfrac{\mathrm{d}t}{\mathrm{d}h} = \dfrac{10000\pi}{0.62\sqrt{2g}}(h^{\frac{3}{2}}-2h^{\frac{1}{2}}),\\ t(1)=0.\end{cases}$$

可利用分离变量法求得该初值问题的解为

$$t(h) = -15260.5042h^{\frac{3}{2}}+4578.1513h^{\frac{5}{2}}+10682.353(s).$$

上式表达了水从小孔流出的过程中容器内水面高度 h 与时间 t 之间的函数关系. 由此可知水流完所需的时间为

$$t = 10682.353\mathrm{s} = 2\mathrm{h}58\mathrm{min}.$$

求解的 Python 程序如下：

```
# 程序文件 ode_12.py
import sympy as sp
sp.var('h')  # 创建符号变量 h
sp.var('t', cls = sp.Function)  # 创建符号函数 t
g = 9.8  # 重力加速度
eq = t(h).diff(h) - 10000* sp.pi/0.62/sp.sqrt(2* g)* (h* * (3/2)- 2* h* * (1/2))  # 定义微分方程
t = sp.dsolve(eq, ics = {t(1): 0}) # 求微分方程初值问题的符号解
tt = sp.simplify(t)  # 对符号解进行化简
print("微分方程初值问题的解为:",t)
print("微分方程初值问题的解化简为:",tt)
print("容器内水面高度 h 与时间 t 之间的关系为:",tt.args[1].n(9))
```

运行结果:

```
微分方程初值问题的解为: Eq(t(h), 45539712848047* pi* sqrt(h)* (2* h + 3* (h - 2)* * 2 - 12)/93750000000 + 318777989936329* pi/93750000000)
微分方程初值问题的解化简为: Eq(t(h), 45539712848047* pi* (3* h* * (5/2) - 10* h* * (3/2) + 7)/93750000000)
容器内水面高度 h 与时间 t 之间的关系为: - 15260.5042* h* * 1.5 + 4578.15127* h* * 2.5 + 10682.353
```

8.3.3　模拟近似法

模拟近似法的基本思想是在不同的假设下模拟实际的现象,即建立模拟近似的微分方程,从数学上求解或分析解的性质,再去和实际情况作对比,观察建立的模型能否模拟、近似某些实际的现象.

例 8.13　(交通管理问题)在城市平面交叉路口,都会设置红绿灯.为了让那些正行驶在交叉路口或离交叉路口太近而无法及时停下的车辆安全通过路口,红绿灯转换中间还要亮起一段时间的黄灯.那么,黄灯应亮多长时间才最为合理呢?

分析:黄灯状态持续的时间应该包括驾驶员的反应时间、车辆通过交叉路口的时间以及通过刹车距离所需的时间.

解:设 v_0 是汽车初始速度,L 是交叉路口的长度,l 是车身长度的典型值,则汽车恒速通过路口的时间为$\frac{L+l}{v_0}$.

以下计算刹车距离,刹车距离就是从开始刹车到速度 $v=0$ 时汽车驶过的距离.设 W 为汽车的重量,μ 为摩擦系数.显然,地面对汽车的摩擦力为 μW,其方向与汽车运动方向相反.不妨假设汽车行驶的距离 x 是关于时间 t 的连续可微函数 $x(t)$,这样汽车行驶速度

$v(t)=\frac{\mathrm{d}x}{\mathrm{d}t}$. 由牛顿第二运动定律，汽车在刹车至停止过程中，可建立如下微分方程

$$\frac{W}{g}\cdot\frac{\mathrm{d}^2x}{\mathrm{d}t^2}=-\mu W. \tag{8.10}$$

其中，g 为重力加速度. 化简式(8.10) 可得

$$\frac{\mathrm{d}^2x}{\mathrm{d}t^2}=-\mu g. \tag{8.11}$$

再结合初始条件，建立如下的二阶微分方程模型

$$\begin{cases}\dfrac{d^2x}{dt^2}=-\mu g,\\ x(0)=0,v(0)=v_0.\end{cases} \tag{8.12}$$

先求解二阶微分方程式(8.11)，对式(8.11) 两边从 0 到 t 积分，利用初始条件得

$$\frac{dx}{dt}=-\mu gt+v_0. \tag{8.13}$$

再对式(8.13) 积分一次，求得二阶微分方程初值问题式(8.12) 的解为

$$x(t)=-\frac{1}{2}\mu gt^2+v_0t. \tag{8.14}$$

在式(8.13) 中令$\frac{\mathrm{d}x}{\mathrm{d}t}=0$，可得刹车所用时间 $t_0=\frac{v_0}{\mu g}$，从而得到刹车距离 $x(t_0)=\frac{v_0^2}{2\mu g}$.

下面计算黄灯状态的时间 T，由分析可知

$$T=\frac{x(t_0)+L+l}{v_0}+\tau, \tag{8.15}$$

其中 τ 是司机的反应时间，将 τ 代入 $x(t_0)$ 的表达式化简得

$$T=\frac{v_0}{2\mu g}+\frac{L+l}{v_0}+\tau. \tag{8.16}$$

设 $\tau=1\mathrm{s}$，$l=5\mathrm{m}$，$L=15\mathrm{m}$. 另外，取具有代表性的 $\mu=0.7$，当 $v_0=40\mathrm{km/h}$，$50\mathrm{km/h}$ 以及 $60\mathrm{km/h}$ 时，黄灯时间 T 如表 8.1 所示.

表 8.1　不同速度下计算的黄灯时长

v_0/(km/h)	40	50	60
T/s	2.31	2.41	2.55

求解的 Python 程序如下：

```
#  程序文件 ode_13.py
    from numpy import array
    v0 =  array([40, 50, 60])
    tau =  1.0
    l =  5.0
    L =  15.0
    mu =  0.7
```

```
g = 9.8
# 公式中量纲需统一,km/h 需要换算为 m/s
T = v0/(3.6* 2* mu* g)+ (l+ L)/v0+ tau
print( " 不同车速下的黄灯时长分别为: " , T)
```

运行结果:

```
不同速度下的黄灯时长分别为:[2.30984775 2.41230969 2.54810496]
```

§8.4　微分方程建模示例

8.4.1　人口预测模型

从两个最基本的人口模型出发,研究人口数量的变化规律,建立人口模型,作出较准确的预报;并利用近两个世纪的美国人口统计数据作模型参数估计、检验和预报.

1. Malthus 模型

1789 年,Malthus 在分析了一百多年来人口统计资料之后,提出了 **Malthus 模型**.

(1) 模型假设

① 设 $x(t)$ 表示 t 时刻的人口数,当考查一个国家或一个较大地区的人口时,$x(t)$ 是个很大的整数;为了能利用微积分工具,$x(t)$ 视作连续可微函数;

② 人口的增长率 r 是常数(增长率 = 出生率 − 死亡率),保持不变;

③ 人口数量的变化是封闭的,即人口数量的增加与减少只取决于人口中个体的生育和死亡,且每一个体都具有同样的生育能力与死亡率.

(2) 建模与求解

由假设可知 t 时刻到 $t+\Delta t$ 时刻人口的增量为 $x(t+\Delta t)-x(t)=rx(t)\Delta t$,即单位时间内 $x(t)$ 的增量 $\frac{\mathrm{d}x}{\mathrm{d}t}$ 等于 r 乘以 $x(t)$. 于是可建立如下的微分方程初值问题

$$\begin{cases}\dfrac{\mathrm{d}x}{\mathrm{d}t}=rx,\\ x(0)=x_0.\end{cases}\tag{8.17}$$

其解为

$$x(t)=x_0\mathrm{e}^{rt}.\tag{8.18}$$

当 $r>0$ 时,式(8.18) 表示人口将按指数规律随时间无限增长,因此 Malthus 模型常被称为**指数增长模型**.

(3) 模型评价

历史上,指数增长模型与 19 世纪以前欧洲一些地区人口统计数据吻合较好,作短期人口预测也可以得到较好的结果. 例如,考虑二百多年来人口增长的实际情况,1961 年世

界人口总数为 3.06×10^9，在 1961—1970 年这段时间内，每年平均的人口自然增长率为 2%，则式(8.18) 可写为

$$x(t)=3.06\times10^9\times e^{0.02(t-1961)}. \tag{8.19}$$

根据 1700—1961 年世界人口统计数据，发现这些数据与式(8.19) 的计算结果相当符合. 因为在这期间地球上人口大约每 35 年增加 1 倍，而式(8.19) 算出每 34.6 年增加一倍. 显然，在上述这些情况下，人口增长率是常数这个基本假设大致成立.

但是长期来看，任何地区的人口都不可能无限增长，以及指数增长模型不能描述也不能预测较长时期的人口演变过程. 例如，利用式(8.19) 对世界人口进行预测，当 $t=2670$ 年时，$x(t)=4.4\times10^{15}$，即人口为 4400 万亿，这是一个惊人的结论，相当于地球上每平方米要容纳至少 20 人. 显然，用指数增长模型进行预测的结果远高于实际人口增长，误差的原因是对增长率 r 的估计过高. 人口增加到一定数量以后，增长就会慢下来，导致增长率变小. 由此，可以对 r 是常数的假设进行修改.

2. Logistic 模型

如何对人口增长率 r 进行修改呢？由于地球资源有限，只能提供一定数量的生命生存所需的条件. 随着人口数量的增加，自然资源、环境条件等对人口再增长的限制作用将越来越显著. 如果在人口较少时，可以把增长率 r 看成常数，那么当人口增长到一定数量之后，就应当使得 r 随着人口数量的增加而下降，即将增长率 r 表示为人口 $x(t)$ 的函数 $r(x)$，且 $r(x)$ 为 x 的减函数.

(1) 模型假设

① 设 $r(x)$ 为 x 的线性函数，$r(x)=r-sx(r,s>0$，首先使用最简单的线性关系式)，这里 r 称为**固有增长率**，表示人口很少时的增长率；

② 自然资源与环境条件所能容纳的最大人口数为 x_m，称作**人口容量**. 当 $x=x_m$ 时，增长率 $r(x_m)=0$.

(2) 建模与求解

由模型假设 ①② 知，当 $x=x_m$ 时人口不再增长，即增长率 $r(x_m)=0$，于是 $r(x_m)=0=r-sx_m$，得 $s=\dfrac{r}{x_m}$，因此有线性关系式 $r(x)=r\left(1-\dfrac{x}{x_m}\right)$，于是将式(8.17) 修改为

$$\begin{cases}\dfrac{dx}{dt}=rx\left(1-\dfrac{x}{x_m}\right),\\ x(0)=x_0.\end{cases} \tag{7.20}$$

对比人口指数增长模型式(8.17) 可知，方程式(8.20) 右端的因子 rx 体现了人口自身的增长趋势；另一因子 $\left(1-\dfrac{x}{x_m}\right)$ 则体现了环境和资源对人口增长的阻滞作用. 人口数量 x 越大，前一因子越大，后一因子越小，人口增长是两个因子共同作用的结果，因此式(8.20) 称为**阻滞增长模型**.

式(8.20) 是一个可分离变量的方程，其初值问题解为

$$x(t)=\frac{x_m}{1+\left(\frac{x_m}{x_0}-1\right)e^{-r(t-t_0)}}. \tag{8.21}$$

(3) 模型评价

根据式(8.20),计算可得

$$\frac{d^2x}{dt^2}=r^2\left(1-\frac{x}{x_m}\right)\left(1-\frac{2x}{x_m}\right)x. \tag{8.22}$$

人口总数有如下规律:

(1) $\lim_{t\to+\infty}x(t)=x_m$,即无论人口初值 x_0 如何,人口总数以人口容量 x_m 为极限;

(2) 当 $0<x_0<x_m$ 时,$\frac{dx}{dt}=r\left(1-\frac{x}{x_m}\right)x>0$,这说明 $x(t)$ 是单调增加的;又由式(8.22)可知,当 $x<\frac{x_m}{2}$ 时,$\frac{d^2x}{dt^2}>0$,$x=x(t)$ 为凹函数;当 $x>\frac{x_m}{2}$ 时,$\frac{d^2x}{dt^2}<0$,$x=x(t)$ 为凸函数;

(3) 人口变化率$\frac{dx}{dt}$在$x=\frac{x_m}{2}$时取得最大值,即人口总数达到极限值一半以前是加速生长期,经过这一点后,增长速率会逐渐变小,最终达到零.

由式(8.20)表示的阻滞增长模型是荷兰生物数学家 Verhulst 在 19 世纪中叶提出的.它不仅能够大体上描述人口及许多物种数量(如森林中的树木、鱼塘中的鱼群等)的变化规律,而且在社会经济领域也有广泛的应用,如耐用消费品的销售量就可以用它来描述.基于这个模型能够描述一些事物符合逻辑的客观规律,人们常称它为 **Logistic 模型**.

3. 人口的预报模型

例 8.14 利用表 8.2 给出的近两个世纪的某国人口统计数据(以百万为单位),建立人口预测模型,最后用它估计 2010 年某国的人口.

表 8.2　某国人口统计数据

年份	1790	1800	1810	1820	1830	1840	1850	1860
人口	3.9	5.3	7.2	9.6	12.9	17.1	23.2	31.4
年份	1870	1880	1890	1900	1910	1920	1930	1940
人口	38.6	50.2	62.9	76.0	92.0	106.5	123.2	131.7
年份	1950	1960	1970	1980	1990	2000		
人口	150.7	179.3	204.0	226.5	251.4	281.4		

(1) 建模与求解

使用 Logistic 模型

$$\begin{cases}\frac{dx}{dt}=rx\left(1-\frac{x}{x_m}\right),\\ x(0)=x_0.\end{cases}$$

进行人口预报,需要先做参数估计.注意到其初值问题解为

$$x(t)=\frac{x_{\mathrm{m}}}{1+\left(\frac{x_{\mathrm{m}}}{x_0}-1\right)\mathrm{e}^{-r(t-t_0)}}. \tag{8.23}$$

因此,需要估计初始人口 x_0,人口固有增长率 r,人口容量 x_m. 这三个参数可以用人口统计数据拟合得到.

(2) 参数估计

将表 8.2 中的全部数据保存到文本文件 data_14_1.txt 中.

① 非线性最小二乘法。把表 8.2 中的第一个数据作为初始条件,利用余下的数据拟合式(8.23) 中的参数 x_{m} 和 r,求解的 Python 程序如下:

```
# 程序文件 ode_14_1.py
    import numpy as np
    from scipy.optimize import curve_fit
    a = []; b = [];
    with open("data_14_1.txt") as f:      # 打开文件并绑定对象 f
        s = f.read().splitlines()  # 返回每一行的数据
    for i in range(0, len(s),2):  # 读入奇数行数据
        d1 = s[i].split("\t")
        for j in range(len(d1)):
            if d1[j]!= "": a.append(eval(d1[j]))  # 把非空的字符串转换为年代数据
    for i in range(1, len(s), 2):  # 读入偶数行数据
        d2 = s[i].split("\t")
        for j in range(len(d2)):
            if d2[j] != "": b.append(eval(d2[j])) # 把非空的字符串转换为人口数据
    c = np.vstack((a,b))  # 构造两行的数组
    np.savetxt("data_14_2.txt", c)  # 把数据保存起来供下面使用
    x = lambda t, r, xm: xm/(1+ (xm/3.9- 1)* np.exp(- r* (t- 1790)))
    bd = ((0, 200), (0.1,1000))  # 约束两个参数的下界和上界
    popt, pcov = curve_fit(x, a[1:], b[1:], bounds = bd)
    print("人口固有增长率 r 和人口容量 xm 的拟合值分别为:",popt);
    print("2010 年美国人口的预测值为:", x(2010, * popt))
```

注 6:用 with 语句打开数据文件并把它绑定到对象 f. 不必操心在操作完资源后去关闭数据文件,因为 with 语句的上下文管理器会帮助处理. 这在操作资源型文件时非常方便,因为它能确保在代码执行完毕后资源会被释放掉(比如关闭文件).

运行结果:

```
人口固有增长率 r 和人口容量 xm 的拟合值分别为:[2.73527906e- 02 3.42441913e+ 02]
    2010 年某国人口的预测值为: 282.679783219587
```

求得 $r=0.0274$，$x_m=342.4419$，2010 年人口的预测值为 282.6798 百万人.

② 线性最小二乘法。为了利用简单的线性最小二乘法估计这个模型的参数 x_m 和 r，把 Logistic 方程表示为

$$\frac{1}{x}\cdot\frac{\mathrm{d}x}{\mathrm{d}t}=r-sx, s=\frac{r}{x_m}. \tag{8.24}$$

记 1790，1800，…，2000 年分别用 $k=1,2,\cdots,22$ 表示，利用向前差分，得到差分方程

$$\frac{1}{x(k)}\cdot\frac{x(k+1)-x(k)}{\Delta t}=r-sx(k), k=1,2,\cdots,21. \tag{8.25}$$

其中，步长 $\Delta t=10$，先拟合参数 x_m 和 r，然后再进行预测. 求解的 Python 程序如下：

```
# 程序文件 ode_14_2.py
    import numpy as np
    d = np.loadtxt("data_14_2.txt")  # 加载文件中的数据
    t0 = d[0]; x0 = d[1]  # 提取年代数据及对应的人口数据
    b = np.diff(x0)/10/x0[:-1]  # 构造线性方程组的常数项列
    a = np.vstack([np.ones(len(x0)-1),-x0[:-1]]).T # 构造线性方程组系数矩阵
    rs = np.linalg.pinv(a)@b;  r = rs[0]; xm = r/rs[1]
    print("人口固有增长率 r 和人口容量 xm 的拟合值分别为:", np.round([r,xm],4))
    xhat = xm/(1+(xm/3.9-1)*np.exp(-r*(2010-1790)))  # 求预测值
    print("2010 年美国人口的预测值为:",round(xhat,4))
```

运行结果：

```
人口固有增长率 r 和人口容量 xm 的拟合值分别为:[3.25000e-02 2.94386e+02]
    2010 年某国人口的预测值为: 277.9634
```

求得 $r=0.0325$，$x_m=294.3860$，2010 年人口的预测值为 277.9634 百万人.

从以上两种拟合方法可以看出，拟合同样的参数，方法不同可能结果相差较大.

8.4.2　传染病模型

传染病动力学是用数学模型研究某种传染病在某一地区是否蔓延下去，称为当地的“地方病”，或最终该病将被消除. 下面以 Kermack 和 Mckendrick 提出的阈值模型（K-M 模型）为例说明传染病动力学数学模型的建模过程.

1. 模型假设

(1) 被研究人群是封闭的，总人数为 n. $s(t)$，$i(t)$ 和 $r(t)$ 分别表示 t 时刻人群中易感染者、感染者（病人）和免疫者的人数. 起始条件为 s_0 个易感染者，i_0 个感染者，免疫者为 $n-s_0-i_0$ 个；

(2) 易感染人数的变化率与当时的易感染人数和感染人数之积成正比，比例系数为 λ；

(3) 免疫者人数的变化率与当时的感染者人数成正比，比例系数为 μ；

(4) 三类人群总的变化率代数和为零.

2. 构建模型

根据上述假设,建立如下微分方程模型:

$$\begin{cases}\dfrac{\mathrm{d}s}{\mathrm{d}t}=-\lambda si,\\ \dfrac{\mathrm{d}i}{\mathrm{d}t}=\lambda si-\mu i,\\ \dfrac{\mathrm{d}s}{\mathrm{d}t}=\mu i,\\ s(t)+i(t)+r(t)=n.\end{cases} \tag{8.26}$$

以上模型即称作 Kermack-Mckendrick 方程.

3. 模型求解与分析

对于方程(8.26),无法求出 $s(t)$,$i(t)$ 和 $r(t)$ 的解析解,可以转到平面 iOs 上来讨论解的性质. 由方程(8.26) 中的前两个方程消去 dt,可得

$$\begin{cases}\dfrac{di}{ds}=\dfrac{1}{\sigma s}-1,\\ i\big|_{s=s_0}=i_0.\end{cases} \tag{8.27}$$

其中,$\sigma=\dfrac{\lambda}{\mu}$,是一个传染期内每个患者有效接触的平均人数,称为接触数. 用分离变量法可以求出式(7.27) 的解为

$$i=(s_0+i_0)-s+\frac{1}{\sigma}\ln\frac{s}{s_0}. \tag{8.28}$$

s 与 i 的关系如图 8.5 所示,从图中可以看出,当初始值 $s_0\leqslant\dfrac{1}{\sigma}$ 时,传染病不会蔓延. 患者人数一直在减少并逐渐消失. 而当 $s_0>\dfrac{1}{\sigma}$ 时,患者人数会增加,传染病开始蔓延,健康者的人数在减少. 当 $s(t)$ 减少至$\dfrac{1}{\sigma}$ 时,患者在人群中的比例达到最大值,然后患者数逐渐减少至零. 由此可知,$\dfrac{1}{\sigma}$ 是一个阈值,要想控制传染病的流行,应控制使之小于此阈值.

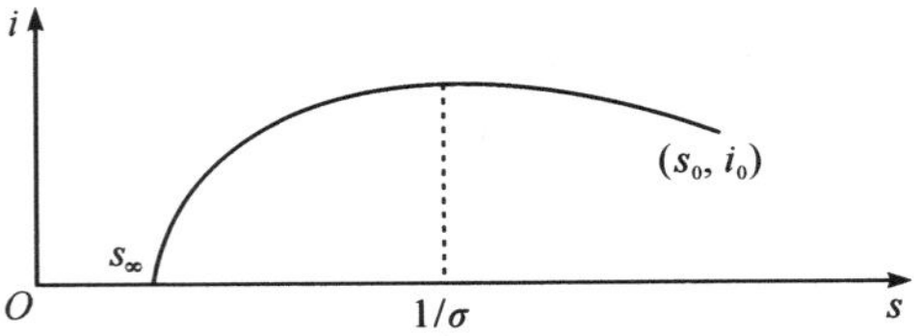

图 8.5　s 与 i 的关系

由上述分析可知,要控制疫后有免疫力的此类传染病的流行可通过两个途径:一是提高卫生和医疗水平,卫生水平越高,传染病接触率 λ 就越小;医疗水平越高,恢复系数 μ 就越大. 这样,阈值$\dfrac{1}{\sigma}$ 就越大,因此提高卫生和医疗水平有助于控制传染病的蔓延. 二是

通过降低 s_0 来控制传染病的蔓延. 由 $s_0+i_0+r_0=n$ 可知,要想减少 s_0,可以通过提高 r_0 来实现,而这又可通过预防接种和群体免疫等措施来实现.

(1) 参数估计

参数 σ 的值可由实际数据估计得到,记 s_∞,i_∞ 分别是传染病流行结束后的健康者人数和患者人数. 当传染病流行结束后,患者都将转为免疫者. 所以,$i_\infty=0$. 由式(8.27)可得

$$i_\infty=0=s_0+i_0-s_\infty+\frac{1}{\sigma}\ln\frac{s_\infty}{s_0},$$

解出 σ 得

$$\sigma=\frac{\ln s_0-\ln s_\infty}{s_0+i_0-s_\infty}.\tag{8.28}$$

于是,当已知某地区某种传染病流行结束后的 s_∞ 时,那么可由式(8.28) 计算出 σ 的值,而此 σ 的值可在今后同种传染病和同类地区的研究中使用.

(2) 模型应用

例 8.14　以 1950 年某幼儿园发生的一起水痘流行过程为例,应用 K-M 模型进行模拟,并对模拟结果进行讨论. 幼儿园儿童总人数 $n=196$ 人,既往患过水痘而此次未感染者 40 人,查不出水痘患病史而本次流行期间感染水痘者 96 人,既往无明确水痘史,本次也未感染的幸存者 60 人. 水痘病流行期共为 79 天,病例成代出现,每代间隔约 15 天. 各代病例数、易感染数及间隔时间如表 8.3 所示.

表 8.3　某幼儿园水痘流行过程中各代病例数

代	病例数	易感染者人数	间隔时间 / 天
1	1	155	
2	2	153	15
3	14	139	32
4	38	101	46
5	34	67	
6	7	33	
合计	96		

以初始值 $s_0=155$,$s_\infty=60$ 代入式(8.28) 可得 $\sigma=0.0099$. 将 σ 代入式(7.28) 可得该流行过程的模拟结果,如表 8.4 所示.

表 8.4　用 K-M 模型模拟水痘流行过程的数值解

易感染者人数 s	155	153	139	101
病例数 i	1	1.7	6.0	11.7

计算的 Python 程序如下:

```
# 程序文件 ode_15.py
    import numpy as np
    s0 = 155.0
    i0 = 1.0
    s_inf = 60.0
    sigma = (np.log(s0)- np.log(s_inf))/(s0+ i0- s_inf)
    print( " 接触数 sigma = " ,sigma)
    S = np.array([155, 153, 139, 101])
    I = (s0+ i0)- S+ 1/sigma* np.log(S/s0)
    print( " 对应的病例数分别为: " ,I)
```

运行结果：

```
接触数 sigma = 0.009886255778095274
    对应的病例数分别为: [ 1.          1.6863383   5.97953014 11.67676321]
```

从表8.4的计算结果可知，模拟效果与实际统计数据在前两代时差异较小，后期差异较大，说明构建模型不够理想，需要继续完善.

本章小结

本章主要介绍了使用Python语言求解常微分方程(组)的符号解法和数值解法，以及在微分方程模型构建方法和示例中如何编写Python程序进行求解. 本章重点内容有：

1. 常微分方程(组)的符号解法

Python语言中对常微分方程(组)进行符号求解的工具是使用符号计算库SymPy中的solvers模块的dsolve()函数，详细的帮助文档可通过如下语句获得

```
>>> from sympy.solvers import dsolve
>>> dsolve?
```

根据文档字符串帮助信息，dsolve接受两个参数：一个方程的列表和一个未知量的列表. 因此，除了单变量方程之外还可以求解两个或多个变量的方程. 当然，像dsolve这种初等求解器，存在严重的局限性. 当给定的方程并非标准形式时，dsolve就无法处理. 然而，仅通过一个简单的变换，原方程就可以与一个标准形式的方程相关，进而得以求解. 因此，熟悉常微分方程中使用的各类变换方法，可以有效提高符号解法的效率和范围.

2. 常微分方程(组)的数值解法

Python语言对常微分方程的数值求解是基于一阶方程进行的，通常采用龙格 — 库塔方法. 高阶微分方程则必须先化成一阶方程组后方可进行数值求解. 使用科学计算库

SciPy 中的 integrate 模块的 odeint() 函数求常微分方程的数值解，其基本调用格式为

```
>>> sol = odeint(func, y0, t)
```

其中，func(y,t) 是定义微分方程的函数或匿名函数，即需求解的微分方程函数；y0 是包含初值的数组，即微分方程初值，没有初值微分方程的解不能唯一确定；t 是一个连续的自变量取值的数组（数组 t 的第一个元素 $t[0]$ 一定为初始时刻 $t=t_0$），即微分方程的自变量；返回值 sol 是对应于序列 t 中元素的数值解. 如果微分方程组中有 n 个函数，返回值 sol 是 n 列的矩阵，第 $i(i=1,2,\cdots,n)$ 列对应于第 i 个函数的数值解.

3. 微分方程模型建模方法

微分方程模型一般包括两个部分：方程和定解条件. 对于一个 m 阶常微分方程，需要积分 m 次才能将解函数求出，因此需要 m 个定解条件. 而常微分方程组的定解条件个数是每个方程定解条件个数之和. 一般的定解问题分为初值问题和边值问题. 初值问题的定解条件在同一个点上，而边值问题的定解条件在不同点上.

建立微分方程模型一般可分为以下三步：

(1) 根据实际要求确定研究的量（自变量、未知函数、必要的参数），并确定坐标系.

(2) 找出这些量所满足的基本规律，使用量纲一致的物理单位；

(3) 运用这些规律列出方程和定解条件.

常用的建模方法有按规律直接列方程、微元分析法、模拟近似法. 通过建立的微分方程模型，可以解决的主要问题包括：描述对象特征随时间（空间）的演变过程；分析对象特征的变化规律；预报对象特征的未来性态；研究控制对象特征的手段.

微分方程模型示例中介绍了人口增长和传染病流行这两个非物理领域的实际问题，更多的微分方程模型除了应用在物理和几何领域之外，还渗透在社会生活的方方面面，有兴趣的读者可以参考文献[24,25].

综合习题 8

1. 求下列微分方程的符号解：

(1) $y''-5y'+6y=xe^{2x}$；

(2) $y'''-2y''+y=0, y(0)=y'(0)=1, y''(0)=0$.

2. 求下列微分方程的符号解，并画出 $x(t)$ 和 $y(t)(t\in[0,1])$ 的解曲线.

$$\begin{cases}\dfrac{\mathrm{d}x}{\mathrm{d}t}=x-2y,\\[2mm]\dfrac{\mathrm{d}y}{\mathrm{d}t}=x+2y,\\[2mm]x(0)=1, y(0)=0.\end{cases}$$

3. 利用拉普拉斯变换求解初值问题的符号解：

$$\begin{cases}y^{(4)}+2y''+y=4te^{t},\\ y(0)=y'(0)=y''(0)=y^{(3)}(0)=0.\end{cases}$$

4. 求微分方程组(竖直加热板的自然对流)的数值解.

$$\begin{cases}\dfrac{d^3 f}{d\eta^3}+3f\dfrac{d^2 f}{d\eta^2}-2\left(\dfrac{df}{d\eta}\right)^2+T=0,\\ \dfrac{d^2 T}{d\eta^2}+2.1f\dfrac{dT}{d\eta}=0.\end{cases}$$

已知当 $\eta=0$ 时,$f=0,\dfrac{df}{d\eta}=0,\dfrac{d^2 f}{d\eta^2}=0.68,T=1,\dfrac{dT}{d\eta}=-0.5$.要求在区间$[0,10]$上,画出 $f(\eta),T(\eta)$ 的解曲线.

5. 捕食者 — 被捕食者方程组

$$\begin{cases}\dfrac{dx}{dt}=0.2x-0.005xy,x(0)=70,\\ \dfrac{dy}{dt}=-0.5y+0.01xy,y(0)=40.\end{cases}$$

其中,$x(t)$ 表示第 t 个月时兔子的总体数量,$y(t)$ 表示第 t 个月时狐狸的总体数量.研究如下问题:

(1)$x(t)$ 和 $y(t)$ 的变化周期;

(2)$x(t)$ 的最大值和最小值,以及它们第一次出现的时间;

(3)$y(t)$ 的最大值和最小值,以及它们第一次出现的时间.

6. 某地区野兔的数量连续 9 年的统计数量(单位:十万)如表 7.5 所示.预测$t=9,10$时野兔的数量.

表 8.5　野兔数量观测值

t	0	1	2	3	4	5	6	7	8
$x(t)$	5	5.9945	7.0932	8.2744	9.5073	10.7555	11.9804	13.1465	14.2247

7. 捕食者 — 被捕食者方程组

$$\begin{cases}\dfrac{dx}{dt}=ax-bxy,x(0)=60,\\ \dfrac{dy}{dt}=-cy+dxy,y(0)=30.\end{cases}$$

其中 $x(t)$ 表示第 t 个月时兔子的总体数量,$y(t)$ 表示第 t 个月时狐狸的总体数量.参数 a,b,c,d 未知.利用表 8.6 的 13 对观测值,拟合方程组中的未知参数 a,b,c,d.

表 8.6　种群数量观测值

t	0	1	2	3	4	5	6	8	10	12	14	16	18
$x(t)$	60	63	64	63	61	58	53	44	39	38	41	46	53
$y(t)$	30	34	38	44	50	55	58	56	47	38	30	27	26

参考答案

说明：凡通解中的 c 或 c_i，$i=1,2,\cdots,n$，应注明 c 或 c_i，$i=1,2,\cdots,n$ 为任意常数. 为书写简便，参考答案中均省略；另外，许多答案只是一个提示，特此说明.

习题 1

(A)

1. (1) 一阶线性；(2) 一阶线性；(3) 一阶非线性；(4) 二阶非线性.

2. (1) 是；(2) 否；(3) 否；(4) 否.

(B)

3. 方程可化为 $\mathrm{d}y=\dfrac{2}{x^2-1}\mathrm{d}x$，两边积分得 $y=\ln\left|\dfrac{1-x}{1+x}\right|+c$，$c$ 为任意常数. 又曲线过(0,1)点，所以将 $x=0$，$y=1$ 代入上述方程得：$c=1$. 故所求的曲线方程为 $y=\ln\left|\dfrac{1-x}{1+x}\right|+1$.

4. 设 $y=y(x)$，则曲线所满足的方程为$\dfrac{\mathrm{d}y}{\mathrm{d}x}=\dfrac{y-x}{x}$.

5. $y=cx+x^2$ 两边对 x 求导得：$y'=c+2x$，由此式解出 c：$c=y'-2x$. 将 c 代入原方程，即得所求的微分方程为：$xy'-x^2-y=0$.

习题 2.1

(A)

1. (1)$y^2=(x+c)^3(x\geqslant -c)$，$y=0$；(2)$y^2=\dfrac{2}{3}x^3+c$；(3)$y^2=c\dfrac{\mathrm{e}^{-x^2}}{x^2}+1$，$x=0$(也可写成 $\ln x^2\mid y^2-1\mid=-x^2+c$，$x=0$，$y=\pm 1$)；(4)$x-y+\ln\mid xy\mid=c$，$x=0$，$y=0$；(5)$\cos x\sin y=c$；(6)$\mathrm{e}^y=\mathrm{e}^x+c$.

2. (1) 令 $x+y=u$，得到$\dfrac{\mathrm{d}u}{\mathrm{d}x}=u^2+1$，解之并代回原变量得：$y=\tan(x+c)-x$；
(2) 令 $xy=u$，则$\dfrac{\mathrm{d}y}{\mathrm{d}x}=\dfrac{x\dfrac{\mathrm{d}u}{\mathrm{d}x}-u}{x^2}$，原方程化为变量分离方程 $x\dfrac{\mathrm{d}u}{\mathrm{d}x}=u(1+u^2)+u$，解之

得 $y^2=cx^2(x^2y^2+2)$，$x=0$；(3) 令 $x+2y=u$，可得 $8y-4x-3\ln|8y+4x+1|=c$，$8y+4x+1=0$；(4) 先把方程化为 $(x^2+y^2+3)\dfrac{\mathrm{d}(y^2)}{\mathrm{d}(x^2)}=2(2y^2-x^2)$，再令 $y^2=u$，$x^2=v$ 化为齐次方程，解之可得 $(y^2-2x^2+3)^6=c(y^2-2x^2+1)^4$；(5) 令 $u=y+2$，$v=x-3$，化为齐次方程 $\dfrac{\mathrm{d}u}{\mathrm{d}v}=2\left(\dfrac{u}{u+v}\right)^2$. 再令 $\dfrac{u}{v}=z$，则有 $v\dfrac{\mathrm{d}z}{\mathrm{d}v}=\dfrac{-2z-1}{(z+1)^2}$，最后得 $y+2=ce^{-2\arctan\frac{y+2}{x-3}}$；(6) 方程化为 $\dfrac{\mathrm{d}y^3}{\mathrm{d}x}=\dfrac{3(y^6-2x^2)}{2xy^3+x^2}$，令 $y^3=u$，化为齐次方程，$(y^3-3x)^7(y^3+2x)^3=cx^{15}$.

(B)

3. 令 $xy=u$，化为 $x\dfrac{\mathrm{d}u}{\mathrm{d}x}=f(u)+u$. 也可令 $y=xu$，再令 $t=x^2u$.

4. 因为 $\int_0^x y(t)\mathrm{d}t=\dfrac{1}{y(x)}$，两边对 x 求导：$y(x)=-\dfrac{y'(x)}{y^2(x)}$，即 $\dfrac{\mathrm{d}y}{y^3}=-\mathrm{d}x$，解之得 $y^2(x)=\dfrac{x+c}{2}$，即 $y(x)=\pm\dfrac{1}{\sqrt{2}\sqrt{x+c}}$. 将 $x=1$ 代入原方程 $\pm\dfrac{1}{\sqrt{2}\sqrt{1+c}}$ $\int_0^1\pm\dfrac{1}{\sqrt{2}\sqrt{1+c}}\mathrm{d}t=1$，积分得 $c=1$，故 $y(x)=\pm\dfrac{1}{\sqrt{2x}}$.

5. 先用赋值法求得 $y(0)=0$，再根据极限的定义 $y'(x)=\lim\limits_{\Delta x\to 0}\dfrac{\Delta y}{\Delta x}=\lim\limits_{\Delta x\to 0}\dfrac{y(x+\Delta x)-y(x)}{\Delta x}=\lim\limits_{\Delta x\to 0}\dfrac{\dfrac{y(x)+y(\Delta x)}{1-y(x)y(\Delta x)}-y(x)}{\Delta x}=\lim\limits_{\Delta x\to 0}\left(\dfrac{y(\Delta x)}{\Delta x}\cdot\dfrac{1+y^2(x)}{1-y(x)y(\Delta x)}\right)=y'(0)[1+y^2(x)]$，解之并考虑到条件 $y(0)=0$ 得：$y(x)=\tan[y'(0)x]$.

习题 2.2

(A)

1. (1) $y=ce^x-\dfrac{1}{2}(\sin x-\cos x)$；(2) $y=ce^{3x}-e^{2x}$；(3) 伯努利方程，令 $\dfrac{1}{y}=z$，得到 $y(cx^2+1+2\ln x)=4$，$y=0$；(4) 将方程化为 $x\mathrm{d}y^2=(2y^2-x)\mathrm{d}x$，再令 $y^2=z$，得到 $y^2=x+cx^2$，$x=0$；(5) 黎卡提方程，$y=e^x$ 是一个特解，令 $y=z+e^x$，代入原方程得 $e^x\dfrac{\mathrm{d}z}{\mathrm{d}x}=-z^2$，得到通解 $y=\dfrac{1}{c+e^x}+e^x$；(6) 黎卡提方程，$y=\sin x$ 是一个特解，通解为 $y=\sin x+\dfrac{1}{x+c}$.

2. (1) 两边同除以 $\sqrt{y}$，化为一阶线性方程 $\dfrac{\mathrm{d}\sqrt{y}}{\mathrm{d}x}=\dfrac{2}{x}\sqrt{y}+\dfrac{1}{2}$，得到 $y=\left(cx^2-\dfrac{1}{2}x\right)^2$，$y=0$；(2) 令 $e^y=u$，方程化为伯努利方程 $\dfrac{\mathrm{d}u}{\mathrm{d}x}=\dfrac{3}{x}u+\dfrac{1}{x^2}u^2$，解之得 $e^{-y}=$

$\dfrac{1}{x^3}\left(-\dfrac{1}{2}x^2+c\right)$；(3) 方程化为 $\dfrac{dx}{dy}=xy+x^3y^3$，这是 $n=3$ 的伯努利方程，解之得 $(1-x^2+x^2y^2)e^{y^2}=cx^2$；(4) 方程两边对 x 求导得到 $y'=y+e^x$，解之得 $y=(1+x)e^x$.

(B)

3. (1) 因为 $y=y_1(x)$，$y=y_2(x)$ 是黎卡提方程(2.11)的两个解，所以

$$\frac{d(y-y_1)}{dx}=p(x)(y-y_1)^2+(2p(x)+q(x))(y-y_1),$$

$$\frac{d(y-y_2)}{dx}=p(x)(y-y_2)^2+(2p(x)+q(x))(y-y_2),$$

从而有

$$\frac{d\ln|y-y_1|}{dx}=p(x)(y-y_1)+(2p(x)+q(x)),$$

$$\frac{d\ln|y-y_2|}{dx}=p(x)(y-y_2)+(2p(x)+q(x)),$$

上述两式相减得

$$\frac{d}{dx}\ln\left|\frac{y-y_1}{y-y_2}\right|=p(x)(y_1-y_2),$$

于是方程的通解为

$$\frac{y-y_1}{y-y_2}=ce^{\int p(x)(y_1-y_2)dx}. \qquad (*)$$

(2) 因为 $y=y_3(x)$ 是黎卡提方程(2.11)的一个解，所以存在常数 c_1，使得

$$\frac{y_3-y_1}{y_3-y_2}=c_1e^{\int p(x)(y_1-y_2)dx}. \qquad (**)$$

(*)除以(**)得

$$\frac{y-y_1}{y-y_2}\bigg/\frac{y_3-y_1}{y_3-y_2}=c,$$

其中，c 为任意常数.

4. 先求得 $y(0)=0,1$，利用函数 $y(x)$ 在 $x=0$ 点的导数定义，可得微分方程 $y'(x)=y'(0)y(x)$，解得 $y(x)=e^{xy'(0)}$.

5. 由一阶线性方程 $y'(x)=p(x)y+q(x)$ 的求解公式：

$$y(x)=e^{\int_{x_0}^{x}p(x)dx}\left(\int_{x_0}^{x}q(t)e^{-\int_{x_0}^{t}p(s)ds}dt+c\right).$$

设 $f(x)$ 的定义域为 D，可得方程的解为 $y(x)=e^{k(x-x_0)}\left(\int_{x_0}^{x}f(t)e^{-k(t-x_0)}dt+c\right)$，$x_0\in D$. 因为 $f(x)$ 以 ω 为周期，即 $f(x+\omega)=f(x)$.

又 $y(x+\omega)=e^{k(x+\omega-x_0)}\left(\int_{x_0}^{x+\omega}f(t)e^{-k(t-x_0)}dt+c\right)$，令 $y(x+\omega)=y(x)$，可得

$$e^{k(x+\omega-x_0)}\left(\int_{x_0}^{x+\omega}f(t)e^{-k(t-x_0)}dt+c\right)=e^{\int_{x_0}^{x}p(x)dx}\left(\int_{x_0}^{x}q(t)e^{-\int_{x_0}^{t}p(s)ds}dt+c\right),$$

由此可以唯一确定 $c=\frac{1}{1-e^{k\omega}}\left[e^{k\omega}\int_{x_0}^{x+\omega}f(t)e^{k(x_0-t)}dt-\int_{x_0}^{x}f(t)e^{k(x_0-t)}dt\right]$. 故方程只有一个周期为 ω 的周期解,这个解为 $y(x)=\frac{e^{k(x+\omega)}}{1-e^{k\omega}}\int_{x}^{x+\omega}e^{ks}f(s)ds$.

习题 2.3

(A)

1. (1) 全微分方程,用凑微分方便,$x^3+3xy-3y^2=c$;(2) 全微分方程,用凑微分方便,$\frac{2}{3}x^3-xy+2y^2=c$;(3) 全微分方程,$y(x^2+1)=c$;(4) 有积分因子 y^{-2},$2x=y(y^2+c)$,$y=0$;(5) 有积分因子 e^{-x},用凑微分方便,$xy+1=e^x$.

2. (1) 假设存在形如 $\mu(x,y)=x^py^q$,p,q 是整数的混合积分因子,两边都乘以 x^py^q,根据全微分方程的定义 $\frac{\partial M}{\partial y}=\frac{\partial N}{\partial x}$ 得 $4(q+1)=2(p+2)$,$3(q+4)=5(p+1)$,可确定 $p=2$,$q=1$,得到通解 $x^4y^2+x^3y^5=c$;(2) $\mu(x,y)=x^{-4}y^{-4}$,$x^{-3}y^{-3}+3x^{-1}=c$,$x=0$,$y=0$.

(B)

3. 因为 $\mu(x,y)$ 为方程(2.14)的一个积分因子,所以

$$\frac{\partial(\mu M)}{\partial y}=\frac{\partial(\mu N)}{\partial x}.$$

又

$$\begin{aligned}\frac{\partial(\mu g(\varphi)M)}{\partial y}&=\frac{\partial((\mu M)g(\varphi))}{\partial y}=g(\varphi)\frac{\partial(\mu M)}{\partial y}+(\mu M)\frac{\partial(g(\varphi))}{\partial y}\\&=g(\varphi)\frac{\partial(\mu N)}{\partial x}+(\mu M)g'(\varphi)\frac{\partial\varphi}{\partial y}=g(\varphi)\frac{\partial(\mu N)}{\partial x}+(\mu M)\cdot g'(\varphi)\cdot(\mu N)\\&=g(\varphi)\frac{\partial(\mu N)}{\partial x}+(\mu N)g'\frac{\partial\varphi}{\partial x}=g(\varphi)\frac{\partial(\mu N)}{\partial x}+(\mu N)\frac{\partial g(\varphi)}{\partial x}\\&=\frac{\partial(\mu g(\varphi)N)}{\partial x},\end{aligned}$$

故命题成立.

4. 作变换 $y=ux$,则方程化为

$$x^mp(1,u)dx+x^mq(1,u)(xdu+udx)=0,$$

即

$$x^m[p(1,u)+uq(1,u)]dx+x^{m+1}q(1,u)du=0,$$

两边同除以 $x^{m+1}[p(1,u)+uq(1,u)]$,得到全微分方程

$$\frac{dx}{x}+\frac{q(1,u)du}{p(1,u)+uq(1,u)}=0,$$

故方程 $p(x,y)dx+q(x,y)dy=0$ 有积分因子 $\mu(x,y)=\frac{1}{x^{m+1}(p(1,u)+uq(1,u))}=$

$\dfrac{1}{xp(x,y)+yq(x,y)}$.

5. $\mu[\varphi]$ 为方程的积分因子 $\Leftrightarrow \mu[\varphi]M\mathrm{d}x+\mu[\varphi]N\mathrm{d}y=0$ 是恰当方程

$$\Leftrightarrow \frac{\partial[\mu[\varphi]M]}{\partial y}=\frac{\partial[\mu[\varphi]N]}{\partial x}$$

$$\Leftrightarrow \frac{\mathrm{d}\mu}{\mathrm{d}\varphi}\frac{\partial\varphi}{\partial y}M+\mu[\varphi]\frac{\partial M}{\partial y}=\frac{\mathrm{d}\mu}{\mathrm{d}\varphi}\frac{\partial\varphi}{\partial x}N+\mu[\varphi]\frac{\partial N}{\partial x}$$

$$\Leftrightarrow \frac{\dfrac{\partial M}{\partial y}-\dfrac{\partial N}{\partial x}}{\dfrac{\partial\varphi}{\partial y}M-\dfrac{\partial\varphi}{\partial x}N}=-\frac{\dfrac{\mathrm{d}\mu[\varphi]}{\mathrm{d}\varphi}}{\mu[\varphi]}=f[\varphi].$$

(1) $\dfrac{\dfrac{\partial M}{\partial y}-\dfrac{\partial N}{\partial x}}{\pm M-N}=f(x\pm y)$；(2) $\dfrac{\dfrac{\partial M}{\partial y}-\dfrac{\partial N}{\partial x}}{2yM-2xN}=f(x^2+y^2)$；(3) $\dfrac{\dfrac{\partial M}{\partial y}-\dfrac{\partial N}{\partial x}}{xM-yN}=f(xy)$；

(4) $\dfrac{\dfrac{\partial M}{\partial y}-\dfrac{\partial N}{\partial x}}{-\dfrac{xM}{y^2}-\dfrac{1}{y}N}=f\left(\dfrac{x}{y}\right)$；(5) $\dfrac{\dfrac{\partial M}{\partial y}-\dfrac{\partial N}{\partial x}}{\beta x^{\alpha}y^{\beta-1}M-\alpha x^{\alpha-1}y^{\beta}N}=f(x^{\alpha}y^{\beta})$.

习题 2.4

(A)

1. (1) 可解出 y，通解 $\begin{cases}x=\ln p-\dfrac{1}{p}+c,\\ y=p+\ln p.\end{cases}$

(2) 可解出 y，通解 $\begin{cases}x=(p+1)\mathrm{e}^p+c,\\ y=p^2\mathrm{e}^p,\end{cases}$ $y=0$.

(3) 可解出 x，通解 $\begin{cases}x=\mathrm{e}^p+p,\\ y=\mathrm{e}^p(p-1)+\dfrac{1}{2}p^2+c.\end{cases}$

(4) 可解出 x，通解 $\begin{cases}x=\dfrac{1+p}{p^3}=\dfrac{1}{p^3}+\dfrac{1}{p^2},\\ y=\dfrac{3}{2p^2}+\dfrac{2}{p}+c;\end{cases}$ 也可令 $y'=p=\dfrac{1}{t}$，$\begin{cases}x=t^3+t^2,\\ y=\dfrac{3}{2}t^2+2t+c.\end{cases}$

(B)

2. (1) 不显含 x，令 $y'=p=\tan\varphi$，$\begin{cases}x=-a(2\varphi+\sin2\varphi)+c,\\ y=a(1+\cos2\varphi),\end{cases}$ $y=2a$；也可用此解出 y.

(2) 不显含 y，令 $y'=p=tx$，$\begin{cases}x=\dfrac{1}{t}-t^2,\\ y=\dfrac{1}{t}-\dfrac{1}{2}t^2+\dfrac{2}{5}t^5+c.\end{cases}$

(3) 不显含 y，令 $y' = p = \cos t$，$\begin{cases} x = \sin t, \\ y = \dfrac{1}{2}t + \dfrac{1}{4}\sin 2t + c. \end{cases}$

习题 2.5

(A)

1. (1) 因为 $f(x,y) = x^2 + y^2$ 在全平面上连续；$\left|\dfrac{\partial f}{\partial y}\right| = |2y|$ 在全平面上也连续，从而满足李普希兹条件，所以由解的存在唯一性定理和解的延拓定理知，满足初始条件 $y(x_0) = y_0$ 的解在全平面上存在唯一.

(2) 因为 $f(x,y) = \sqrt{|y|}$ 在全平面上连续；$\left|\dfrac{\partial f}{\partial y}\right| = \left|\dfrac{1}{2\sqrt{y}}\right|$，在除去 $y = 0$ 的所有闭区域上连续，所以由解的存在唯一性定理和解的延拓定理知，满足初始条件 $y(x_0) = y_0$ 的解在除去 x 轴外的全平面上存在唯一.

2. $\varphi_3(x) = \dfrac{1}{3}x^3 - \dfrac{1}{12}x^4 + \dfrac{1}{60}x^5$.

3. $\varphi_2(x) = \dfrac{1}{9}x - \dfrac{1}{3}x^3 - \dfrac{1}{18}x^4 + \dfrac{1}{63}x^7 + \dfrac{11}{42}$.

4. $a = 1, b = 2, M = 8, h = \min\left\{a, \dfrac{b}{M}\right\} = \min\left\{1, \dfrac{2}{8}\right\} = \dfrac{1}{4}$，故解的存在区间为 $|x+1| \leqslant \dfrac{1}{4}$；

第二次近似解 $\varphi_2(x) = \dfrac{1}{9}x + \dfrac{1}{3}x^3 + \dfrac{1}{18}x^4 + \dfrac{1}{63}x^7 - \dfrac{17}{42}$；$\left|\dfrac{\partial f}{\partial y}\right| = |2y| \leqslant 4 = L$，从而解的误差估计为 $|\varphi_2(x) - \varphi(x)| \leqslant \dfrac{ML^2}{(2+1)!}h^{2+1} = \dfrac{1}{3}$.

5. 因为 $f(x,y) = p(x)y + q(x)$ 在 $x \in [\alpha,\beta]$ 上连续，又 $f'_y(x,y) = p(x)$ 在 $x \in [\alpha,\beta]$ 上连续，所以存在 $L > 0$，使得当 $x \in [\alpha,\beta]$ 时，$|f'_y(x,y)| \leqslant \max\limits_{x\in[a,b]} |p(x)| = L$，从而满足解的存在唯一性定理和解的延拓定理的条件，故方程的任一解都在$[\alpha,\beta]$ 上存在，即方程的解在$[\alpha,\beta]$ 上有定义.

(B)

6. $f(x,y) = 4y^{\frac{3}{4}}$ 在整个平面上连续；又$\dfrac{\partial f}{\partial y} = 3y^{-\frac{1}{4}}$，它在不含 x 轴的任何有界闭区域上是有界的，从而满足李普希兹条件，因此对任意 $|y| \geqslant \varepsilon$（$\varepsilon$ 为任意正常数）的有界闭区域，方程的解是存在唯一的. 方程的解为

$$y = (x-c)^4, y = 0, c \text{ 为任意常数}.$$

当 $x = 0, y = 0$ 时，代入通解得 $c = 0$，所以过(0,0) 点有两个解：$y = x^4$，$y = 0$，从而

过点(0,0)的解不唯一.

7. (1) 因为

$|f(x,y_1)-f(x,y_2)|=|xy_1^2-xy_2^2|=|x||y_1+y_2||y_1-y_2|$,任意$(x,y_1)$与$(x,y_2)\in R_1$.

令$\max(|a|,|b|)=m,\max(|c|,|d|)=n$,则$|x||y_1+y_2|\leqslant|x|(|y_1|+|y_2|)\leqslant 2mn=L$,因此

$$|f(x,y_1)-f(x,y_2)|\leqslant L|y_1-y_2|.$$

即在任一矩形域$R_1:a\leqslant x\leqslant b,c\leqslant y\leqslant d$上函数$f(x,y)=xy^2$关于$y$满足李普希茨条件.

(2) 因为R_2不是矩形区域而是无界区域,$|f(x,y_1)-f(x,y_2)|=|x||y_1+y_2||y_1-y_2|$,对任意大的正数$L$,都存在$x_0\in[a,b],x_0\neq 0,y_1=2y_2=\dfrac{L}{|x_0|}$,使得$|f(x,y_1)-f(x,y_2)|\geqslant\dfrac{3L}{2}|y_1-y_2|>L|y_1-y_2|$成立,所以函数$f(x,y)=xy^2$在$R_2$关于$y$不满足李普希茨条件.

8. 任取x_0,首先作逐步逼近序列$x_n=f(x_{n-1})(n=1,2,\cdots)$,$\{x_n\}$的收敛性等价于级数$x_0+\sum\limits_{k=1}^{\infty}(x_k-x_{k-1})$的收敛性.通过数学归纳法可证$|x_k-x_{k-1}|\leqslant N^{k-1}|f(x_0)-x_0|$,再证明$\{x_n\}$收敛.设$\lim\limits_{n\to\infty}x_n=x^*$,$x^*=f(x^*)$,即$x^*$是方程$x=f(x)$的解.

唯一性.设方程还有一个解$\overline{x^*}$,即$\overline{x^*}=f(\overline{x^*})$,由$|\overline{x^*}-x^*|=|f(\overline{x^*})-f(x^*)|\leqslant N|\overline{x^*}-x^*|$,又$0<N<1$得,$\overline{x^*}=x^*$.

9. 令$\varphi(x)=y_1(x)-y_2(x)$,则$\varphi(x_0)<0$.用反证法,假设结论不成立,即$\varphi(x)\geqslant 0$,由$y_1(x),y_2(x)$的连续性知,必在$y_1(x)$与$y_2(x)$的共同区间上存在一点$\bar{x}\in(x_0,b]$,使得$\varphi(\bar{x})=0$,即$y_1(\bar{x})=y_2(\bar{x})$成立,这与解的唯一性矛盾.

综合习题 2

(A)

1. (1) $\sqrt{1-y^2}=\arcsin x+c,x=\pm 1,y=\pm 1$;(2) $y=\dfrac{1}{1+\ln|x^2-1|}$;(3) 全微分方程,$x+ye^{\frac{x}{y}}=c$;(4) 先令$x^2=u,y^2=v$;(5) 先给出$\dfrac{dx}{dy}$化为一阶线性方程,$x=\dfrac{c}{y}+y\ln y$;(6) 方程可化为$\dfrac{d\cos^2 y}{dx}=\dfrac{x}{1+x^2}\cos^2 y+\dfrac{2x}{\sqrt{1+x^2}}$,令$\cos^2 y=u$可化为一阶线性方程,得到通解$\cos^2 y=\sqrt{1+x^2}[c+\ln(1+x^2)]$,过$(0,\pi)$的解$\cos^2 y=\sqrt{1+x^2}[1+\ln(1+x^2)]$;(7) 令$\cos y=u$化为$n=2$的伯努利方程,解得$\dfrac{1}{\cos y}=\dfrac{c+x}{\ln x}$,$y=n\pi+\dfrac{\pi}{2}$,

$n \in \mathbf{Z}$；(8) 黎卡提方程，$y_1 = 1 + x^2$ 是一个解（可通过观察方程最后一项是 $2x$，方程的系数有二次项，假设方程有特解 $y_1 = ax^2 + bx + c$，再待定系数），通解为 $y = 1 + x^2 + \dfrac{e^{x+\frac{x^3}{3}}}{c - \int e^{x+\frac{x^3}{3}}\,dx}$；(9) 全微分方程，$\dfrac{x^2}{2} + x - xy - \dfrac{y^3}{3} - 3y = c$；(10) 有只与 x 有关的积分因子 x^{-2}，$-\dfrac{e^y}{x} = c + y^2$，$x = 0$；把 $\dfrac{dx}{dy}$ 写出是伯努利方程；(11) 有只与 y 有关的积分因子 y^{-4}，$\ln|y| - \dfrac{x^3}{3y^3} = c$，$y = 0$；也可两边都乘以 $x^p y^q$；(12) 两边都乘以 xy，化为恰当方程，$x^3 y + 3x^2 + y^3 = c$；$\dfrac{dx}{dy} = \dfrac{1}{y}x^2 + \dfrac{1}{y}x + y$ 是黎卡提方程；(13) 把方程重新组合，两边同除以 $x^2 + y^2$，得到 $\arctan\dfrac{x}{y} - y = c$；(14) 可解出 y，令 $y' = p = t$，$\begin{cases} x = \dfrac{5}{4}t^4 + \dfrac{3}{2}t^2 + \ln|t| + c, \\ y = t^5 + t^3 + t + 5, \end{cases}$ t 为参数；(15) 不显含 y，当 $a = 0$ 时，$y = c$；当 $a \neq 0$ 时，令 $y' = p = tx$，$25(y+c)^2 = 4ax^5$.

2. 证明：(1) 由 $\dfrac{dy}{dx} + ay = f(x)$ 得：$y = e^{-ax}\left(\int e^{at} f(t)\,dt + c\right)$. 由罗比塔法则，$\lim\limits_{x\to+\infty} y(x) = \lim\limits_{x\to+\infty} \dfrac{\int e^{at} f(t)\,dt + c}{e^{ax}} = \lim\limits_{x\to+\infty} \dfrac{e^{ax} f(t)}{a e^{ax}} = \lim\limits_{x\to+\infty} \dfrac{f(t)}{a} = \dfrac{b}{a}$. (2) $\lim\limits_{x\to+\infty} y'(x) = \lim\limits_{x\to+\infty} [-ay + f(x)] = -a \lim\limits_{x\to+\infty} y + \lim\limits_{x\to+\infty} f(x) = -a \cdot \dfrac{b}{a} + b = 0$，又 $\lim\limits_{x\to+\infty} [y'(x) + y(x)] = 0 + \dfrac{b}{a} = 0$，所以 $b = 0$，即 $\lim\limits_{x\to+\infty} y(x) = 0$.

(B)

3. 方程两边同时对 x 求导：$y(x) + \int_0^x [2ty(t) + ty^2(t)]\,dt = 1$；再对 x 求导，得到微分方程 $y' = -2xy - xy^2$，解这个伯努利方程并考虑初始条件 $y(0) = 1$ 得到 $y = \dfrac{2}{3e^{x^2} - 1}$.

4. 对给定的关系式两边求导得到，$y(x)$ 满足 $y'(x) + y(x) = e^x$，解之并考虑初始条件 $y(0) = 1$ 得到 $y(x) = \dfrac{e^x + e^{-x}}{2}$，从而当 $x = 1$ 时有 $\sum\limits_{n=0}^{\infty} \dfrac{1}{(2n)!} = \dfrac{e^1 + e^{-1}}{2}$.

5. 方法一：化为显式方程 $y' = \pm\sqrt{\dfrac{y^2 - 1}{y^2}}$，解这个变量分离方程得 $y^2 = (x+c)^2 + 1$，$y = \pm 1$. 方法二：把方程看作不含 x 的隐式方程，令 $1 - y'^2 = \dfrac{1}{t^2}$，则 $y = \pm t$，从而 $y' = \pm\sqrt{\dfrac{t^2 - 1}{t^2}}$，$dx = \pm\dfrac{t}{\sqrt{t^2 - 1}}dy = \pm\dfrac{t}{\sqrt{t^2 - 1}}dt$，即 $x = \pm\sqrt{t^2 - 1} + c$. 故方程的通解为 $\begin{cases} x = \pm\sqrt{t^2 - 1} + c, \\ y = \pm t. \end{cases}$ 方法三：令 $1 - y'^2 = t^2$，方法同上. 方法四：显然 $|y'^2| \leqslant 1$，令 $1 - y'^2$

$=\cos^2 t, t\in[0,\pi]$，代入原方程得 $y=\dfrac{1}{\cos t}$. 又 $\mathrm{d}x=\pm\dfrac{1}{\sin t}\mathrm{d}y=\pm\dfrac{1}{\cos^2 t}\mathrm{d}t=\pm\sec^2 t\mathrm{d}t$，解得 $x=\pm\tan t+c$. 故方程的通解为 $\begin{cases}x=\pm\tan t+c,\\ y=\dfrac{1}{\cos t}.\end{cases}$

6. 由 $y''+py'=-qy, q<0, f(x)=\mathrm{e}^{\int_{x_0}^{x}p(t)\mathrm{d}t}y(x)y'(x)$，故 $f'(x)=p(x)\mathrm{e}^{\int_{x_0}^{x}p(t)\mathrm{d}t}y(x)y'(x)+\mathrm{e}^{\int_{x_0}^{x}p(t)\mathrm{d}t}y'^2(x)+\mathrm{e}^{\int_{x_0}^{x}p(t)\mathrm{d}t}y(x)y''(x)=\mathrm{e}^{\int_{x_0}^{x}p(t)\mathrm{d}t}[y(y''+py')+y'^2]=\mathrm{e}^{\int_{x_0}^{x}p(t)\mathrm{d}t}(-qy^2+y'^2)\geqslant 0$，所以 $f(x)$ 单调递增.

习题 3.1

(A)

1. 由于 $x_1(t), x_2(t)$ 分别是非齐次线性微分方程

$$\frac{\mathrm{d}^n x}{\mathrm{d}t^n}+a_1(t)\frac{\mathrm{d}^{n-1}x}{\mathrm{d}t^{n-1}}+\cdots+a_{n-1}(t)\frac{\mathrm{d}x}{\mathrm{d}t}+a_n(t)x=f_1(t),$$

$$\frac{\mathrm{d}^n x}{\mathrm{d}t^n}+a_1(t)\frac{\mathrm{d}^{n-1}x}{\mathrm{d}t^{n-1}}+\cdots+a_{n-1}(t)\frac{\mathrm{d}x}{\mathrm{d}t}+a_n(t)x=f_2(t)$$

的解，所以满足

$$\frac{\mathrm{d}^n x_1}{\mathrm{d}t^n}+a_1(t)\frac{\mathrm{d}^{n-1}x_1}{\mathrm{d}t^{n-1}}+\cdots+a_{n-1}(t)\frac{\mathrm{d}x_1}{\mathrm{d}t}+a_n(t)x_1=f_1(t),$$

$$\frac{\mathrm{d}^n x_2}{\mathrm{d}t^n}+a_1(t)\frac{\mathrm{d}^{n-1}x_2}{\mathrm{d}t^{n-1}}+\cdots+a_{n-1}(t)\frac{\mathrm{d}x_2}{\mathrm{d}t}+a_n(t)x_2=f_2(t),$$

把以上两式相加，并利用导数的运算法则有

$$\frac{\mathrm{d}^n(x_1+x_2)}{\mathrm{d}t^n}+a_1(t)\frac{\mathrm{d}^{n-1}(x_1+x_2)}{\mathrm{d}t^{n-1}}+\cdots+a_{n-1}(t)\frac{\mathrm{d}(x_1+x_2)}{\mathrm{d}t}$$
$$+a_n(t)(x_1+x_2)=f_1(t)+f_2(t),$$

这就说明 $x_1(t)+x_2(t)$ 是方程

$$\frac{\mathrm{d}^n x}{\mathrm{d}t^n}+a_1(t)\frac{\mathrm{d}^{n-1}x}{\mathrm{d}t^{n-1}}+\cdots+a_{n-1}(t)\frac{\mathrm{d}x}{\mathrm{d}t}+a_n(t)x=f_1(t)+f_2(t)$$

的解.

若 $x_1(t), x_2(t), \cdots, x_n(t)$ 分别是 $\dfrac{\mathrm{d}^n x}{\mathrm{d}t^n}+a_1(t)\dfrac{\mathrm{d}^{n-1}x}{\mathrm{d}t^{n-1}}+\cdots+a_{n-1}(t)\dfrac{\mathrm{d}x}{\mathrm{d}t}+a_n(t)x=f_i(t)$，$i=1,2,\cdots,n$ 的解，则 $x_1(t)+x_2(t)+\cdots+x_n(t)$ 是 $\dfrac{\mathrm{d}^n x}{\mathrm{d}t^n}+a_1(t)\dfrac{\mathrm{d}^{n-1}x}{\mathrm{d}t^{n-1}}+\cdots+a_{n-1}(t)\dfrac{\mathrm{d}x}{\mathrm{d}t}+a_n(t)x=\sum\limits_{i=1}^{n}f_i(t)$ 的解.

2. (1) $x=c_1\mathrm{e}^t+c_2\mathrm{e}^{-t}-1$；(2) $x=c_1 t+c_2\mathrm{e}^t-t^2-t-1$；(3) $x=c_1 t+c_2 t\ln t+34t^2+3t(\ln t)^2$.

(B)

3. 由于 $x_i(t)(i=1,2,\cdots,n)$ 是齐次线性微分方程(3.2)的任意 n 个解,所以有

$$\begin{cases} x_1^{(n)}+a_1(t)x_1^{(n-1)}+a_2(t)x_1^{(n-2)}+\cdots++a_n(t)x_1=0, \\ \cdots\cdots \\ x_n^{(n)}+a_1(t)x_n^{(n-1)}+a_2(t)x_n^{(n-2)}+\cdots++a_n(t)x_n=0, \end{cases} \tag{1}$$

又由行列式求导法则有

$$\frac{\mathrm{d}W(t)}{\mathrm{d}t}\equiv\frac{\mathrm{d}}{\mathrm{d}t}\begin{vmatrix} x_1(t) & x_2(t) & \cdots & x_n(t) \\ x_1'(t) & x_2'(t) & \cdots & x_n'(t) \\ \vdots & \vdots & & \vdots \\ x_1^{(n-1)}(t) & x_2^{(n-1)}(t) & \cdots & x_n^{(n-1)}(t) \end{vmatrix}=\begin{vmatrix} x_1'(t) & x_2'(t) & \cdots & x_n'(t) \\ x_1'(t) & x_2'(t) & \cdots & x_2'(t) \\ x_1''(t) & x_2''(t) & \cdots & x_n''(t) \\ \vdots & \vdots & & \vdots \\ x_1^{(n-1)}(t) & x_2^{(n-1)}(t) & \cdots & x_n^{(n-1)}(t) \end{vmatrix}$$

$$+\begin{vmatrix} x_1(t) & x_2(t) & \cdots & x_n(t) \\ x_1''(t) & x_2''(t) & \cdots & x_2''(t) \\ x_1''(t) & x_2''(t) & \cdots & x_n''(t) \\ \vdots & \vdots & & \vdots \\ x_1^{(n-1)}(t) & x_2^{(n-1)}(t) & \cdots & x_n^{(n-1)}(t) \end{vmatrix}+\cdots+\begin{vmatrix} x_1(t) & x_2(t) & \cdots & x_n(t) \\ x_1'(t) & x_2'(t) & \cdots & x_n'(t) \\ \vdots & \vdots & \vdots & \vdots \\ x_1^{(n-2)}(t) & x_1^{(n-2)}(t) & \cdots x_1^{(n-2)}(t) & \\ x_1^{(n)}(t) & x_2^{(n)}(t) & \cdots & x_n^{(n)}(t) \end{vmatrix}$$

$$=\begin{vmatrix} x_1(t) & x_2(t) & \cdots & x_n(t) \\ x_1'(t) & x_2'(t) & \cdots & x_n'(t) \\ \vdots & \vdots & \vdots & \vdots \\ x_1^{(n-2)}(t) & x_1^{(n-2)}(t) & \cdots & x_1^{(n-2)}(t) \\ x_1^{(n)}(t) & x_2^{(n)}(t) & \cdots & x_n^{(n)}(t) \end{vmatrix}.$$

对于上式右端的行列式做以下变换:将第一行的 $a_n(t)$ 倍,第二行的 $a_{n-1}(t)$ 倍,…,第$(n-1)$行的 $a_2(t)$ 倍都加入第 n 行,并利用已经得到的条件(1),得到

$$\frac{\mathrm{d}W(t)}{\mathrm{d}t}=\begin{vmatrix} x_1(t) & x_2(t) & \cdots & x_n(t) \\ x_1'(t) & x_2'(t) & \cdots & x_n'(t) \\ \vdots & \vdots & \vdots & \vdots \\ x_1^{(n-2)}(t) & x_1^{(n-2)}(t) & \cdots & x_1^{(n-2)}(t) \\ -a_1(t)x_1^{(n-1)}(t) & -a_1(t)x_2^{(n-1)}(t) & \cdots & -a_1(t)x_n^{(n-1)}(t) \end{vmatrix}=-a_1(t)W(t),$$

所以,$W(t)$ 满足一阶线性微分方程

$$W'+a_1(t)W=0,$$

因而有 $W(t)=W(t_0)\mathrm{e}^{-\int_{t_0}^{t}a_1(s)\mathrm{d}s}$,其中 $t_0,t\in(a,b)$.

4. 证明:设 $x_1(t),x_2(t),\cdots,x_n(t)$ 是 n 阶非齐次线性微分方程(3.1)对应的齐次方程(3.2)的 n 个线性无关解,并设 $\bar{x}(t)$ 是方程(3.1)的特解.显然 $x_1(t)+\bar{x}(t),x_2(t)+\bar{x}(t),\cdots,x_n(t)+\bar{x}(t),\bar{x}(t)$ 是方程(3.1)的 $n+1$ 个解,下证它们线性无关.用反证法,假设存在不全为零的数 $c_1,c_2,\cdots,c_{n+1}$,使得

$$c_1(x_1(t)+\bar{x}(t))+c_2(x_2(t)+\bar{x}(t))+\cdots+c_n(x_n(t)+\bar{x}(t))+c_{n+1}\bar{x}(t)=0,$$

即

$$c_1x_1(t)+c_2x_2(t)+\cdots+c_nx_n(t)+(c_1+c_2+\cdots+c_{n+1})\bar{x}(t)=0,$$

因此必有 $c_1+c_2+\cdots+c_{n+1}=0$,否则 $\bar{x}(t)$ 可由 $x_1(t),x_2(t),\cdots,x_n(t)$ 线性表出,与 $\bar{x}(t)$ 是方程(3.1)的解矛盾.从而

$$c_1x_1(t)+c_2x_2(t)+\cdots+c_nx_n(t)=0,$$

因为 $x_1(t),x_2(t),\cdots,x_n(t)$ 线性无关,所以

$$c_1=c_2=\cdots=c_n=0,\text{进而 } c_{n+1}=0.$$

所以 $x_1(t)+\bar{x}(t),x_2(t)+\bar{x}(t),\cdots,x_n(t)+\bar{x}(t),\bar{x}(t)$ 是方程(3.1)的 $n+1$ 个线性无关解.

再证明方程(3.1)的任一个解都可以由这 $n+1$ 个解线性表出,即方程(3.1)最多存在 $n+1$ 个线性无关解.

事实上,设 $\tilde{x}(t)$ 是方程(3.1)的任意一个解,则函数 $\tilde{x}(t)-\bar{x}(t)$ 是对应齐次方程(3.2)的解,因此可以由方程(3.2)的基本解组 $x_1(t),x_2(t),\cdots,x_n(t)$ 线性表出,即存在常数 $c_1,c_2,\cdots,c_n$,使得

$$\tilde{x}(t)-\bar{x}(t)=c_1x_1(t)+c_2x_2(t)+\cdots+c_nx_n(t),$$

从而

$$\begin{aligned}\tilde{x}(t)=&c_1(x_1(t)+\bar{x}(t))+c_2(x_2(t)+\bar{x}(t))+\cdots+c_n(x_n(t)+\\&\bar{x}(t))+(1-c_1-c_2-\cdots-c_n)\bar{x}(t),\end{aligned}$$

即 $\tilde{x}(t)$ 可以由这 $n+1$ 个解线性表出.

由 $\tilde{x}(t)$ 得任意性可知方程(3.1)最多存在 $n+1$ 个线性无关解.

5. 用反证法.假设存在 $t_0\in[a,b]$,使得 $x(t_0)=0,x'(t_0)=0$.因为 $x(t)$ 是二阶线性齐次方程 $x''+p(t)x'+q(t)x=0$ 的非零解,又函数 $x=0$ 也是此齐次方程的解,而且都满足相同的初值条件.由于系数 $p(t),q(t)$ 在区间 $[a,b]$ 上连续,方程满足解的存在唯一性定理条件,即满足初始条件的解是存在唯一的,矛盾.故必有 $x'(t_0)\neq 0,t,t_0\in[a,b]$.

习题 3.2

(A)

1. (1) $x=c_1\mathrm{e}^{-2t}+c_2\mathrm{e}^{-3t}$;(2) $x=\mathrm{e}^{-t}(c_1\cos 3t+c_2\sin 3t)$;(3) $x=\mathrm{e}^{at}(c_1+c_2t+c_3t^2)$;(4) $x=c_1+c_2t+c_3t^2+c_4\mathrm{e}^{-2t}+c_5\mathrm{e}^{2t}$;(5) $x=(c_1+c_2t)\cos\sqrt{2}t+(c_3+c_4t)\sin\sqrt{2}t$.

2. (1) $x=\mathrm{e}^{-2t}$;(2) $x=\mathrm{e}^{t-\pi}(2\cos t+\sin t)$.

(B)

3. (1) $x=c_1t+c_2\dfrac{1}{t}$;(2) $x=c_1t^2+c_2t^3+\dfrac{1}{2}t$(先解齐次形式的欧拉方程,再用常数

变易法求特解；方程的右端是多项式，可用待定系数法. 设方程的特解为$\bar{x}=c_1t+c_2$).

4. 先求出特征根$\lambda_{1,2}=\dfrac{-p\pm\sqrt{p^2-4q}}{2}$，再按 p 的符号大于零、等于零和小于零讨论，结论是 $p>0,q\geqslant 0$ 或 $p=0,q>0$.

习题 3.3

(A)

1. (1)$\lambda_1=\lambda_2=0,\lambda_3=-1,f(t)=e^{0t}(1+t^2),\lambda=0$ 是二重特征根，可设特解 $\bar{x}=t^2(At^2+Bt+C),x=c_1+c_2t+c_3e^{-t}+\frac{1}{12}t^4-\frac{1}{3}t^3+\frac{3}{2}t^2$；

(2)$\lambda_1=0,\lambda_2=1,\lambda_3=-1,f(t)=e^t,\lambda=1$ 是特征根单根，可设特解 $\bar{x}=Ate^t,x=c_1+c_2e^t+c_3e^{-t}+\frac{1}{2}te^t$；

(3)$\lambda_1=0,\lambda_2=1,f(t)=e^t\sin2t,\lambda=1\pm2i$ 不是特征根，可设特解 $\bar{x}=e^t(A\sin2t+B\cos2t),x=c_1+c_2e^t-\frac{1}{10}e^t\cos2t-\frac{1}{5}e^t\sin2t$；

(4)$\lambda_1=3i,\lambda_2=-3i,f(t)=te^{3it},\lambda=\pm3i$ 是特征单根，可设特解 $\bar{x}=t(At+B)e^{3it}$，$x=c_1\cos3t+c_2\sin3t-\frac{1}{12}t^2\cos3t+\frac{1}{36}t\sin3t$；

(5) 解三个方程，$x=c_1+c_2e^{-t}+t\left(\frac{1}{2}t-1\right)-(\cos t-\sin t)-\left(\frac{3}{10}\sin2t+\frac{3}{5}\cos2t\right)$.

2. (1) 用常数变易法，$x=c_1\cos t+c_2\sin t+\frac{1}{2\sin t}$；(2)$x=(c_1+c_2t)e^{3t}-e^{3t}\ln|t|$.

3. (1)$x(t)=\frac{1}{2}(t-1)^2e^{-t}$；(2)$x=e^t$.

(B)

4. 齐次方程 $x''+5x'+6x=0$ 的特征方程为 $\lambda^3+5\lambda^2+6\lambda=0$，其特征根为 $\lambda_1=0$，$\lambda_2=-2,\lambda_3=-3$. 所以齐次方程的通解为

$$x=c_1+c_2e^{-2t}+c_3e^{-3t}.$$

因为 $x_1(t),x_2(t)$ 是非齐次方程 $x''+5x'+6x=f(t)$ 的两个解，则 $x_1(t)-x_2(t)$ 是对应齐次方程的解，从而存在确定的常数 c_1,c_2,c_3 使得

$$x_1(t)-x_2(t)=c_1+c_2e^{-2t}+c_3e^{-3t}.$$

因此

$$\lim_{t\to\infty}[x_1(t)-x_2(t)]=\lim_{t\to\infty}[c_1+c_2e^{-2t}+c_3e^{-3t}]=c_1.$$

习题 3.4

(A)

1. (1) $x=c_1\left(1+\frac{t^2}{2}+\frac{t^4}{2\cdot 4}+\frac{t^6}{2\cdot 4\cdot 6}+\cdots\right)+c_2\left(t+\frac{t^3}{3}+\frac{t^5}{3\cdot 5}+\frac{t^7}{3\cdot 5\cdot 7}+\cdots\right)$；

(2) $x=1+\frac{t^3}{2\cdot 3}+\frac{t^6}{2\cdot 3\cdot 5\cdot 6}+\cdots\frac{t^{3n}}{2\cdot 3\cdot 5\cdot 6\cdot\cdots\cdot(3n-1)3n}+\cdots$.

(B)

2. 因为 $p(x)=0,q(x)=\sin x$，都可在 $x=0$ 的邻域内展成幂级数，所以原方程具有 $y=\sum\limits_{n=0}^{\infty}a_nx^n$ 的幂级数解，将 y 及其导数代入原方程，并注意到 $\sin x=\sum\limits_{n=0}^{\infty}(-1)^n\frac{x^{2n+1}}{(2n+1)!}$，得到

$$\sum_{n=2}^{\infty}(n-1)na_nx^{n-2}+\left[\sum_{n=0}^{\infty}(-1)^n\frac{x^{2n+1}}{(2n+1)!}\right]\left[\sum_{n=0}^{\infty}a_nx^n\right]=0,$$

$$2a_2+(3a_3+a_0)x+(4\cdot 3a_4+a_1)x^2+\cdots+\left[\sum_{\substack{n=0,n\geqslant 5\\ j=n-3-2i}}^{\infty}\frac{(-1)^i}{(2i+1)!}a_j+(n-1)na_n\right]x^{n-2}$$

$+\cdots=0$，令同次幂的系数相等得

$$a_2=0,a_3=\frac{1}{3!}a_0,a_4=-\frac{1}{3\cdot 4}a_1,a_5=-\frac{1}{5!}a_0,$$

$$a_6=\frac{1}{2\cdot 3\cdot 5\cdot 6}a_1+\frac{1}{2\cdot 3\cdot 5\cdot 6}a_0,\cdots,$$

故原方程的通解为

$$y=a_0\left(1-\frac{x^3}{3!}+\frac{x^5}{5!}+\frac{x^6}{2\cdot 3\cdot 5\cdot 6}+\cdots\right)+a_1\left(x-\frac{x^4}{3\cdot 4}+\frac{x^6}{2\cdot 3\cdot 5\cdot 6}+\cdots\right),$$

在上式中分别令 $a_0=1,a_1=0$ 和 $a_0=0,a_1=1$，可得原方程的两个解

$$y_1=1-\frac{x^3}{3!}+\frac{x^5}{5!}+\frac{x^6}{2\cdot 3\cdot 5\cdot 6}+\cdots,y_2=x-\frac{x^4}{3\cdot 4}+\frac{x^6}{2\cdot 3\cdot 5\cdot 6}+\cdots,$$

因为它们的朗斯基行列式

$$w(0)=\begin{vmatrix}y_1(0) & y_2(0)\\ y_1'(0) & y_2'(0)\end{vmatrix}=\begin{vmatrix}1 & 0\\ 0 & 1\end{vmatrix}=1\neq 0,$$

所以 y_1,y_2 线性无关，y_1,y_2 即为原方程在 $x=0$ 的邻域内展开的两个线性无关解.

习题 3.5

(A)

1. (1) $x=-\frac{t}{2}\ln^2 t+c_1t^2+c_2t+c_3$；

(2) 先将方程化为$(x'^2)'=1$,$9(x+c_1)^2=4(t+c_2)^3$;

(3) 先将方程化为$\left(\dfrac{x}{x'}\right)'=1$,$x=\dfrac{c_2}{-t+c_1}$,$x=c$;

(4) 令$x'=y$化为一阶方程,$x=\cos(t+c_1)+c_2$或$x=\sin(t+c_1)+c_2$,$x=\pm t+c$;

(5) 先将方程化为$\left(\dfrac{x'}{x}\right)'=x'$,$\dfrac{x}{x+c_1}=c_2e^{c_1t}$,$c_2>0$;

(6) 方程化为$tx''+(t^2-1)x'=t^2-1$,先解$tx''+(t^2-1)x'=0$得$x'=c_1e^{-\frac{t^2}{2}}+c_2$,原方程有特解$\bar{x}=t$,故方程的通解为$x=c_1e^{-\frac{t^2}{2}}+t+c_2$.

(B)

2. (1) 方程两边同乘以x',方程化为$(x'^2)'=(e^{2x})'$,两边积分并利用初始条件得$x'^2=e^{2x}$,即$x'=\pm e^x$,解之得$x=-\ln(1\pm t)$;

(2) 这是$F(x'',x)=0$型,令$x'=y$,则有$y'=(1+y^2)^{\frac{3}{2}}$,得到$y=x'=\pm\dfrac{1}{\sqrt{1-t^2}}$,最后得$x=1\pm\arcsin t$.

综合习题3

(A)

1. (1)$\lambda=0$不是特征根,设特解$\bar{x}=At^2+Bt+C$,$x=c_1e^t+c_2e^{7t}+\dfrac{3}{7}t^2+\dfrac{97}{49}t+\dfrac{1126}{343}$;

(2)$\lambda=1$是特征单根,设特解$\bar{x}=Ate^t$,$x=c_1+c_2e^t+\dfrac{1}{2}te^t$;

(3)$\lambda=\pm 2i$不是特征根,设特解$\bar{x}=A\sin 2t+B\cos 2t$(或$\bar{x}=Ae^{2it}$),$x=c_1+c_2e^{-4t}-\dfrac{6}{10}\cos 2t-\dfrac{3}{20}\sin 2t$;

(4)$\lambda=0,1$不是特征根,设特解$\bar{x}=At+B+Ce^t$,$x=c_1\cos t+c_2\sin t+\dfrac{1}{2}e^t+t$;

(5)$\lambda=\pm i$不是特征根,设特解$\bar{x}=A\sin t+B\cos t$,$x=e^{-t}(c_1\cos 2t+c_2\sin 2t)+8\cos t+5\sin t$.

2. (1)$x=c_1e^t+c_2e^{-t}+(e^t-e^{-t})\ln|e^t-1|-\dfrac{1}{2}e^t-1$;

(2)$x=c_1\cos t+c_2\sin t+\cos t\ln|\cos t|+t\sin t$.

3. (1) 先解欧拉方程$t^2x''-4tx'+6x=0$,再用常数变易法解$x''-\dfrac{4}{t}x'+\dfrac{6}{t^2}x=\dfrac{1}{t}$的非齐次方程,$x=c_1t^2+c_2t^3+\dfrac{1}{2}t$;

(2) 方法同上，$x=t(c_1\cos\ln t+c_2\sin\ln t)+t\ln t$.

4. (1) $x=a_0\mathrm{e}^{-\frac{t^2}{2}}+a_1\sum\limits_{n=0}^{\infty}\dfrac{(-1)^n}{1\cdot3\cdot\cdots\cdot(2n+1)}t^{2n+1}$；

(2) 令 $x=t^{\alpha}\sum\limits_{k=1}^{\infty}a_0t^k$ 代入，可得 $\alpha=0$ 或 $\alpha=\dfrac{1}{2}$，分别计算可得

$$x_1=t^{\frac{1}{2}}\sum_{n=1}^{\infty}\frac{2^n}{1\cdot3\cdot\cdots\cdot(2n+1)}t^n,x_2=\sum_{n=0}^{\infty}\frac{t^n}{n!}=\mathrm{e}^t,$$

通解为 $x=c_1t^{\frac{1}{2}}\sum\limits_{n=1}^{\infty}\dfrac{2^n}{1\cdot3\cdot\cdots\cdot(2n+1)}t^n+c_2\mathrm{e}^t$.

5. (1) $x(t)=\dfrac{1}{5}\mathrm{e}^{3t}+\dfrac{4}{5}\mathrm{e}^{-2t}$；(2) $x(t)=\dfrac{1}{6}t^3\mathrm{e}^t$.

6. 方程对应的齐次方程的通解为 $y=c_1x+c_2x\int\dfrac{1}{x^2}\mathrm{e}^{-\int\frac{2x}{1-x^2}\mathrm{d}x}\mathrm{d}x$，即 $y=c_1x+c_2(x^2+1)$.
设原方程有如下形式的特解 $y=c_1(x)x+c_2(x)(x^2+1)$，则由常数变易法得

$$\begin{cases}c_1{}'(x)x+c_2{}'(x)(x^2+1)=0,\\ c_1{}'(x)x+2c_2{}'(x)x=\dfrac{-2}{1-x^2},\end{cases}$$

解得 $c_1'(x)=\dfrac{2(x^2+1)}{(x^2-1)^2}$，$c_1(x)=\dfrac{-2x}{1-x^2}$，$c_2'(x)=\dfrac{2x}{(x^2-1)^2}$，$c_2(x)=\dfrac{1}{1-x^2}$，故方程的通解为 $y=c_1x+c_2(x^2+1)+1$.

(B)

7. (1) 充分性. 因为

$$W'[x_1,x_2]=\begin{vmatrix}x_1{}'&x_2{}'\\x_1{}'&x_2{}'\end{vmatrix}+\begin{vmatrix}x_1&x_2\\x_1{}''&x_2{}''\end{vmatrix}=\begin{vmatrix}x_1&x_2\\x_1{}''&x_2{}''\end{vmatrix},$$

$$\begin{aligned}W'[x_1,x_2]+a_1(t)W[x_1,x_2]&=\begin{vmatrix}x_1&x_2\\x_1{}''&x_2{}''\end{vmatrix}+a_1(t)\begin{vmatrix}x_1&x_2\\x_1{}'&x_2{}'\end{vmatrix}\\&=\begin{vmatrix}x_1&x_2\\x_1{}''+a_1(t)x_1{}'&x_2{}''+a_1(t)x_2{}'\end{vmatrix}=0,\end{aligned}$$

而 $x_1(t)\neq0$ 是已知方程 $x''+a_1(t)x'+a_2(t)x=0$ 的解，即 $x_1{}''+a_1(t)x_1{}'+a_2(t)x_1=0$，故

$$\begin{vmatrix}x_1&x_2\\-a_2(t)x_1&x_2{}''+a_1(t)x_2{}'\end{vmatrix}=x_1\begin{vmatrix}1&x_2\\-a_2(t)&x_2{}''+a_1(t)x_2{}'\end{vmatrix}=0,$$

也就是

$$x_2{}''+a_1(t)x_2{}'+a_2(t)x_2=0,$$

即 $x_2(t)$ 是方程 $x''+a_1(t)x'+a_2(t)x=0$ 的解.

必要性. 由于 $x_1(t),x_2(t)$ 都是方程的解，所以

$$W'[x_1,x_2]=\begin{vmatrix}x_1&x_2\\x_1{}''&x_2{}''\end{vmatrix}=\begin{vmatrix}x_1&x_2\\x_1{}''+a_2(t)x_1&x_2{}''+a_2(t)x_2\end{vmatrix}$$

$$= \begin{vmatrix} x_1 & x_2 \\ -a_1(t)x_1' & -a_1(t)x_2' \end{vmatrix} = -a_1(t)\begin{vmatrix} x_1 & x_2 \\ x_1' & x_2' \end{vmatrix} = -a_1(t)W[x_1,x_2],$$

即 $W[x_1,x_2]$ 满足方程 $W'[x_1,x_2]+a_1(t)W[x_1,x_2]=0$.

(2) 令 $x_2 = x_1\int \frac{1}{x_1^2}\exp\left(-\int_{t_0}^t a_1(s)\mathrm{d}s\right)\mathrm{d}t$,则

$$x_2' = x_1'\int \frac{1}{x_1^2}\exp\left(-\int_{t_0}^t a_1(s)\mathrm{d}s\right)\mathrm{d}t + \frac{1}{x_1}\exp\left(-\int_{t_0}^t a_1(s)\mathrm{d}s\right),$$

$$x_2'' = x_1''\int \frac{1}{x_1^2}\exp\left(-\int_{t_0}^t a_1(s)\mathrm{d}s\right)\mathrm{d}t + \frac{1}{x_1}(-a_1(t))\exp\left(-\int_{t_0}^t a_1(s)\mathrm{d}s\right),$$

直接代入验证知 $x_2(t)$ 是方程的解. 又由于

$$W[x_1,x_2] = \begin{vmatrix} x_1 & x_2 \\ x_1' & x_2' \end{vmatrix} = \begin{vmatrix} x_1 & x_1\int \frac{1}{x_1^2}\exp\left(-\int_{t_0}^t a_1(s)\mathrm{d}s\right)\mathrm{d}t \\ x_1' & x_1'\int \frac{1}{x_1^2}\exp\left(-\int_{t_0}^t a_1(s)\mathrm{d}s\right)\mathrm{d}t + \frac{1}{x_1}\exp\left(-\int_{t_0}^t a_1(s)\mathrm{d}s\right) \end{vmatrix}$$

$$= \exp\left(-\int_{t_0}^t a_1(s)\mathrm{d}s\right) \neq 0,$$

即 $x_1(t),x_2(t)$ 是线性无关解,故通解可表为

$$x = x_1[c_1\int \frac{1}{x^2}\exp(-\int_{t_0}^t a_1(s)\mathrm{d}s)\mathrm{d}t + c_2],c_1,c_2 \text{ 为任意常数}.$$

8. 由于 $x_1(t),x_2(t)$ 是二阶齐次线性微分方程 $x''+a_1(t)x'+a_2(t)x=0$ 的一个基本解组,故

$$x_1''+a_1(t)x_1'+a_2(t)x_1=0,$$
$$x_2''+a_1(t)x_2'+a_2(t)x_2=0,$$

将它们看成关于未知数 $a_1(t)$ 和 $a_2(t)$ 的方程组即可得结论:

$$a_1(t) = -\frac{x_1x_2''-x_2x_1''}{W[x_1,x_2]},a_2(t) = \frac{x_1'x_2''-x_2'x_1''}{W[x_1,x_2]}.$$

9. 容易看出 $x=t$ 是原方程的一个根,利用第 1 题的结论得,$x = c_1t + c_2t\int t^{-2}\mathrm{e}^{\int tf(t)\mathrm{d}t}\mathrm{d}t$.

10. 公共解为 $x=\mathrm{e}^{-\int\frac{a_2-b_2}{a_1-b_1}\mathrm{d}t}$,两个方程的通解分别为 $x=\mathrm{e}^{-\int\frac{a_2-b_2}{a_1-b_1}\mathrm{d}t}\left[c_1+c_2\int \mathrm{e}^{-\int\left(2\frac{a_2-b_2}{a_1-b_1}-a_1\right)\mathrm{d}t}\mathrm{d}t\right]$;
$x=\mathrm{e}^{-\int\frac{a_2-b_2}{a_1-b_1}\mathrm{d}t}\left[c_1+c_2\int \mathrm{e}^{-\int\left(2\frac{a_2-b_2}{a_1-b_1}-b_1\right)\mathrm{d}t}\mathrm{d}t\right]$.

习题 4.1

(A)

1. (1) 线性无关;(2) 线性无关;(3) 线性无关;(4) 线性相关.

2. 略

3. (1) $X' = \begin{pmatrix} 0 & 1 \\ t & -3 \end{pmatrix} X + \begin{pmatrix} 0 \\ e^{2t} \end{pmatrix}, \varphi(1) = \begin{pmatrix} 5 \\ 2 \end{pmatrix}$;

(2) $X' = \begin{pmatrix} 0 & 1 & 0 & 0 \\ 0 & 0 & 1 & 0 \\ 0 & 0 & 0 & 1 \\ 1 & 0 & 0 & 0 \end{pmatrix} X + \begin{pmatrix} 0 \\ 0 \\ 0 \\ te^{-t} \end{pmatrix}, \varphi(0) = \begin{pmatrix} 1 \\ 2 \\ -1 \\ 0 \end{pmatrix}$;

(3) $X' = \begin{pmatrix} 0 & 1 & 0 & 0 \\ 5 & 0 & -6 & -3 \\ 0 & 0 & 0 & 1 \\ 10 & 0 & 3 & -6 \end{pmatrix} X + \begin{pmatrix} 0 \\ e^{-t} \\ 0 \\ \sin t \end{pmatrix}, \varphi(0) = \begin{pmatrix} 1 \\ -1 \\ 0 \\ 1 \end{pmatrix}$.

4. 略

5. (1) 略;(2) $\varphi(t) = \begin{pmatrix} 1 - t + \dfrac{t^2}{2} \\ -1 + t \end{pmatrix} e^{2t}$.

(B)

6. (1) 正确;(2) 不正确;(3) 正确;(4) 不正确.

7. (1) 记 $\varphi_1(t), \varphi_2(t), \cdots, \varphi_n(t)$ 是方程组 $X' = A(t)X$ 的 n 个线性无关的解,$\varphi_0(t)$ 是方程组 $X' = A(t)X + F(t)$ 的一个特解,那么 $\varphi_0(t), \varphi_1(t) + \varphi_0(t), \varphi_2(t) + \varphi_0(t), \cdots, \varphi_n(t) + \varphi_0(t)$ 就是方程组 $X' = A(t)X + F(t)$ 的 $n+1$ 个线性无关解. 假设存在一组常数 $c_1, c_2, \cdots, c_{n+1}$,使得

$$\sum_{i=1}^{n} c_i[\varphi_i(t) + \varphi_0(t)] + c_{n+1}\varphi_0(t) = 0, t \in (a, b),$$

即

$$c_1\varphi_1(t) + c_2\varphi_2(t) + \cdots + c_n\varphi_n(t) + (c_1 + c_2 + \cdots + c_{n+1})\varphi_0(t) = 0,$$

因此必有 $c_1 + c_2 + \cdots + c_{n+1} = 0$,否则 $\varphi_0(t)$ 可由 $\varphi_1(t), \varphi_2(t), \cdots, \varphi_n(t)$ 线性表出,这与 $\varphi_0(t)$ 是方程(3.1)的解矛盾. 从而

$$c_1\varphi_1(t) + c_2\varphi_2(t) + \cdots + c_n\varphi_n(t) = 0,$$

因为 $\varphi_1(t), \varphi_2(t), \cdots, \varphi_n(t)$ 线性无关,所以

$$c_1 = c_2 = \cdots = c_n = 0, \text{进而 } c_{n+1} = 0.$$

所以 $\varphi_0(t), \varphi_1(t) + \varphi_0(t), \varphi_2(t) + \varphi_0(t), \cdots, \varphi_n(t) + \varphi_0(t)$ 是方程(3.1)的 $n+1$ 个线性无关解.

(2) 已知 $X_1(t), X_2(t), \cdots, X_{n+1}(t)$ 是方程组 $X' = A(t)X + F(t)$ 在$[a, b]$上的 $n+1$ 个线性无关的解,可以证明 $X_1(t) - X_{n+1}(t), X_2(t) - X_{n+1}(t), \cdots X_n(t) - X_{n+1}(t)$ 是相应的齐线性方程组 $X' = A(t)X$ 在$[a, b]$上的 n 个线性无关的解,所以是基本解组.

故对方程组 $X' = A(t)X + F(t)$ 的任一解 $X(t)$,必存在一组数 $c_1, c_2, \cdots, c_n$,使得

$$X(t) - X_{n+1}(t) = c_1[X_1(t) - X_{n+1}(t)] + c_2[X_2(t) - X_{n+1}(t)]$$

$$+\cdots+c_n[X_n(t)-X_{n+1}(t)],$$

即 $X(t)=c_1X_1(t)+c_2X_2(t)+\cdots+c_nX_n(t)+(1-c_1-c_2-\cdots-c_n)X_{n+1}(t)$，
因此原方程组的解的表达式为
$X(t)=c_1X_1(t)+c_2X_2(t)+\cdots+c_nX_n(t)+c_{n+1}X_{n+1}(t)$，其中 $c_1+c_2+\cdots+c_{n+1}=1$.

8. 利用行列式的微分公式，求出 W' 的表达式，然后求解一阶微分方程.

习题 4.2

(A)

1. (1) $\lambda_1=2,\lambda_2=4$；$\lambda_1=2$ 对应的特征向量为 $\begin{pmatrix}1\\1\end{pmatrix}\alpha,\alpha\neq0$；$\lambda_2=4$ 对应的特征向量为 $\begin{pmatrix}3\\1\end{pmatrix}\beta,\beta\neq0$；

(2) $\lambda_1=\lambda_2=-2$；$\lambda_1=\lambda_2=-2$ 对应的特征向量为 $\begin{pmatrix}1\\1\end{pmatrix}\alpha,\alpha\neq0$；

(3) $\lambda_1=1,\lambda_2=2,\lambda_3=3$；$\lambda_1=1$ 对应的特征向量为 $\begin{pmatrix}0\\1\\1\end{pmatrix}\alpha,\alpha\neq0$；$\lambda_2=2$ 对应的特征向量为 $\begin{pmatrix}1\\1\\1\end{pmatrix}\beta,\beta\neq0$；$\lambda_3=3$ 对应的特征向量为 $\begin{pmatrix}1\\0\\1\end{pmatrix}\gamma,\gamma\neq0$.

2. (1) $\Phi(t)=\begin{pmatrix}e^{2t} & 3e^{4t}\\ e^{2t} & e^{4t}\end{pmatrix}$，$\exp At=-\dfrac{1}{2}\begin{pmatrix}e^{2t}-3e^{4t} & -3e^{2t}+3e^{4t}\\ e^{2t}-e^{4t} & -3e^{2t}+e^{4t}\end{pmatrix}$；

(2) $\Phi(t)=\begin{pmatrix}0 & e^{2t} & e^{3t}\\ e^{t} & e^{2t} & 0\\ e^{t} & e^{2t} & e^{3t}\end{pmatrix}$，$\exp At=\begin{pmatrix}e^{2t} & e^{2t}-e^{3t} & -e^{2t}+e^{3t}\\ -e^{t}+e^{2t} & e^{2t} & e^{t}-e^{2t}\\ -e^{t}+e^{2t} & e^{2t}-e^{3t} & e^{t}-e^{2t}+e^{3t}\end{pmatrix}$；

(3) $\lambda_1=\lambda_2=\lambda_3=1$，直接用(4.43)，$\Phi(t)=\exp At=e^{t}\begin{pmatrix}1 & \frac{2}{3}t & -\frac{2}{3}t\\ 0 & 1-\frac{1}{3}t & \frac{1}{3}t\\ 0 & -\frac{1}{3}t & 1+\frac{1}{3}t\end{pmatrix}$.

3. (1) $\varphi(t)=\begin{pmatrix}1\\4\end{pmatrix}e^{t}$；(2) $\varphi(t)=\begin{pmatrix}e^{-t}\\ e^{-t}-e^{-2t}\\ -e^{-2t}\end{pmatrix}$.

4. (1) $\begin{cases}x_1=e^{t}+e^{-t}\\ x_2=-e^{t}+e^{-t}\end{cases}$；(2) $\begin{cases}x_1=te^{3t}\\ x_2=(1+t)e^{3t}\end{cases}$.

(B)

5. 根据式(4.41),可得方程组$\frac{dX}{dt}=AX$的任一解都可表示为t的指数函数与t的幂函数乘积的线性组合.根据指数函数的一些性质及题目中(1)与(2)两部分的假设,即得到(1)与(2)的结果.

设$\lambda=a+ib$是A的特征值,其中a,b是实数,$a>0$,取η为A的对应于λ的特征向量,则$\varphi(t)=e^{\lambda t}\eta$是方程组$\frac{dX}{dt}=AX$的一个解,故$\|\varphi(t)\|=e^{at}\|\eta\|\to+\infty$(当$t\to+\infty$时),即得到(3)的结果.

6. 首先把$X(t)=P(t)e^{\lambda t}$代入方程组中得$(P(t)e^{\lambda t})'\equiv AP(t)e^{\lambda t}$,两端逐次求导,得到$P'(t)e^{\lambda t},P''(t)e^{\lambda t},\cdots,P^{(k)}(t)e^{\lambda t}$都是方程组的解.其次令$c_0P(t)e^{\lambda t}+c_1P'(t)e^{\lambda t}+\cdots+c_kP^{(k)}(t)e^{\lambda t}\equiv 0$,即$c_0P(t)+c_1P'(t)+\cdots+c_kP^{(k)}(t)\equiv 0$,对每一分量比较两端$t$的同次幂的系数可得到$c_0=c_1=\cdots=c_k=0$.

7. (1) 方程组可化为$\begin{pmatrix}x\\y\\z\end{pmatrix}'=\begin{pmatrix}0&1&0\\0&0&1\\1&0&0\end{pmatrix}\begin{pmatrix}x\\y\\z\end{pmatrix}$,$\lambda_1=1$,$\lambda_{2,3}=-\frac{1}{2}\pm\frac{\sqrt{3}}{2}i$.

$$\begin{pmatrix}x\\y\\z\end{pmatrix}=C_1e^t\begin{pmatrix}1\\1\\1\end{pmatrix}+C_2e^{-\frac{t}{2}}\begin{pmatrix}\cos\frac{\sqrt{3}}{2}t\\-\frac{1}{2}\cos\frac{\sqrt{3}}{2}t-\frac{\sqrt{3}}{2}\sin\frac{\sqrt{3}}{2}t\\-\frac{1}{2}\cos\frac{\sqrt{3}}{2}t+\frac{\sqrt{3}}{2}\sin\frac{\sqrt{3}}{2}t\end{pmatrix}+C_3e^{-\frac{t}{2}}\begin{pmatrix}\sin\frac{\sqrt{3}}{2}t\\-\frac{1}{2}\sin\frac{\sqrt{3}}{2}t+\frac{\sqrt{3}}{2}\cos\frac{\sqrt{3}}{2}t\\-\frac{1}{2}\sin\frac{\sqrt{3}}{2}t-\frac{\sqrt{3}}{2}\cos\frac{\sqrt{3}}{2}t\end{pmatrix}.$$

(2) $\begin{pmatrix}x\\y\\z\end{pmatrix}=\begin{pmatrix}e^t&e^{-2t}&e^{-2t}\\e^t&-e^{-2t}&0\\e^t&0&-e^{-2t}\end{pmatrix}\begin{pmatrix}c_1\\c_2\\c_3\end{pmatrix}$.

习题 4.3

(A)

1. (1) $X=\begin{pmatrix}e^{5t}&e^{-t}\\2e^{5t}&-e^{-t}\end{pmatrix}c+\begin{pmatrix}\frac{3}{2}\\-2\end{pmatrix}e^t$,$c=\begin{pmatrix}c_1\\c_2\end{pmatrix}$;

(2) $X=\begin{pmatrix}e^{2t}&e^{-2t}\\2e^{2t}&-2e^{-2t}\end{pmatrix}c+\begin{pmatrix}-\frac{1}{20}\sin4t\\-\frac{1}{5}\cos4t\end{pmatrix}$,$c=\begin{pmatrix}c_1\\c_2\end{pmatrix}$.

2. (1) $\varphi(t)=\frac{1}{24}\begin{pmatrix}44e^{3t}-20e^{-3t}-24e^{-t}\\22e^{3t}+5e^{-3t}-3e^t\end{pmatrix}$;

$$(2)\varphi(t)=\begin{pmatrix} e^{-2t}-\frac{1}{4}e^{-3t}-\frac{3}{4}e^{-t}+\frac{1}{2}te^{-t} \\ -2e^{-2t}+\frac{3}{4}e^{-3t}+\frac{5}{4}e^{-t}-\frac{1}{2}te^{-t} \\ 4e^{-2t}-\frac{9}{4}e^{-3t}-\frac{7}{4}e^{-t}+\frac{1}{2}te^{-t} \end{pmatrix}.$$

3. $x(t)=4e^{t}-\frac{7}{3}e^{2t}+\frac{1}{3}e^{-t}$.

(B)

4. (1) $\begin{pmatrix} x \\ y \end{pmatrix}=\begin{pmatrix} -2e^{4t}+3e^{5t} \\ -e^{4t}+e^{5t} \end{pmatrix}$；(2) $\begin{pmatrix} x \\ y \end{pmatrix}=\begin{pmatrix} \cos t-2\sin t \\ 2\cos t-2\sin t \end{pmatrix}$.

5. 先求 $\boldsymbol{X}'=\boldsymbol{AX}$ 的基解矩阵 $\boldsymbol{\Phi}(t)$，然后一种方法是用公式 $\boldsymbol{X}(t)=\boldsymbol{\Phi}(t)\boldsymbol{\Phi}^{-1}(t_0)\boldsymbol{\eta}+\boldsymbol{\Phi}(t)\int_{t_0}^{t}\boldsymbol{\Phi}^{-1}(s)F(s)\mathrm{d}s$；另一种方法是用待定系数法；$\varphi(t)=\frac{1}{2}\begin{pmatrix} 3t^2+4t+2 \\ 9t^2+10t+10-10e^{t} \\ -3t^2-8t-8+10e^{t} \end{pmatrix}$.

6. 将 $\boldsymbol{\Phi}(t)=Pe^{mt}$ 代入方程组 $\boldsymbol{X}'=\boldsymbol{AX}+Ce^{mt}$ 得到 $(m\boldsymbol{E}-\boldsymbol{A})\boldsymbol{P}=\boldsymbol{C}$，由于 m 不是矩阵 $\boldsymbol{A}$ 的特征值，故 $\det(m\boldsymbol{E}-\boldsymbol{A})\neq 0$，因此得到 $\boldsymbol{P}=(m\boldsymbol{E}-\boldsymbol{A})^{-1}\boldsymbol{C}$.

7. 利用积分限含参变量的函数的求导方法，即对函数 $y=\int_0^x\varphi(x-t)f(t)\mathrm{d}t$ 进行求一阶导数 y' 与二阶导数 y''，再利用已知条件 $\varphi''(x)+a\varphi'(x)+b\varphi(x)=0$ 及 $\varphi(0)=0$，$\varphi'(0)=1$，可得到结论.

综合习题 4

(A)

1. 先求基解矩阵 $\boldsymbol{\Phi}(t)$，再利用 $\exp(\boldsymbol{A}t)=\boldsymbol{\Phi}(t)\boldsymbol{\Phi}^{-1}(0)$

(1) $e^{3t}\begin{pmatrix} 1 & t \\ 0 & 1 \end{pmatrix}$；(2) $e^{t}\begin{pmatrix} 1+2t & -t \\ 4t & 1-2t \end{pmatrix}$；(3) $\begin{pmatrix} t^2+t+1 & -\frac{t^2}{2}-t & t \\ t^2-t+2 & -\frac{t^2}{2} & t-1 \\ 2t^2+1 & -t^2-t+1 & 2t-1 \end{pmatrix}$；

$$(4)\begin{pmatrix} \frac{1}{2}e^{2t}+\frac{1}{3}e^{3t}+\frac{1}{6}e^{6t} & \frac{1}{3}e^{3t}-\frac{1}{3}e^{6t} & -\frac{1}{2}e^{2t}+\frac{1}{3}e^{3t}+\frac{1}{6}e^{6t} \\ \frac{1}{3}e^{3t}-\frac{1}{3}e^{6t} & \frac{1}{3}e^{3t}+\frac{2}{3}e^{6t} & \frac{1}{3}e^{3t}-\frac{1}{3}e^{6t} \\ -\frac{1}{2}e^{2t}+\frac{1}{3}e^{3t}+\frac{1}{6}e^{6t} & \frac{1}{3}e^{3t}-\frac{1}{3}e^{6t} & \frac{1}{2}e^{2t}+\frac{1}{3}e^{3t}+\frac{1}{6}e^{6t} \end{pmatrix}.$$

2. $\varphi(t) = e^{2t}\begin{pmatrix} 1+2t-\dfrac{t^2}{2} \\ 2-t \\ -1 \end{pmatrix}.$

3. $\varphi(t) = \begin{pmatrix} e^t & \sin t & \cos t \\ -e^t & \cos t & -\sin t \\ 0 & \sin t & \cos t \end{pmatrix} c + \begin{pmatrix} 0 \\ t \\ 1 \end{pmatrix}$，其中 c 为三维常数列向量.

4. 不妨令这两个方程组的基本解组为 $X_1(t), X_2(t), \cdots, X_n(t)$，令

$$\Phi(t) = (X_1(t), X_2(t), \cdots, X_n(t)).$$

则由$\dfrac{d\Phi(t)}{dt} = A_1(t)\Phi(t)$，$\dfrac{d\Phi(t)}{dt} = A_2(t)\Phi(t)$ 得到

$$A_1(t) = \frac{d\Phi(t)}{dt}\Phi^{-1}(t) = A_2(t).$$

(B)

5. (1)$\varphi(t) = \begin{pmatrix} 2t+1-\cos t \\ 2t+1+e^t-\cos t \\ -t+\dfrac{1}{2}(\cos t+\sin t+e^t) \end{pmatrix}$；(2)$\varphi(t) = \dfrac{1}{9}\begin{pmatrix} 8e^{3t}-15t-8 \\ 8e^{3t}+30t+1 \\ 2e^{3t}-15t+7 \end{pmatrix}$.

6. $\begin{cases} x(t) = \left(-6\cos 5t+\dfrac{42}{5}\sin 5t\right)e^{3t}+e^{3t}+5\cos t \\ y(t) = \left(-\dfrac{42}{5}\cos 5t+6\sin 5t\right)e^{3t}+\dfrac{2}{5}e^{3t}-\sin t+8\cos t \end{cases}.$

7. $\begin{cases} x_1 = -c_1\sin t+c_2e^t\cos t \\ x_2 = c_1\cos t+c_2e^t\sin t \end{cases}.$

8. 可根据矩阵指数 $\exp\boldsymbol{A}$ 的性质得到结论.

(1) 因为 $c_1\boldsymbol{A}$ 与 $c_2\boldsymbol{A}$ 是可交换的，所以结论成立.

(2)(ⅰ) 当 k 为正整数时，由矩阵指数 $\exp\boldsymbol{A}$ 的性质与(1) 得

$$\exp k\boldsymbol{A} = \exp(\boldsymbol{A}+(k-1)\boldsymbol{A}) = \exp\boldsymbol{A}\cdot\exp(k-1)\boldsymbol{A} = \cdots = (\exp\boldsymbol{A})^k;$$

(ⅱ) 当 $k=0$ 时，$(\exp\boldsymbol{A})^k = \exp k\boldsymbol{A}$；

(ⅲ) 当 k 为负整数时，令 $k=-n$，则$(\exp\boldsymbol{A})^k = [(\exp\boldsymbol{A})^{-1}]^{-k} = [\exp(-\boldsymbol{A})]^n$，由(ⅰ)得

$$[\exp(-\boldsymbol{A})]^n = \exp(-n\boldsymbol{A}) = \exp(k\boldsymbol{A})，故结论成立.$$

因此对任意整数，都有 $\exp(k\boldsymbol{A}) = (\exp\boldsymbol{A})^k$ 成立.

9. 用反证法，假设方程组$\dfrac{dX}{dt} = \boldsymbol{A}(t)\boldsymbol{X}$ 的所有解在$[t_0, +\infty)$上是有界的，那么方程组的任意 n 个线性无关的解 $X_1(t), X_2(t), \cdots, X_n(t)$ 也有界. 所以朗斯基行列式

$$W[X_1(t), X_2(t), \cdots, X_n(t)] = W(t)$$

有界. 利用刘维尔公式 $W(t) = W(t_0)e^{\int_{t_0}^{t}\sum_{i=1}^{n}a_{ii}(s)ds}$，$(W(t_0)\neq 0)$ 得到

$$\lim_{n\to+\infty} |W(t)| = \lim_{n\to+\infty} |W(t_0)| e^{\int_{t_0}^{t}\sum_{i=1}^{n} a_{ii}(s)ds} = +\infty,$$

这与 $W(t)$ 在 $[t_0, +\infty)$ 上是有界的矛盾.

习题 5.1

(A)

1. 如果对任给的 $\varepsilon > 0$，总存在 $\delta(\varepsilon) > 0$，使得当 $\|x_0\| < \delta(\varepsilon)$ 的解 $x = \varphi(t; t_0, x_0)$ 都有 $t \geqslant t_0$ 有定义，并且当 $t \geqslant t_0$ 时，$\|\varphi(t; t_0, x_0)\| < \varepsilon$，这时其零解是稳定的. 若零解是稳定的，并存在 $\delta_0 > 0$，只要 $x_0 < \delta_0$，都有 $\lim\limits_{t\to+\infty}\varphi(t, t_0, x_0) = 0$，这时称零解是渐近稳定的.

2. 因为 $x = \varphi(t)$ 在 $t_0 \leqslant t < +\infty$ 稳定，即对任意给定的 $\varepsilon > 0$，存在 $\delta_1 > 0$（取 $\delta_1 < \varepsilon$），使 $\|\varphi(t_0) - x_0\| < \delta_1$ 时，有 $x = x(t; t_0, x_0)$ 在 $t_0 \leqslant t$ 上有定义且当 $t_0 \leqslant t$ 时

$$\|\varphi(t) - x(t; t_0, x_0)\| < \varepsilon. \tag{1}$$

将 $x = x(t; t_0, x_0)$ 向左延展至 $t = 0$，则由解对初值的连续依赖性知，取 $x_1 = x(0; t_0, x_0)$，对任意给定的 $\delta_1 > 0$，存在 $\delta > 0$，使 $\|\varphi(0) - x_1\| < \delta$ 时，有

$$\|\varphi(t) - x(t; 0, x_1)\| < \delta_1, 0 \leqslant t < t_0. \tag{2}$$

注意到 $x_1 = x(0; t_0, x_0)$，由解的唯一性知 $x = x(t; 0, x_1)$ 与 $x = x(t; t_0, x_0)$ 在 $0 \leqslant t < t_0$ 上表示同一个解，$x = x(t; 0, x_1)$ 在 $t \geqslant 0$ 上有定义，且由 (1) 和 (2) 知，对任意的 $\varepsilon > 0$，存在 $\delta > 0$，使 $\|\varphi(0) - x_1\| < \delta$ 时，有 $t \geqslant 0$，$\|\varphi(t) - x(t; 0, x_1)\| < \varepsilon$，所以解 $x = \varphi(t)$ 在 $0 \leqslant t < +\infty$ 上也是稳定的.

(B)

3. (1) 原方程组可化为 $\dfrac{dy}{dx} = \dfrac{-y^2 + x^4}{-xy}$，令 $z = y^2$ 化为一阶线性方程 $\dfrac{dz}{dx} = \dfrac{2}{x}z - 2x^3$，其通解为 $y^2 = c_1x^2 - x^4\ (c_1 \geqslant 0)$；

(2) 把 $y = \pm\sqrt{c_1x^2 - x^4}$ 代入原方程组的第一式得 $\dfrac{dx}{dt} = \mp x\sqrt{c_1x^2 - x^4}$，解这个变量分离方程得 $x = \pm\dfrac{\sqrt{c_1}}{\sqrt{c_1(c_2 \pm t)^2 + 1}}$，从而 $\begin{cases} x = \pm\dfrac{\sqrt{c_1}}{\sqrt{c_1(c_2 \pm t)^2 + 1}} \\ y = \pm\dfrac{c_1^2(c_2 \pm t)}{c_1^2(c_2 \pm t)^2 + 1} \end{cases}$，其中 $c_1 > 0$，c_2 为任意常数，解的存在区间均为 $(-\infty, +\infty)$；

(3) 由 (1) 知，当 $t \to +\infty$ 时，$x(t) \to 0$，$y(t) \to 0$，所以零解是渐近稳定的.

习题 5.2

(A)

1. 略.

2. (1) 稳定;(2) 不稳定.

(B)

3. (1) 驻定解为 $A(0,0)$、$B(1,0)$、$C(0,2)$、$D\left(\frac{1}{2},\frac{1}{2}\right)$;$A$ 和 D 是不稳定的,C 和 D 是渐近稳定的. (2) 驻定解为 $A(0,0)$、$B(1,2)$、$C(2,1)$;A 和 B 是不稳定的,C 是渐近稳定的.

习题 5.3

(A)

1. (1) 变号函数,例如取 $x=1,y=0$,则 $V>0$,再取 $x=1,y=1$,则 $V<0$;(2) 定正函数;(3) 常正函数.

2. $V(0,0)=0$,对任意的 $X=(x,y)\neq 0$,因为 $x^4\geqslant 0,y^4\geqslant 0,V(x,y)>0$,所以 $V(x,y)$ 是定正的;又 $\frac{\mathrm{d}V}{\mathrm{d}t}=4x^3(-xy^4)+4y^3\cdot yx^4=0$,所以 $\frac{\mathrm{d}V}{\mathrm{d}t}$ 是常负的.

(B)

3. (1)$V(x,y)=x^2+y^2$ 稳定;(2)$V(x,y)=x^2+y^2$ 稳定;
(3)$V(x,y)=x^2+2y^2$ 不稳定;(4)$V(x,y)=3x^2+4y^2$ 渐近稳定.

习题 5.4

(A)

1. (1) 中心点;(2) 不稳定结点;(3) 鞍点.

(B)

2. (1) 不稳定结点;(2) 不稳定结点.

综合习题 5

(A)

1. 略.

2. (1) 零解 $(0,0)$ 稳定;(2) 驻定解为 $A(0,0)$ 和 $B(1,1)$,其中 A 是不稳定的,B 是渐近稳定的.

3. (1)$V(x,y)=x^2+y^2$ 渐近稳定;(2)$V(x,y)=x^2+y^2$ 稳定.

4. (1)$(3,-2)$,稳定焦点;(2)$(1,3)$,中心奇点.

(B)

5. 这是一个非线性系统，可写为$\frac{\mathrm{d}x}{\mathrm{d}t}=y+\varphi(x,y)$，$\frac{\mathrm{d}y}{\mathrm{d}t}=a^2x+by+\psi(x,y)$，其中$\varphi(x,y)=0$，$\psi(x,y)=-x^3$，满足定理5.5的条件. 而它的一次近似系统为

$$\frac{\mathrm{d}x}{\mathrm{d}t}=y,\frac{\mathrm{d}y}{\mathrm{d}t}=a^2x+by,$$

$(0,0)$为奇点，特征方程为$\begin{vmatrix}-\lambda & 1\\ a^2 & b-\lambda\end{vmatrix}=\lambda^2-b\lambda-a^2=0$，特征根为$\lambda_{1,2}=\frac{b\pm\sqrt{b^2+4a^2}}{2}$为异号的两实根，从而$(0,0)$为系统的鞍点.

6. 稳定.（提示：作$V(x,y)=\frac{1}{2}\left(x^2+\frac{1}{\omega^2}y^2\right)$，其中$y=x'$）

7. (1)$V(x,y)=x^4+y^4$，稳定；(2)$V(x,y)=x^4-y^4$，不稳定；(3)$V(x,y)=xy$，不稳定.

8. 奇点$(0,0)$. $ac<0$时，鞍点；$ac>0$，$a\neq c$，且$a>0$时，为不稳定结点；$ac>0$，$a\neq c$，且$a<0$时，为稳定结点；$a=c$，且$b\neq0$时，为退化结点；$a=c$，$b\neq0$，奇结点.

习题 6.2

(A)

1. $\begin{cases}\dfrac{x^2+y^2+z^2}{y}=c_1,\\ \dfrac{y}{z}=c_2.\end{cases}$

2. $\begin{cases}x+y+z=c_1,\\ x^2+y^2+z^2=c_2.\end{cases}$

(B)

3. 利用复合函数的求导法则及本节的定理6.1可证.

习题 6.3

(A)

1. (1)$z=\varphi_1(y)+\varphi_2(x)$；(2)$z=x\varphi(y)-x^2y^2$；(3)$u=\varphi(\sqrt{x}-\sqrt{y},\sqrt{y}-x)$.

2. (1)$u=\frac{1}{(x-y)^3}\varphi\left(\frac{x-y}{y-z},\frac{x-y}{x-z}\right)-x-y-z$；

(2)$u=\varphi(bx-y,cx-z)+\frac{1}{12}bcx^4-\frac{1}{6}(bz+cy)x^3+\frac{1}{2}x^2yz$.

(B)

3. 设出拟线性方程的隐式解，利用隐函数微分法将该解代入方程，则方程可化为一阶齐次线性偏微分方程.

习题 6.4

(A)

1. (1)$z=\sqrt{xy}$；(2)$z=\sqrt{a^2+h^2-xy}$.

(B)

2. 由于所给圆周恰为特征曲线，解具有不唯一性，如 $x^2+y^2=4z$，$x^2+y^2+z^2=5$ 等均为解.

综合习题 6

(A)

1. $\begin{cases}x+y+z=c_1,\\ x^2+y^2+z^2=c_2.\end{cases}$

2. (1)$u=\varphi\left(\dfrac{y}{x},x^2+\dfrac{x^2z^2}{x^2+y^2}\right)$；(2)$u=\varphi\left(x\mathrm{e}^{-x},\dfrac{1}{xy}+\dfrac{1}{2}\ln^2x\right)$；(3)$u=\varphi\left[z,x^2+\dfrac{(x+z)y}{z+y}\right]$.

3. (1)$(x+z)(y+z)=y\varphi(x)$；(2)$z^2=\varphi\left(\dfrac{x}{y}\right)-xy$.

4. $z=\dfrac{1}{2}(5x-\sqrt{21x^2-20y})$.

(B)

5. $\begin{cases}x=\dfrac{\cos(C_2-t)}{\sqrt{1-C_1\mathrm{e}^{-2t}}},\\ y=\dfrac{\sin(C_2-t)}{\sqrt{1-C_1\mathrm{e}^{-2t}}}.\end{cases}$

6. $\dfrac{1}{2}(\dfrac{\mathrm{d}x}{\mathrm{d}t})^2-a^2\cos x=C$.

7. (1)$u=\varphi(x+\dfrac{1}{xz},\dfrac{1}{6}x^3+\dfrac{x}{2z}-y)$；(2)$u=\varphi(f_1,f_2)$.

8. (1)$z=\dfrac{1}{x^3y^3}\varphi(\dfrac{x^2y^2}{x^3+y^3})$；(2)$z^4+2xyz^2-x^4=\varphi(xy)$.

9. $z=\dfrac{(x^2-y^2)^2}{9y^2}$.

综合习题 7

(A)

1. 略.

2. 略.

(B)

3. 略.

4. $f(x) \approx \sum_{k=0}^{m}\left[\left(\frac{-1}{2}\right)^{k}\frac{A_k\lambda^{k+1}}{(3k+2)!}x^{3k+2}\right]\mu_0^{m,k}(h)$,

其中，$A_0 = A_1 = 1, A_k = \sum_{r=0}^{k-1}\begin{pmatrix}3k-1\\3r\end{pmatrix}A_r A_{k-r-1}, k \geqslant 2$,

$$\mu_0^{m,k}(h) = (-h)^n\sum_{j=0}^{m-n}\begin{pmatrix}n-1+j\\j\end{pmatrix}(1+h)^j.$$

当 $h=-1$ 时，级数的收敛半径 $\rho = 5.5690$.

参考文献

[1]丁同仁,李承治,常微分方程[M].北京:高等教育出版社,1985.

[2]丁同仁,李承治,常微分方程教程[M].北京:高等教育出版社,2004.

[3]东北师范大学微分方程教研室.常微分方程[M].北京:高等教育出版社,2005.

[4]都长青,焦宝聪,焦炳照.常微分方程[M].北京:首都师范大学出版社,2000.

[5]韩祥临,张海亮,欧阳成,等.常微分方程简明教程[M].杭州:浙江大学出版社,2012.

[6]姜启源,谢金星,叶俊.数学模型[M].5 版.北京:高等教育出版社,2018.

[7]廖世俊.超越摄动——同伦分析方法导论[M].北京:科学出版社,2006.

[8]廖晓昕.稳定性的理论、方法和应用[M].武汉:华中科技大学出版社,2010.

[9]林武忠,汪志鸣,张九超.常微分方程[M].北京:科学出版社,2003.

[10][美]塞蒙斯 G F.微分方程[M].张理京,译.北京:人民教育出版社,1981.

[11]钱祥征,黄立宏.常微分方程[M].长沙:湖南大学出版社,2007.9.

[12]任永泰,史希福,常微分方程[M].沈阳:辽宁人民出版社,1984.

[13]Shijun Liao. Homotopy Analysis Method in Nonlinear Differential Equations[M].北京:高等教育出版社,2012.

[14]司守奎,孙玺菁.Python 数学实验与建模[M].北京:科学出版社,2020.

[15]斯图尔特.Python 科学计算[M].2 版.江红,余青松,译.北京:机械工业出版社,2019.

[16]孙清华,李金兰,孙昊.常微分方程内容、方法与技巧[M].武汉:华中科技大学出版社,2006.

[17]孙肖丽,杨艳萍.常微分方程的思想与方法[M].济南:山东大学出版社,2010.

[18]王高雄,周之铭,等,常微分方程[M].北京:高等教育出版社,2020.

[19]王素云,李千路,等,常微分方程[M].西安:西安电子科技大学出版社,2008.

[20]西南大学数学与财经学院.常微分方程[M].重庆:西南师范大学出版社,2005.

[21]肖箭,盛立人,宋国强.常微分方程简明教程[M].北京:科学出版社,2008.

[22]许淞庆.常微分方程稳定性理论[M].上海:上海科技出版社,1964.

[23]张锦炎,冯贝叶.常微分方程几何理论与分支问题[M].北京:北京大学出版社,2000.

[24]张伟年,杜正东,徐冰.常微分方程[M].北京:高等教育出版社,2004.

[25]张晓梅,张振宇,迟东璇.常微分方程[M].上海:复旦大学出版社,2010.

[26]庄万,黄启宇,等,常微分方程[M].山东:山东科学技术出版社,1988.

[27]庄万.常微分方程习题解[M].济南:山东科学技术出版社,2004.